JN160463

微分積分講義テキスト

博士（工学）　石田　健一
博士（工学）　仲　　　隆　共著

コロナ社

まえがき

本書は，1 冊で高校での微分積分から，偏微分・重積分の初歩までを速習するテキストです。高校数学の習熟度が不十分な場合でも他書を頻繁に参照することなく学習でき，分量として大学での授業 2 学期を想定し執筆しました。一つの節を授業 1 回分程度の内容になるように区切り，授業ごとのテーマをわかりやすくしました。授業 1～2 回を問題演習または補足の時間とすると 1 学期 15 回授業としてちょうどよいと思います。なお，内容が本筋からそれるものや発展的な内容には★ を付けてあります。

執筆の際，公式が天下りにならないようできるだけ前提となる定理等を挙げ ($\because$ は根拠を示します)，関連する事項を確認しやすいように，紙面に余裕があれば記載のページ番号も書きました。視覚的にも理解できるようにグラフなどの図を入れました。例題や節末の問題は基本的なものとし，単に計算が煩雑なものはなるべく避けました。節末の問題は，授業の課題とすることも想定して，関連の例題等を《 》で示し，巻末に略解のみを掲載しました。

本書の構成について述べます。2 章までを前半，残りが後半という位置付けです。前半は，1 章で微分法を，2 章で積分法を説明しています。通常，最初に配置される極限や数列の事項は後回しにしています。これらの事項で興味を削ぐことを避けるとともに，理工学の他の分野の学習の際に必要になると思われる微分積分の計算法を先に修得できるように配置しました。なお，1.1 節には関数の基本事項を一通り列挙しましたので，必要なときに参照して頂ければと思います。後半は，微分積分の理論的な面の補強と計算法の応用が目標で，3 章で微分の応用を，4 章で積分の応用を，2 変数関数を含めて説明しています。また，極限や数列を 3.1 節，3.2 節に配置しています。

次ページ以降に各項目の全体における位置付けの理解のため，重要な公式について**表 1**，**表 2** にまとめました。また，**図 1** に微分公式の導出の流れ，**図 2** に微分積分の構造を掲げました。

最後に，本書を出版する機会を与えてくださり編集の際にお世話になりましたコロナ社の方々に感謝の意を表します。

2017 年 3 月

石田　健一　　仲　　隆

表 1　微分積分の公式一覧

導関数 ① $f'(x)=\lim_{h\to 0}\dfrac{f(x+h)-f(x)}{h}$	不定積分　$F'(x)=f(x)$ のとき ⑰ $\int f(x)dx=F(x)+C$
② $(c)'=0$ ③ $(x^{\alpha})'=\alpha x^{\alpha-1}$	⑱ $\int x^{\alpha}dx=\dfrac{1}{\alpha+1}x^{\alpha+1}+C \qquad (\alpha\neq -1)$
④ $(e^x)'=e^x$ ⑤ $(\log x)'=(\log\lvert x\rvert)'=\dfrac{1}{x}$	⑲ $\int e^x dx = e^x+C$ ⑳ $\int \dfrac{1}{x}dx = \log\lvert x\rvert+C$
⑥ $(\sin x)'=\cos x$ ⑦ $(\cos x)'=-\sin x$ ⑧ $(\tan x)'=\dfrac{1}{\cos^2 x}$	㉑ $\int \cos x dx=\sin x+C$ ㉒ $\int \sin x dx=-\cos x+C$ ㉓ $\int \dfrac{1}{\cos^2 x}dx=\tan x+C$
⑨ $(\sin^{-1}x)'=\dfrac{1}{\sqrt{1-x^2}}$ ⑩ $(\tan^{-1}x)'=\dfrac{1}{1+x^2}$	㉔ $\int \dfrac{1}{\sqrt{1-x^2}}dx=\sin^{-1}x+C$ ㉕ $\int \dfrac{1}{1+x^2}dx=\tan^{-1}x+C$
線形性 ⑪ $\{f(x)+g(x)\}'=f'(x)+g'(x)$ ⑫ $\{kf(x)\}'=kf'(x)$　(k は定数)	線形性 ㉖ $\int\{f(x)+g(x)\}dx=\int f(x)dx+\int g(x)dx$ ㉗ $\int\{kf(x)\}dx=k\int f(x)dx$　(k は定数)
積の微分法 ⑬ $\{f(x)g(x)\}'=f'(x)g(x)+f(x)g'(x)$	部分積分法 ㉘ $\int f(x)g'(x)dx=f(x)g(x)-\int f'(x)g(x)dx$
商の微分法 ⑭ $\left\{\dfrac{f(x)}{g(x)}\right\}'=\dfrac{f'(x)g(x)-f(x)g'(x)}{\{g(x)\}^2}$	
合成関数の微分法 $y=f(u),\ u=g(x)$ とする。 ⑮ $\dfrac{dy}{dx}=\dfrac{dy}{du}\cdot\dfrac{du}{dx}$	置換積分法　$x=g(t)$ とする。 ㉙ $\int f(x)dx=\int f(g(t))g'(t)dt$
逆関数の導関数 ⑯ $\dfrac{dy}{dx}=\dfrac{1}{dx/dy}$	
	定積分　$F'(x)=f(x)$ のとき ㉚ $\int_a^b f(x)dx=\Big[F(x)\Big]_a^b=F(b)-F(a)$
	定積分における置換積分法 $a=g(\alpha),\ b=g(\beta)$ とする。 ㉛ $\int_a^b f(x)dx=\int_{\alpha}^{\beta} f(g(t))g'(t)dt$
	定積分における部分積分法 ㉜ $\int_a^b f(x)g'(x)dx=\Big[f(x)g(x)\Big]_a^b-\int_a^b f'(x)g(x)dx$

表 2 三角関数，指数関数・対数関数に関する公式一覧

三角関数に関する公式

三角関数の相互関係

㉝ $\sin^2\theta + \cos^2\theta = 1$　㉞ $\tan\theta = \dfrac{\sin\theta}{\cos\theta}$　㉟ $1 + \tan^2\theta = \dfrac{1}{\cos^2\theta}$

㊱ $\sin(\theta + 2n\pi) = \sin\theta$　㊲ $\cos(\theta + 2n\pi) = \cos\theta$　㊳ $\tan(\theta + n\pi) = \tan\theta$　(n は整数)

㊴ $\sin(-\theta) = -\sin\theta$　㊵ $\cos(-\theta) = \cos\theta$　㊶ $\tan(-\theta) = -\tan\theta$

㊷ $\sin(\theta + \pi) = -\sin\theta$　㊸ $\cos(\theta + \pi) = -\cos\theta$　㊹ $\tan(\theta + \pi) = \tan\theta$

㊺ $\sin\left(\theta + \dfrac{\pi}{2}\right) = \cos\theta$　㊻ $\cos\left(\theta + \dfrac{\pi}{2}\right) = -\sin\theta$　㊼ $\tan\left(\theta + \dfrac{\pi}{2}\right) = -\dfrac{1}{\tan\theta}$

㊽ $\sin(\pi - \theta) = \sin\theta$　㊾ $\cos(\pi - \theta) = -\cos\theta$　㊿ $\tan(\pi - \theta) = -\tan\theta$

(51) $\sin\left(\dfrac{\pi}{2} - \theta\right) = \cos\theta$　(52) $\cos\left(\dfrac{\pi}{2} - \theta\right) = \sin\theta$　(53) $\tan\left(\dfrac{\pi}{2} - \theta\right) = \dfrac{1}{\tan\theta}$

加法定理

(54) $\sin(\alpha \pm \beta) = \sin\alpha\cos\beta \pm \cos\alpha\sin\beta$

(55) $\cos(\alpha \pm \beta) = \cos\alpha\cos\beta \mp \sin\alpha\sin\beta$

(56) $\tan(\alpha \pm \beta) = \dfrac{\tan\alpha \pm \tan\beta}{1 \mp \tan\alpha\tan\beta}$

(複号同順)

2 倍角の公式

(57) $\sin 2\alpha = 2\sin\alpha\cos\alpha$

(58) $\cos 2\alpha = \cos^2\alpha - \sin^2\alpha$
$= 1 - 2\sin^2\alpha = 2\cos^2\alpha - 1$

(59) $\tan 2\alpha = \dfrac{2\tan\alpha}{1 - \tan^2\alpha}$

半角の公式

(60) $\sin^2\alpha = \dfrac{1 - \cos 2\alpha}{2}$

(61) $\cos^2\alpha = \dfrac{1 + \cos 2\alpha}{2}$

(62) $\tan^2\alpha = \dfrac{1 - \cos 2\alpha}{1 + \cos 2\alpha}$

3 倍角の公式

(63) $\sin 3\alpha = 3\sin\alpha - 4\sin^3\alpha$

(64) $\cos 3\alpha = 4\cos^3\alpha - 3\cos\alpha$

三角関数の合成公式

(65) $a\sin\theta + b\cos\theta = \sqrt{a^2 + b^2}\sin(\theta + \alpha)$

ただし $\cos\alpha = \dfrac{a}{\sqrt{a^2 + b^2}}$，$\sin\alpha = \dfrac{b}{\sqrt{a^2 + b^2}}$

積和公式

(66) $\sin\alpha\cos\beta = \dfrac{1}{2}\{\sin(\alpha + \beta) + \sin(\alpha - \beta)\}$

(67) $\cos\alpha\sin\beta = \dfrac{1}{2}\{\sin(\alpha + \beta) - \sin(\alpha - \beta)\}$

(68) $\cos\alpha\cos\beta = \dfrac{1}{2}\{\cos(\alpha + \beta) + \cos(\alpha - \beta)\}$

(69) $\sin\alpha\sin\beta = -\dfrac{1}{2}\{\cos(\alpha + \beta) - \cos(\alpha - \beta)\}$

和積公式

(70) $\sin A + \sin B = 2\sin\dfrac{A + B}{2}\cos\dfrac{A - B}{2}$

(71) $\sin A - \sin B = 2\cos\dfrac{A + B}{2}\sin\dfrac{A - B}{2}$

(72) $\cos A + \cos B = 2\cos\dfrac{A + B}{2}\cos\dfrac{A - B}{2}$

(73) $\cos A - \cos B = -2\sin\dfrac{A + B}{2}\sin\dfrac{A - B}{2}$

指数関数・対数関数に関する公式

指数　$a > 0,\ a \neq 1$ とする。

(74) $a^0 = 1$　(75) $a^{-x} = \dfrac{1}{a^x}$

(76) $a^{\frac{q}{p}} = \sqrt[p]{a^q}$　(p は正の整数，q は整数)

(77) $a^x a^y = a^{x+y}$　(78) $(a^x)^y = a^{xy}$

(79) $(ab)^x = a^x b^x$

(80) $a^x = e^{x\log a}$

対数　$a > 0,\ a \neq 1,\ b > 0,\ c > 0,\ c \neq 1,\ M > 0,\ N > 0$ とする。

(81) $y = a^x \Longleftrightarrow x = \log_a y$

(82) $a^{\log_a M} = M$

(83) $\log_a 1 = 0$　(84) $\log_a a = 1$

(85) $\log_a MN = \log_a M + \log_a N$

(86) $\log_a \dfrac{M}{N} = \log_a M - \log_a N$

(87) $\log_a M^k = k\log_a M$

(88) $\log_a b = \dfrac{\log_c b}{\log_c a}$

大小関係

(89) $a > 1$ のとき，　$u < v \Longleftrightarrow a^u < a^v,\ \log_a u < \log_a v$

(90) $0 < a < 1$ のとき，　$u < v \Longleftrightarrow a^u > a^v,\ \log_a u > \log_a v$

(91) $a > 0, a \neq 1$ のとき，　$u = v \Longleftrightarrow a^u = a^v,\ \log_a u = \log_a v$

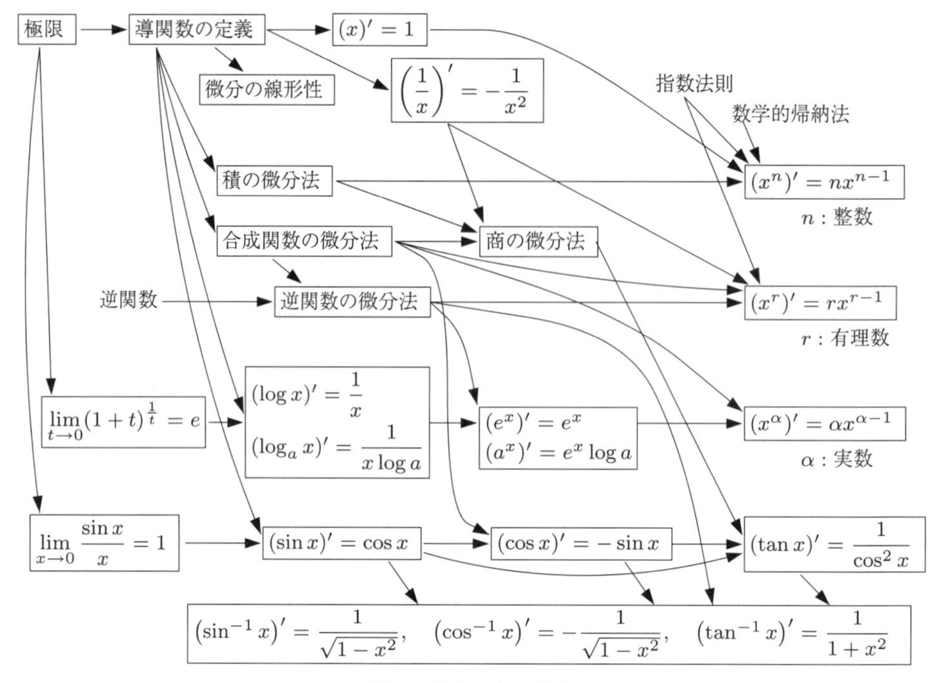

図 1　微分公式の導出

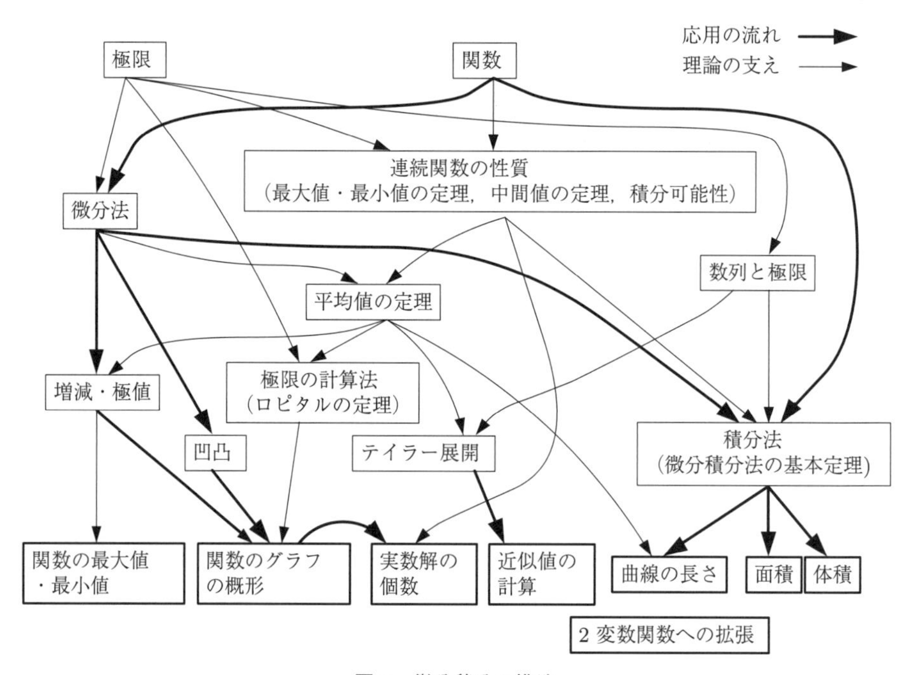

図 2　微分積分の構造

目　　　次

1. 微　分　法

2. 積　分　法

3. 微 分 の 応 用

4. 積分の応用

1 微　分　法

1.1 関　　　数

本節では，実数と微分積分で扱う主な関数について基本事項をまとめておく。

(1) 実　　数　**図 1.1** のように左右に無限にのびた直線があるとする。この直線上の 1 点 O をとり 0 を対応させる。さらに単位の長さ l と正の向きを (通常右に) 定める。こうして，直線上の点と数を対応させるとき，この直線を**数直線**といい，点 O をその**原点**という。

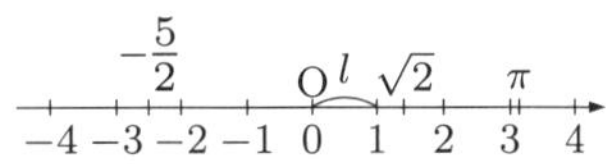

図 1.1　数直線

数直線上の点に対応する数を**実数**という。実数の中で $0, \pm1, \pm2, \pm3, \cdots$ を**整数**という。整数は，正の整数 $(1, 2, 3, \cdots)$，負の整数 $(-1, -2, -3, \cdots)$ および 0 から成る。$\dfrac{m}{n}$ (m は整数，n は正の整数) と表される数を**有理数**という。有理数でない実数を**無理数**という。例えば，$\sqrt{2}$，π は無理数である。

実数 a に対応する数直線上の点を A とする。原点 O から点 A までの距離 OA を a の**絶対値**といい，$|a|$ で表す。式を使えば，絶対値は次のように定義される。

定義 1.1　(絶対値)

$$|a| = \begin{cases} a & (a \geqq 0) \\ -a & (a < 0) \end{cases}$$

例 1.1　$|3| = 3$ であり，$|-5| = 5$ となる (**図 1.2**)。

数直線上の 2 点 A, B に対応する実数をそれぞれ a, b とすると，A, B 間の**距離**は $|b-a|$ で与えられる (**図 1.3**)。

集合 $\{x \,|\, a < x < b\}$，$\{x \,|\, a \leqq x \leqq b\}$，$\{x \,|\, a < x\}$，$\{x \,|\, x < b\}$ などのような実数全体の

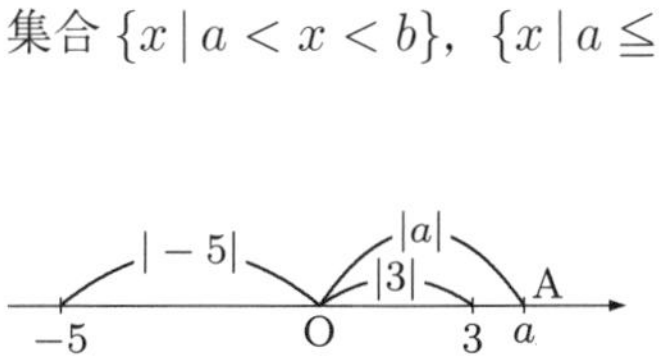

図 1.2　絶対値

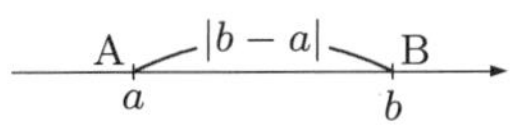

図 1.3　距　離

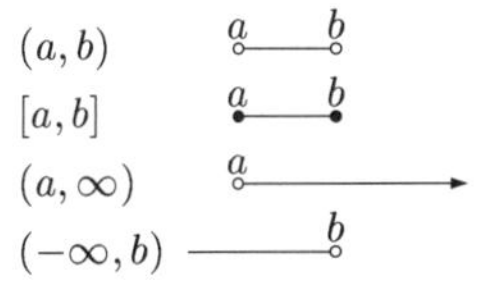

図 1.4　区　間

部分集合を**区間**といい，それぞれ (a,b)，$[a,b]$，(a,∞)，$(-\infty,b)$ のように表す (**図 1.4**)。特に実数全体は $\mathbb{R}=(-\infty,\infty)$ と表す。(a,b) を**開区間**，$[a,b]$ を**閉区間**という [†1]。

（2） 関　　数　二つの変数 x，y があって，x の値を一つ与えると，その値に対応して y の値がただ一つ定まる関係があるとき，y は x の**関数**であるという (**図 1.5**)。x を**独立変数**，y を**従属変数**という。

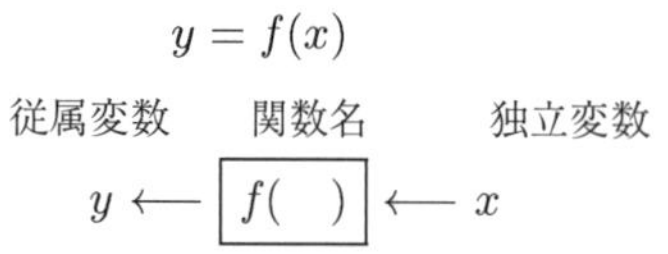

$y=f(x)$

従属変数　関数名　独立変数

$y \longleftarrow$ $\boxed{f(\ )}$ $\longleftarrow x$

図 1.5　関　数

一般に y が x の関数であることを，$y=f(x)$ と表す。これを単に，関数 $f(x)$ ということもある。また，関数 $y=f(x)$ において，$x=a$ に対応する y の値を $x=a$ における**関数 $f(x)$ の値**といい，$f(a)$ で表す。

例 1.2　関数 $f(x)=x^2-1$ について，次のように記す。

$$f(3)=3^2-1=8, \qquad f(x-p)=(x-p)^2-1$$

$$f(a+h)=(a+h)^2-1=a^2+2ah+h^2-1, \qquad f(x^2)=(x^2)^2-1=x^4-1$$

関数 $y=f(x)$ において，変数 x のとる値の範囲をこの関数の**定義域**という。特に断りがない場合，定義域はその関数が定まる最も広い範囲を考える。また，x が定義域のすべての値をとるとき，それに対応する変数 y のとる値の範囲をこの関数の**値域**という。

例 1.3　$y=x^2$ は，定義域が実数全体，値域が $y \geqq 0$ となる関数である (図 1.9 参照)。

例 1.4　$y=\sqrt{1-x^2}$ は，定義域が $-1 \leqq x \leqq 1$，値域が $0 \leqq y \leqq 1$ となる関数である (1.1 節 (5) 無理関数および図 1.36 参照)。

例 1.5　x が有理数のとき $f(x)=1$，x が無理数のとき $f(x)=0$ となる関数は，定義域が実数全体，値域が $f(x)=0,1$ となる関数で，**ディリクレ関数**と呼ばれる。

図 1.6 のように平面上に互いに原点で直交する二つの数直線を定めると，二つの実数の組 (a,b) と点 P を対応させることができる。この組 (a,b) を点 P の**座標**といい，二つの数直線を**座標軸**という [†2]。座標軸が定められた平面を**座標平面**という。座標平面を導入することで，数や関数についての問題を図形的に扱うことができ，逆に図形の問題を数や関数の定理を用いて考察することができる。

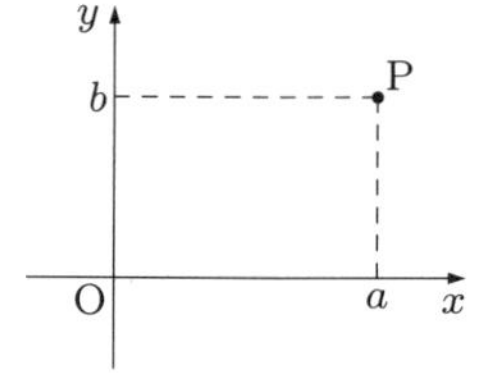

図 1.6　座標平面

座標平面上に点 $(x,f(x))$ の全体をかいてできる図形を関数 $y=f(x)$ の**グラフ**または**曲線** $y=f(x)$ という。したがって，点 (a,b) が関数 $y=f(x)$ のグラフ上にあることは，関係 $b=f(a)$ が成り立つことと同じである。

次に，基本的な関数について基本事項をまとめ，そのグラフ概観しておこう。

[†1] ∞ は「**無限大**」と読み，端が存在しないことを示す。また，区間を示すのに集合の記法を用いないで，例えば，区間 $\{x \mid a \leqq x \leqq b\}$ を区間 $a \leqq x \leqq b$ と書くことがある。

[†2] (a,b) は，区間を示す場合と座標を示す場合があるので，注意しなければならない。

（3） **多項式関数**　n を正の整数とする。

$$P(x) = a_0 + a_1 x + a_2 x^2 + \cdots + a_n x^n$$

の形で表される式を**多項式**といい，多項式で表される関数 $y = P(x)$ を**多項式関数**という。なお，n 次式で表される関数を **n 次関数**という。

1 次式 $y = ax + b$ (a, b は定数，$a \neq 0$) で表される関数を **1 次関数**という。そのグラフは**直線**となる。よってこれを単に直線 $y = ax + b$ といい，関係式 $y = ax + b$ をこの直線の方程式ともいう。定数 a は**傾き**と呼ばれ，直線がどれだけ傾いているかを示す量である。定数 b は **y 切片**と呼ばれ，その直線が y 軸と点 $(0, b)$ で交わることを示す [†1]。直線の方程式は微分の基礎となる。

定理 1.1 (直線の方程式)　傾き a で点 (x_1, y_1) を通る直線の方程式は

$$y - y_1 = a(x - x_1)$$

で与えられる (**図 1.7**)。

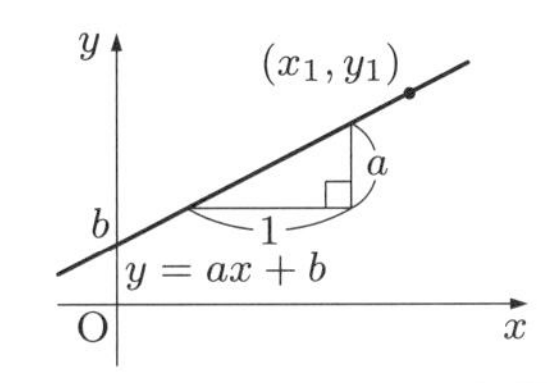

図 1.7　直線の方程式

証明　傾き a の直線の方程式は $y = ax + b$ で与えられる。これが，点 (x_1, y_1) を通るので，$y_1 = ax_1 + b$，すなわち，$b = y_1 - ax_1$。これを元の式に代入すると，$y = ax + y_1 - ax_1$。整理して $y - y_1 = a(x - x_1)$ を得る。□

例 1.6　点 (2,3) を通り，傾きが 4 の直線の方程式は，$y - 3 = 4(x - 2)$，すなわち $y = 4x - 5$ である。

$x_1 \neq x_2$ のとき，異なる 2 点 (x_1, y_1)，(x_2, y_2) を通る直線の傾きを a とすると，$a = \dfrac{y_2 - y_1}{x_2 - x_1}$ である (**図 1.8**)。これから異なる 2 点を通る直線の方程式が定理 1.1 により求められる。

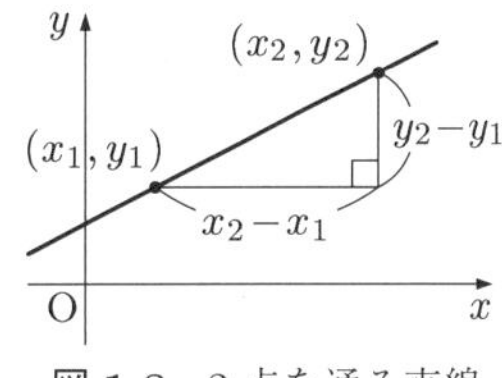

図 1.8　2 点を通る直線

例 1.7　点 (2,3)，(4,5) を通る直線の方程式は，$y - 3 = \dfrac{5-3}{4-2}(x - 2)$，すなわち $y = x + 1$ である。

2 次式 $y = ax^2 + bx + c$ (a, b, c は定数，$a \neq 0$) で表される関数を **2 次関数**という。最も基本的な 2 次関数 $y = x^2$ のグラフをかこう。変数 x の主な値に対応する変数 y の値を表にまとめ，各点を結ぶと**図 1.9** のグラフを得る [†2]。2 次関数のグラフの形を**放物線**という。

---

†1　もし直線が y 軸に平行であれば直線の方程式は $x = p$ (p は定数) の形になる

†2　より多くの x について対応する関数の値 y を計算すれば，より正確に関数のグラフをかくことができる。多くの関数の値を計算して，正確な関数のグラフをかくには，コンピュータを利用するとよい。ただし，それでもすべての点を調べることは不可能であり，既知の関数のグラフを平行移動したり，微分法を利用してグラフの概形をつかむことが重要である。

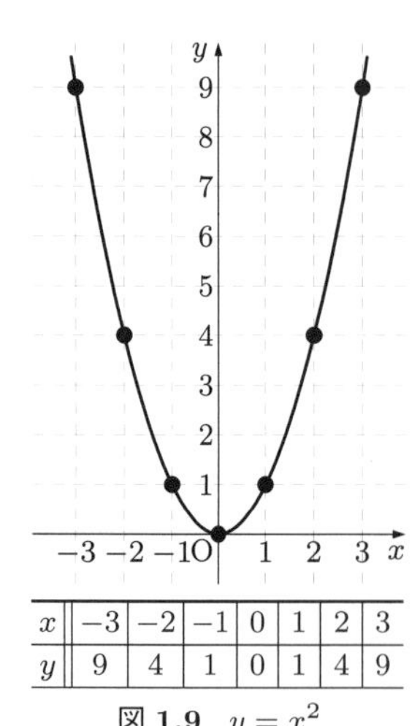

x	-3	-2	-1	0	1	2	3
y	9	4	1	0	1	4	9

図 1.9　$y = x^2$

2 次関数 $y = a(x-p)^2 + q$ のグラフは，2 次関数 $y = ax^2$ のグラフを x 軸方向に p，y 軸方向に q だけ平行移動したグラフとなる (**図 1.10**)。

例 1.8　2 次関数 $y = -2x^2 + 5x - 1$ のグラフは

$$
\begin{aligned}
y = -2x^2 + 5x - 1 &= -2\left(x^2 - \frac{5}{2}\right) - 1 \\
&= -2\left(x - \frac{5}{4}\right)^2 + 2 \cdot \frac{25}{16} - 1 \\
&= -2\left(x - \frac{5}{4}\right)^2 + \frac{17}{8}
\end{aligned}
$$

と変形できるから，2 次関数 $y = -2x^2$ のグラフを，x 軸方向に $\frac{5}{4}$，y 軸方向に $\frac{17}{8}$ だけ平行移動したグラフとなる (**図 1.11**)。

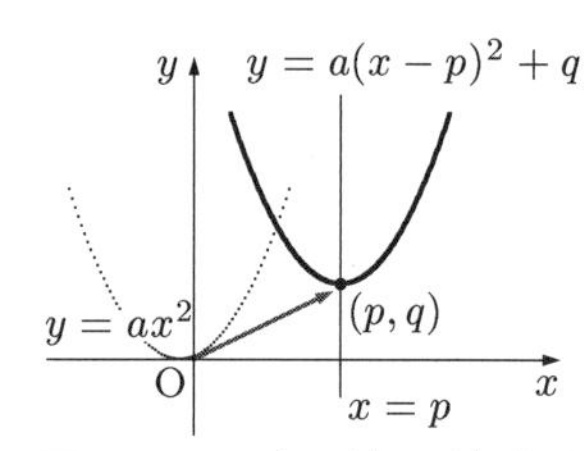

図 1.10　2 次関数の平行移動

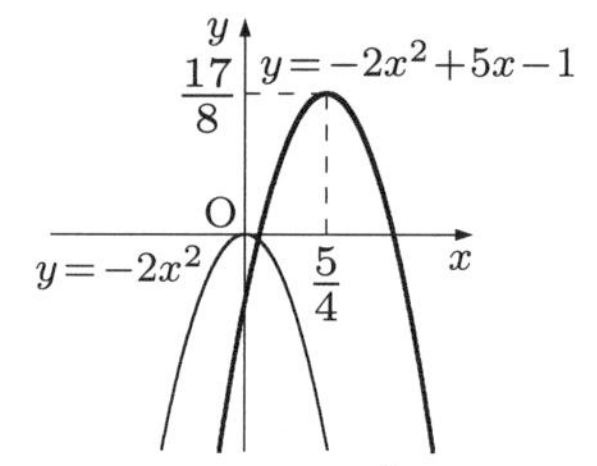

図 1.11　$y = -2x^2 + 5x - 1$

解説　例 1.8 の式変形を，**平方完成**という $(x+a)^2 = x^2+2ax+a^2$ を書き換え，$x+2ax = (x+a)^2-a^2$ が成り立つことを用いる。

これをさらに一般化すると，次のことがわかる。

定理 1.2　(グラフの平行移動)　関数 $y = f(x-p) + q$ のグラフは，関数 $y = f(x)$ のグラフを x 軸方向に p，y 軸方向に q だけ**平行移動**したグラフとなる。

証明　関数 $y = f(x)$ のグラフを x 軸方向に p，y 軸方向に q だけ平行移動したグラフを $y = g(x)$ とする (**図 1.12**)。曲線 $y = g(x)$ 上の点 $\mathrm{Q}(a, b)$ について，点 $\mathrm{P}(a-p, b-q)$ は曲線 $y = f(x)$ 上の点なので，$b - q = f(a-p)$ を満たす。　□

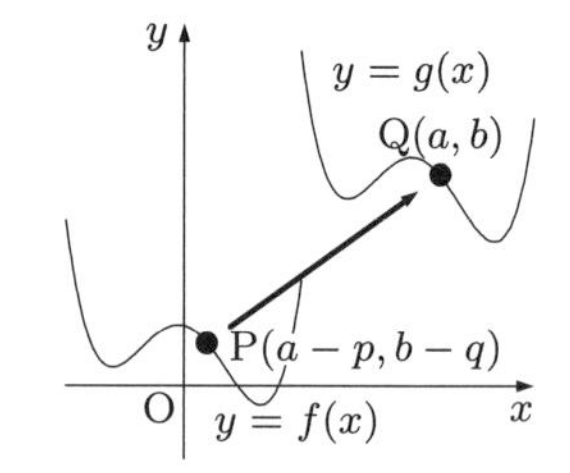

図 1.12　グラフの平行移動

(4) 有理関数

$\dfrac{多項式}{多項式}$ で表される式を**有理式**といい，有理式で表される関数を**有理関数**という。有理関数は分母の値が 0 にならない x の値に対して定義される。分母に変数を含むときは**分数関数**という。

最も基本的な分数関数 $y = \dfrac{1}{x}$ のグラフをかこう。なお，関数 $y = \dfrac{1}{x}$ の定義域は $x \neq 0$ であり，値域は $y \neq 0$ である。変数 x に対応する変数 y の値を調べ，グラフをかくと**図 1.13** のようになる。分数関数 $y = \dfrac{1}{x}$ のグラフは $x = 0$ で途切れている。

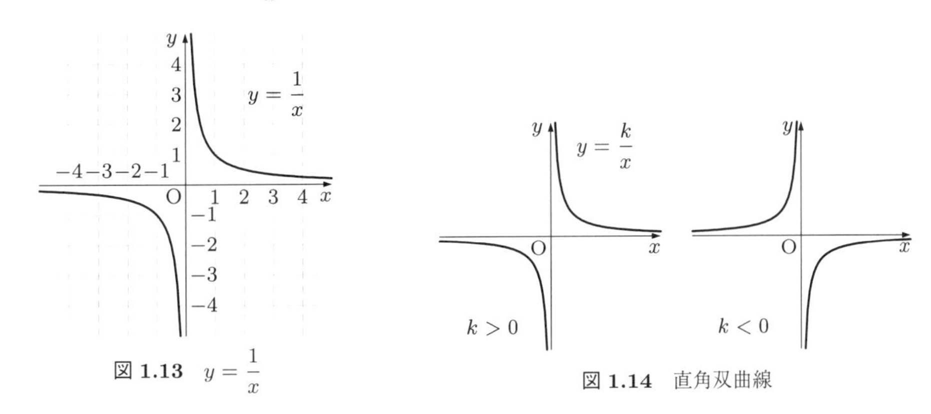

図 1.13　$y = \dfrac{1}{x}$

図 1.14　直角双曲線

k を定数として，関数 $y = \dfrac{k}{x}$ のグラフの概形を**図 1.14** に示す。この曲線は**直角双曲線**と呼ばれる。

また，定理 1.2 からわかるように，関数 $y = \dfrac{k}{x-p} + q$ のグラフは，関数 $y = \dfrac{k}{x}$ のグラフを x 軸方向に p，y 軸方向に q だけ平行移動したグラフとなる。

例題 1.1　関数 $y = \dfrac{2x+5}{x+1}$ のグラフをかけ。

【解答】　$y = \dfrac{2x+5}{x+1} = \dfrac{2(x+1)+3}{x+1} = \dfrac{3}{x+1} + 2$ より，関数 $y = \dfrac{2x+5}{x+1}$ のグラフは関数 $y = \dfrac{3}{x}$ のグラフを x 軸方向に -1，y 軸方向に 2 だけ平行移動したグラフとなる (**図 1.15**)。　◇

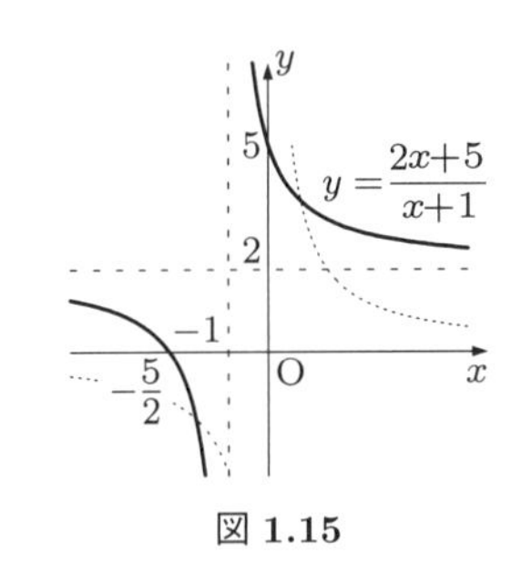

図 1.15

（5）　無理関数　　$x^2 = a$ になる数 x を a の **2 乗根** (**平方根**)[†] という。正の実数 a の平方根は正と負の一つずつがある。そのうち正の数を $\sqrt{a}$ と書く (負の数は $-\sqrt{a}$ と書く)。$x^3 = a$ になる数 x を a の **3 乗根** (**立方根**) という。立方根は a の正負にかかわらずただ一つあり，$\sqrt[3]{a}$ と書く。

一般に，n を正の整数とするとき，$x^n = a$ となる数 x を x を a の $\boldsymbol{n}$ **乗根**という。n が偶数であれば正の数 a に対して正の n 乗根がただ一つあり，それを $\sqrt[n]{a}$ と書く。n が奇数であれば a の正負にかかわらず a の n 乗根がただ一つあり，それを $\sqrt[n]{a}$ と書く。これらをあわせ

---

† **平方根の性質**　平方根は次の性質を満たす（根号内は正とする）。
$(\sqrt{a})^2 = (-\sqrt{a})^2 = a$，$\sqrt{a^2} = |a|$，$\sqrt{a}\sqrt{b} = \sqrt{ab}$，$\dfrac{\sqrt{a}}{\sqrt{b}} = \sqrt{\dfrac{a}{b}}$，$\sqrt{k^2 a} = |k|\sqrt{a}$

て**累乗根**という。記号 $\sqrt[n]{\ }$ を**根号**という。$\sqrt[2]{a}$ は $\sqrt{a}$ で表す。また $\sqrt[n]{0}=0$ とする。

例 1.9　9 の平方根は 3 と -3 である。$x^2=3$ のとき $x=\sqrt{3}$ または $-\sqrt{3}$ である。また，$\sqrt[3]{-27}=-3$，$\left(\sqrt[4]{5}\right)^4=5$ である。

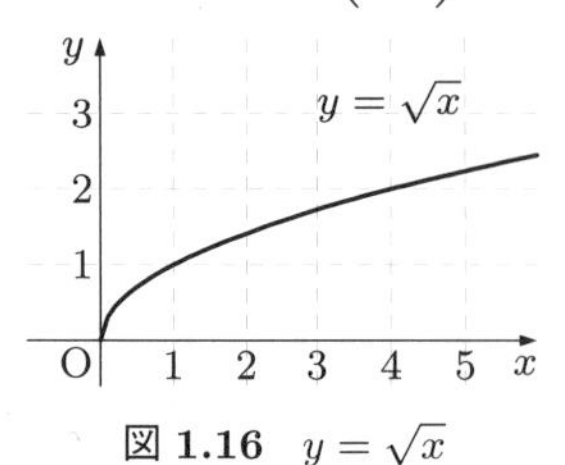

図 1.16　$y=\sqrt{x}$

根号内に x を含む式を**無理式**といい，無理式で表される関数を**無理関数**という。

最も基本的な無理関数 $y=\sqrt{x}$ のグラフをかこう。なお関数 $y=\sqrt{x}$ の定義域は $x \geqq 0$ である。変数 x に対応する変数 y の値を調べ，グラフをかくと図 **1.16** のようになる。

例題 1.2　関数 $y=\sqrt{3x-3}$ のグラフをかけ。

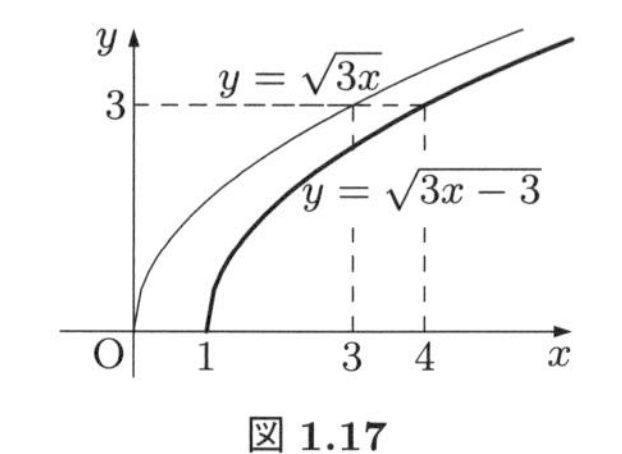

図 **1.17**

【解答】　$y=\sqrt{3x-3}$ は $y=\sqrt{3(x-1)}$ と変形できる。したがって，定理 1.2 からわかるように，関数 $y=\sqrt{3x-3}$ のグラフは，関数 $y=\sqrt{3x}$ のグラフを，x 軸方向に 1 だけ平行移動したグラフとなる (図 **1.17**)。　◇

(6)　指 数 関 数　　a を n 回掛け合わせたものを a の n 乗といい，a^n と書く。n を a^n の**指数**という。また，$a, a^2, a^3, \cdots$ をまとめて a の**累乗**という。このとき，次の**指数法則**が成り立っている。

定理 1.3　(指数法則)　m, n が正の整数のとき

$$a^m a^n = a^{m+n}, \qquad (a^m)^n = a^{mn}, \qquad (ab)^m = a^m b^m$$

証明

$$a^m a^n = \underbrace{a\cdots a}_{m\text{ 個}} \times \underbrace{a\cdots a}_{n\text{ 個}} = \underbrace{a\cdots a}_{m+n\text{ 個}} = a^{m+n}$$

$$(a^m)^n = \underbrace{\underbrace{(a\cdots a)}_{m\text{ 個}} \times \underbrace{(a\cdots a)}_{m\text{ 個}} \times \cdots \times \underbrace{(a\cdots a)}_{m\text{ 個}}}_{n\text{ 個}} = \underbrace{a\cdots a}_{m\times n\text{ 個}} = a^{mn}$$

$$(ab)^n = \underbrace{(ab)\,(ab)\cdots(ab)}_{n\text{ 個}} = \underbrace{aa\cdots a}_{n\text{ 個}}\underbrace{bb\cdots b}_{n\text{ 個}} = a^n b^n \qquad (ab=ba\text{ を繰り返し用いる。})$$ □

例 1.10　$2^3 \times 2^4 = 2^{3+4} = 2^7$，　$(3^4)^2 = 3^{4\times 2} = 3^8$，　$(4\times 5)^3 = 4^3 \times 5^3$

また，次式も成り立っている。

$$\frac{a^m}{a^n} = a^{m-n} \quad (m>n), \qquad \frac{a^m}{a^n} = 1 \quad (m=n), \qquad \frac{a^m}{a^n} = \frac{1}{a^{n-m}} \quad (m<n)$$

例 1.11　$\dfrac{2^6}{2^3} = 2^{6-3} = 2^3$，　$\dfrac{3^2}{3^2} = 1$，　$\dfrac{5^2}{5^4} = \dfrac{1}{5^{4-2}} = \dfrac{1}{5^2}$

指数が正の整数でないときの累乗の意味を定め，指数法則 (定理 1.3) が成り立つように拡張しよう。まず，指数が 0 または負の整数のとき，次のように定める。

定義 1.2 (指数の拡張 I)　$a \neq 0$ のとき

$$a^0 = 1, \qquad a^{-m} = \frac{1}{a^m} \qquad (m \text{ は正の整数})$$

解説　指数が 0 または負の整数のとき指数法則が成立するためには，$n = 0$ のとき，$a^m a^0 = a^m$ から $a^0 = 1$，$n = -m$ のとき，$a^m a^{-m} = a^0 = 1$ から $a^{-m} = \dfrac{1}{a^m}$ となることが必要である。

定義 1.2 より，指数法則は $a \neq 0, b \neq 0$ のとき，任意の整数 m, n について，そのまま成立する (説明省略)。

つづいて，指数が有理数のとき，次のように定める。

定義 1.3 (指数の拡張 II)　$a > 0$ のとき [†1]

$$a^{\frac{m}{n}} = \sqrt[n]{a^m} \qquad (m \text{ は整数，} n \text{ は正の整数})$$

定義 1.3 より，指数法則は $a > 0$，$b > 0$ のとき，指数が有理数の場合でも成立する (説明省略)。

例 1.12　$27^{\frac{1}{3}} = (3^3)^{\frac{1}{3}} = 3, \qquad 8^{-\frac{2}{3}} = (2^3)^{-\frac{2}{3}} = 2^{-2} = \dfrac{1}{2^2} = \dfrac{1}{4}$

指数が無理数であるとき，例えば，$a^{\sqrt{2}} (a > 0)$，を考える。ここで

$$a^1,\ a^{1.4},\ a^{1.41},\ a^{1.414},\ a^{1.4142},\ a^{1.41421},\ a^{1.414213}, \cdots$$

を考えると，これらはある値に近づいていく。その値を $a^{\sqrt{2}}$ と定める [†2]。このようにして，$a > 0$ のとき，任意の実数 x に対して a^x の値が定まる。指数法則は指数が実数の場合でも成り立つことが知られている。定理 1.3 は次のように書き換えられる。

定理 1.4 (拡張された指数法則)　x, y が実数で，$a > 0$，$b > 0$ のとき

$$a^x a^y = a^{x+y}, \qquad (a^x)^y = a^{xy}, \qquad (ab)^x = a^x b^x$$

以上より，$y = a^x$ $(a > 0,\ a \neq 1)$ は，実数 x の値を一つ与えると，対応する y が一つ定まるので，y は x の関数となる。この対応で決まる関数 $y = a^x$ を**指数関数**といい，a をその**底**(てい)という。指数関数のグラフの概形は**図 1.18** のようになる。

---

†1　$a \leqq 0$ のときは a^r (r は有理数) が実数で定義されない場合があるので，$a > 0$ の場合だけを考える。
†2　$\sqrt{2} = 1.414\,213\,562 \cdots$

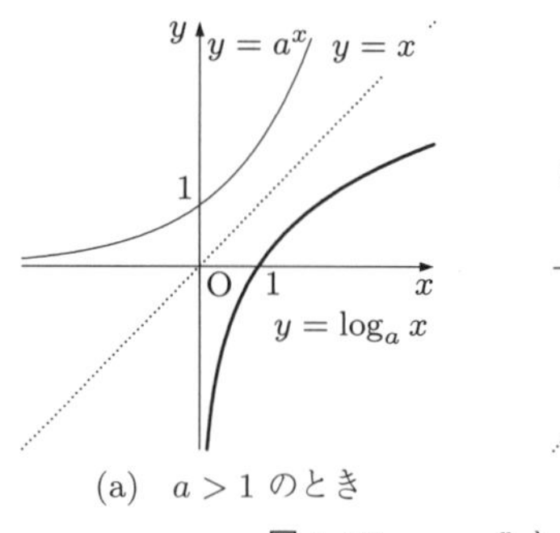

(a)　$a > 1$ のとき

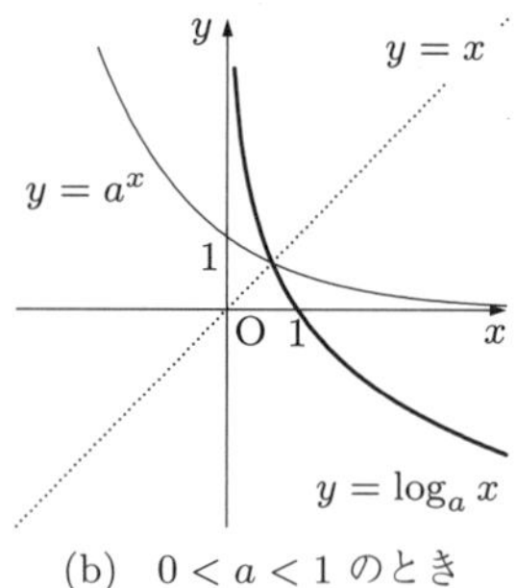

(b)　$0 < a < 1$ のとき

図 1.18　$y = a^x$ と $y = \log_a x$

（**7**）**べき関数**　$y = x^\alpha$ (α は実数) は，**べき関数**と呼ばれる。通常，$x > 0$ を定義域とする。

（**8**）**対数関数**　$a > 0,\ a \neq 1$ とする。指数関数 $y = a^x$ は単調増加または単調減少 (p.35 参照) であるので，与えられた正の実数 y に対し，x はただ一つ決まる。この x を $x = \log_a y$ と表し，$\log_a y$ を a を底とする y の**対数**という。y をこの対数の**真数**という。以上は次のようにまとめられる。

定義 1.4　(対数)　$a > 0,\ a \neq 1$ のとき，　$y = a^x \Longleftrightarrow x = \log_a y$

例 1.13　$2^3 = 8$ であるから $\log_2 8 = 3$ である。$10^{-2} = \dfrac{1}{10^2} = \dfrac{1}{100}$ であるから $\log_{10} \dfrac{1}{100} = -2$ である。

関数 $y = \log_a x$ を a を底とする**対数関数**という。対数関数 $y = \log_a x$ のグラフは指数関数 $y = a^x$ のグラフと直線 $y = x$ について対称で，図 1.18 のようになる。

ここで，対数の性質をまとめておく。$a^0 = 1,\ a^1 = a$ と定義 1.4 よりすぐに次がわかる。

定理 1.5　(対数の性質 I)　　$\log_a 1 = 0, \qquad \log_a a = 1$

さらに，定理 1.3(または定理 1.4) より，次を得る。

定理 1.6　(対数の性質 II)　$a > 0,\ a \neq 1,\ M > 0,\ N > 0$ で r が実数のとき

$$\log_a MN = \log_a M + \log_a N, \qquad \log_a \frac{M}{N} = \log_a M - \log_a N$$
$$\log_a M^r = r \log_a M$$

また，別の底の対数に書き直す次の公式がある。

定理 1.7 (底の変換公式)　$a>0,\ a\neq 1,\ b>0,\ c>0,\ c\neq 1$ のとき

$$\log_a b = \frac{\log_c b}{\log_c a}$$

定理 1.6, 1.7 の導出は付録 A.1 節 (1) 参照。

(9) 三 角 関 数　原点を中心とする半径 1 の円を**単位円**という[†1]。角の大きさを表すとき，単位円の円周における弧の長さで表す方法がある。この方法を**孤度法**という。単位はラジアン (rad) であるが，しばしば省略される。つまり，**図 1.19** で $\theta = l$ である[†2]。

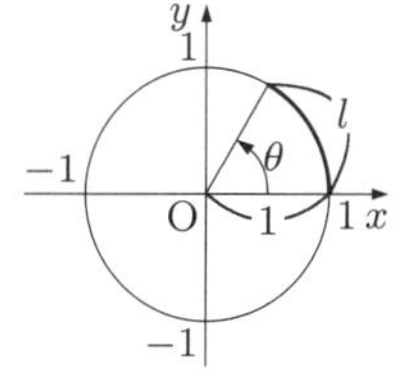

図 **1.19**　弧度法

単位円の円周の長さは 2π なので (これは定数**円周率** π の定義である)，度数法と弧度法について，$\pi = 180^\circ$，いいかえれば $1^\circ = \dfrac{\pi}{180}$ の関係がある。

例 1.14　$\dfrac{3}{4}\pi$ は 135° を意味し，210° は $\dfrac{7}{6}\pi$ と表す。

三角関数の定義を幾何学的に以下のように述べる。なお，三角関数は図をよくイメージして理解して欲しい。

定義 1.5 (三角関数)　x 軸の正の部分から測って，点 O を中心に反時計回りに θ 回転した位置の単位円周上の点 P の座標を $(\cos\theta, \sin\theta)$ と定める。また，直線 OP[†3] と直線 $x=1$ が交わる点 T の座標を $(1, \tan\theta)$ と定める (**図 1.20**)。

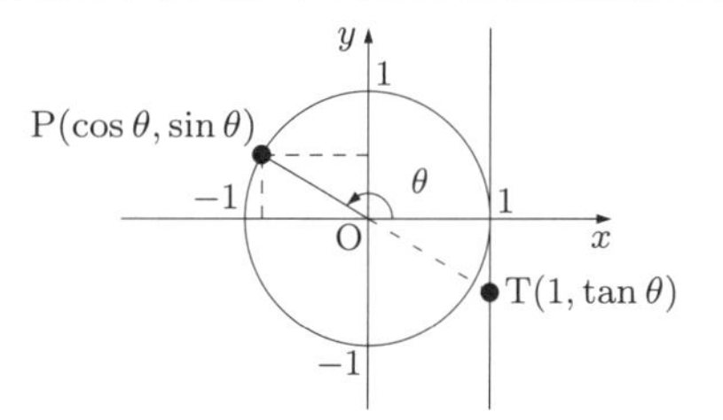

図 **1.20**　三角関数の定義

$\sin\theta$, $\cos\theta$, $\tan\theta$ をそれぞれ角 θ の**正弦**，**余弦**，**正接**といい，これらを角 θ の三角関数という。図 1.20 より，$-1 \leqq \sin\theta \leqq 1$, $-1 \leqq \cos\theta \leqq 1$ であり，$\tan\theta$ は任意の実数値をとり，$\theta = \dfrac{\pi}{2} + n\pi$ (n は整数) で定義されないことがわかる。

三角関数の主な値は定番の三角形 (**図 1.21**) から求められ，**表 1.1** のようになる。三角関数のグラフは**図 1.22**，**図 1.23**，**図 1.24** のようになる。また，次のこともわかる。

定理 1.8 (三角関数の相互関係)

$$\sin^2\theta + \cos^2\theta = 1, \qquad \tan\theta = \frac{\sin\theta}{\cos\theta}, \qquad 1 + \tan^2\theta = \frac{1}{\cos^2\theta}$$

---

†1　単位円の方程式は $x^2 + y^2 = 1$ で与えられる (ピタゴラスの定理より)。

†2　円の半径と弧の長さは比例するので，半径 r，中心角 θ の扇形の弧の長さ l は，$l = r\theta$ で与えられる。

†3　平面上で点 O を中心として回転させる半直線 OP を**動径**という。

表 1.1　三角関数の主な値

θ	$\sin\theta$	$\cos\theta$	$\tan\theta$
0	0	1	0
$\frac{\pi}{6}$	$\frac{1}{2}$	$\frac{\sqrt{3}}{2}$	$\frac{\sqrt{3}}{3}$
$\frac{\pi}{4}$	$\frac{\sqrt{2}}{2}$	$\frac{\sqrt{2}}{2}$	1
$\frac{\pi}{3}$	$\frac{\sqrt{3}}{2}$	$\frac{1}{2}$	$\sqrt{3}$
$\frac{\pi}{2}$	1	0	なし
$\frac{2}{3}\pi$	$\frac{\sqrt{3}}{2}$	$-\frac{1}{2}$	$-\sqrt{3}$
$\frac{3}{4}\pi$	$\frac{\sqrt{2}}{2}$	$-\frac{\sqrt{2}}{2}$	-1
$\frac{5}{6}\pi$	$\frac{1}{2}$	$-\frac{\sqrt{3}}{2}$	$-\frac{\sqrt{3}}{3}$
π	0	-1	0
$\frac{7}{6}\pi$	$-\frac{1}{2}$	$-\frac{\sqrt{3}}{2}$	$\frac{\sqrt{3}}{3}$
$\frac{5}{4}\pi$	$-\frac{\sqrt{2}}{2}$	$-\frac{\sqrt{2}}{2}$	1
$\frac{4}{3}\pi$	$-\frac{\sqrt{3}}{2}$	$-\frac{1}{2}$	$\sqrt{3}$
$\frac{3}{2}\pi$	-1	0	なし
$\frac{5}{3}\pi$	$-\frac{\sqrt{3}}{2}$	$\frac{1}{2}$	$-\sqrt{3}$
$\frac{7}{4}\pi$	$-\frac{\sqrt{2}}{2}$	$\frac{\sqrt{2}}{2}$	-1
$\frac{11}{6}\pi$	$-\frac{1}{2}$	$\frac{\sqrt{3}}{2}$	$-\frac{\sqrt{3}}{3}$
2π	0	1	0

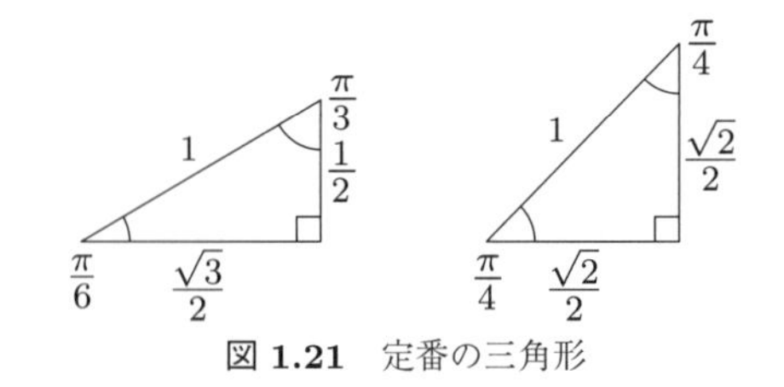

図 1.21　定番の三角形

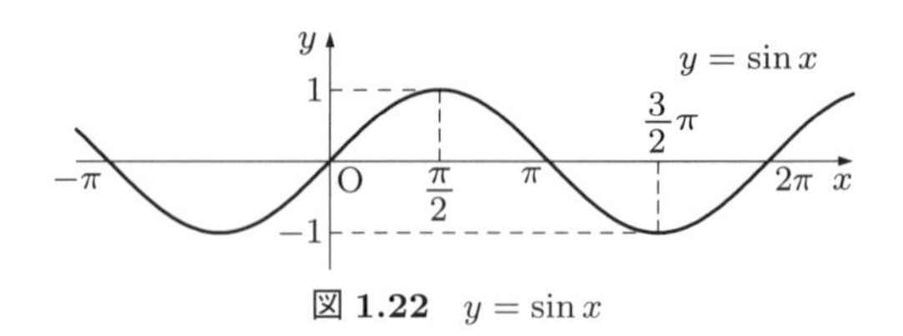

図 1.22　$y = \sin x$

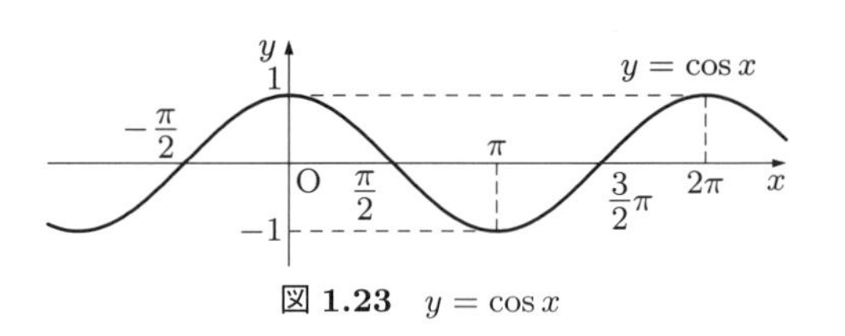

図 1.23　$y = \cos x$

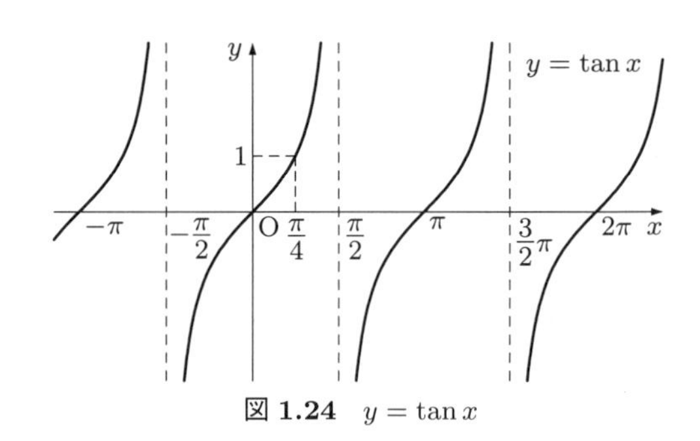

図 1.24　$y = \tan x$

証明　第 1 式：点 P が単位円周上にある。第 2 式：図 1.20 の直線 POT の傾きを考える。第 3 式：第 1 式の両辺を $\cos^2\theta$ で割る。□

定理 1.8 は，$\sin\theta, \cos\theta, \tan\theta$ のいずれか一つから，他の三角関数の値を求めるときに役立つ。

解説　(1) $(\sin\theta)^2$，$(\cos\theta)^2$，$(\tan\theta)^2$ を $\sin^2\theta$，$\cos^2\theta$，$\tan^2\theta$ と書く。同様に，n を $n \neq -1$ の整数とするとき，$(\sin\theta)^n$，$(\cos\theta)^n$，$(\tan\theta)^n$ を $\sin^n\theta$，$\cos^n\theta$，$\tan^n\theta$ と書く。$\sin^{-1}x$, $\cos^{-1}x$, $\tan^{-1}x$ は逆三角関数 (1.6 節 (3) 参照) を表す。

(2) $\frac{1}{\sin\theta}$，$\frac{1}{\cos\theta}$，$\frac{1}{\tan\theta}$ を $\mathrm{cosec}\theta$(または $\csc\theta$)，$\sec\theta$，$\cot\theta$ と書くことがあり，それぞれ角 θ の余

割，正割，余接という。

図 1.20 において，角 $\theta + 2n\pi$ (n は整数) と角 θ に対する点 P は同じ位置にある。また，角 $\theta + n\pi$ (n は整数) と角 θ に対する点 T は同じ位置にある。よって，次を得る。

定理 1.9 (周期性)

$$\sin(\theta + 2n\pi) = \sin\theta, \qquad \cos(\theta + 2n\pi) = \cos\theta, \qquad \tan(\theta + n\pi) = \tan\theta$$

0 でない定数 X があって，等式 $f(x + X) = f(x)$ がすべての実数 x について成り立つとき，関数 $f(x)$ は周期 X の**周期関数**という。正で最小の X を基本周期 (または単に周期) という。$\sin x$, $\cos x$ は基本周期 2π，$\tan x$ は基本周期 π の周期関数である。

また，**図 1.25** を参照することにより，次が成り立つことがわかる。

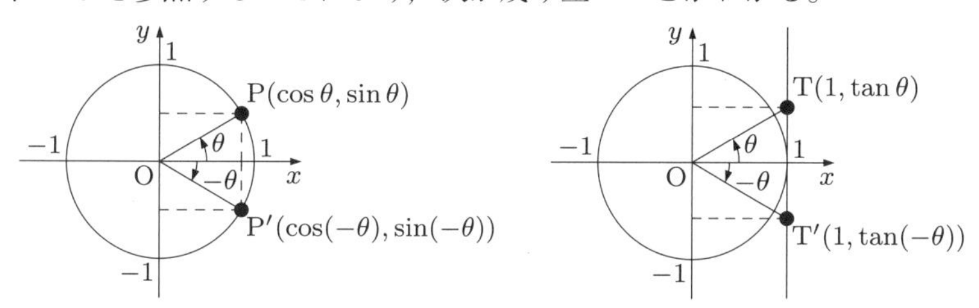

図 1.25

定理 1.10 (偶奇性)

$$\sin(-\theta) = -\sin\theta, \qquad \cos(-\theta) = \cos\theta, \qquad \tan(-\theta) = -\tan\theta$$

関数 $f(x)$ において，つねに，$f(-x) = -f(x)$ が成り立つとき $f(x)$ は**奇関数**，$f(-x) = f(x)$ が成り立つとき $f(x)$ は**偶関数**という。$\sin x$，$\tan x$ は奇関数，$\cos x$ は偶関数である。

さらに，次も成り立つことがわかる (付録 A.1 節 (2) 参照)。

定理 1.11 (三角関数の性質)

[1] $\sin(\theta + \pi) = -\sin\theta,\quad \cos(\theta + \pi) = -\cos\theta,\quad \tan(\theta + \pi) = \tan\theta$

[2] $\sin\left(\theta + \dfrac{\pi}{2}\right) = \cos\theta,\quad \cos\left(\theta + \dfrac{\pi}{2}\right) = -\sin\theta,\quad \tan\left(\theta + \dfrac{\pi}{2}\right) = -\dfrac{1}{\tan\theta}$

[3] $\sin(\pi - \theta) = \sin\theta,\quad \cos(\pi - \theta) = -\cos\theta,\quad \tan(\pi - \theta) = -\tan\theta$

[4] $\sin\left(\dfrac{\pi}{2} - \theta\right) = \cos\theta,\quad \cos\left(\dfrac{\pi}{2} - \theta\right) = \sin\theta,\quad \tan\left(\dfrac{\pi}{2} - \theta\right) = \dfrac{1}{\tan\theta}$

角 $\alpha + \beta$ や角 $\alpha - \beta$ の三角関数を角 α および β の三角関数で表すことを考えよう。それには，次の**加法定理**を用いる (加法定理の導出は付録 A.1 節 (3) 参照)。また，加法定理から，**表 1.2** に示されるさまざまな公式が得られる。

表 1.2　加法定理から導かれる三角関数に関する公式

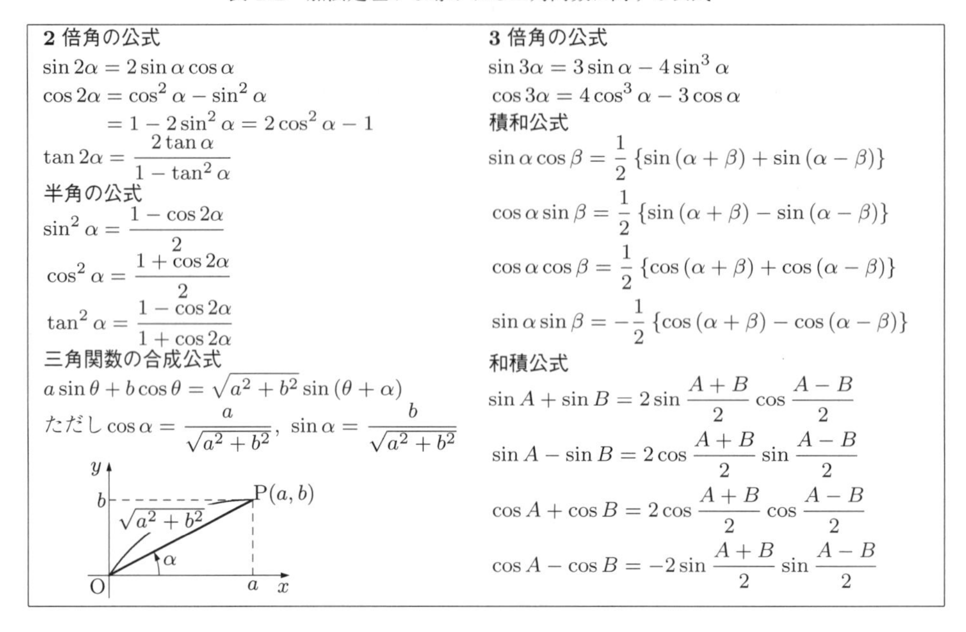

2 倍角の公式

$\sin 2\alpha = 2\sin\alpha\cos\alpha$

$\cos 2\alpha = \cos^2\alpha - \sin^2\alpha$

$\qquad = 1 - 2\sin^2\alpha = 2\cos^2\alpha - 1$

$\tan 2\alpha = \dfrac{2\tan\alpha}{1-\tan^2\alpha}$

半角の公式

$\sin^2\alpha = \dfrac{1-\cos 2\alpha}{2}$

$\cos^2\alpha = \dfrac{1+\cos 2\alpha}{2}$

$\tan^2\alpha = \dfrac{1-\cos 2\alpha}{1+\cos 2\alpha}$

三角関数の合成公式

$a\sin\theta + b\cos\theta = \sqrt{a^2+b^2}\sin(\theta+\alpha)$

ただし $\cos\alpha = \dfrac{a}{\sqrt{a^2+b^2}}$, $\sin\alpha = \dfrac{b}{\sqrt{a^2+b^2}}$

3 倍角の公式

$\sin 3\alpha = 3\sin\alpha - 4\sin^3\alpha$

$\cos 3\alpha = 4\cos^3\alpha - 3\cos\alpha$

積和公式

$\sin\alpha\cos\beta = \dfrac{1}{2}\{\sin(\alpha+\beta) + \sin(\alpha-\beta)\}$

$\cos\alpha\sin\beta = \dfrac{1}{2}\{\sin(\alpha+\beta) - \sin(\alpha-\beta)\}$

$\cos\alpha\cos\beta = \dfrac{1}{2}\{\cos(\alpha+\beta) + \cos(\alpha-\beta)\}$

$\sin\alpha\sin\beta = -\dfrac{1}{2}\{\cos(\alpha+\beta) - \cos(\alpha-\beta)\}$

和積公式

$\sin A + \sin B = 2\sin\dfrac{A+B}{2}\cos\dfrac{A-B}{2}$

$\sin A - \sin B = 2\cos\dfrac{A+B}{2}\sin\dfrac{A-B}{2}$

$\cos A + \cos B = 2\cos\dfrac{A+B}{2}\cos\dfrac{A-B}{2}$

$\cos A - \cos B = -2\sin\dfrac{A+B}{2}\sin\dfrac{A-B}{2}$

定理 1.12　(加法定理)

$$\sin(\alpha\pm\beta) = \sin\alpha\cos\beta \pm \cos\alpha\sin\beta, \qquad \cos(\alpha\pm\beta) = \cos\alpha\cos\beta \mp \sin\alpha\sin\beta$$

$$\tan(\alpha\pm\beta) = \frac{\tan\alpha \pm \tan\beta}{1 \mp \tan\alpha\tan\beta} \qquad (\text{複号同順})$$

解説　定理 1.12 中の式は二つの等式をまとめて書いてある。$\pm$(または $\mp$) の上半分の ‘+’(または ‘−’) をとるときはその式全体にわたり上半分の符号をとる (下半分の記号も同様)。このことを**複号同順**という。

問　　題

問 1.　次の関数のグラフをかけ。《例題 1.1》

(1)　$y = \dfrac{2}{x}$　(2)　$y = \dfrac{3}{x}$　(3)　$y = -\dfrac{1}{x}$　(4)　$y = -\dfrac{3}{x}$

(5)　$y = -\dfrac{3}{x} - 1$　(6)　$y = \dfrac{2}{x-3}$　(7)　$y = -\dfrac{1}{x+2} + 1$　(8)　$y = \dfrac{4x+3}{2x-1}$

問 2.　次の関数のグラフをかけ。《例題 1.2》

(1)　$y = \sqrt{2x}$　(2)　$y = -\sqrt{2x}$　(3)　$y = \sqrt{-2x}$　(4)　$y = -\sqrt{-2x}$

(5)　$y = \sqrt{x-2}$　(6)　$y = -\sqrt{2x-4}$　(7)　$y = -\sqrt{6-3x}$　(8)　$y = \sqrt{x}+1$

問 3.　三角関数の加法定理より，表 1.2 中の公式を導出せよ。

1.2 導　関　数

本節では，3 次関数までの導関数の計算法を学ぶ。

（1） 微分係数　関数 $y=f(x)$ において，x の値が a から $a+h$ に変わるとき，x の値の変化 h に対する y の値の変化 $f(a+h)-f(a)$ の割合は

$$\frac{f(a+h)-f(a)}{h} \tag{1.1}$$

である。これを x の値が a から $a+h$ まで変わるときの $f(x)$ の**平均変化率**という。平均変化率は，図 **1.26** で直線 AB の傾きを意味する。また，平均変化率は h の値により一般に変化する。

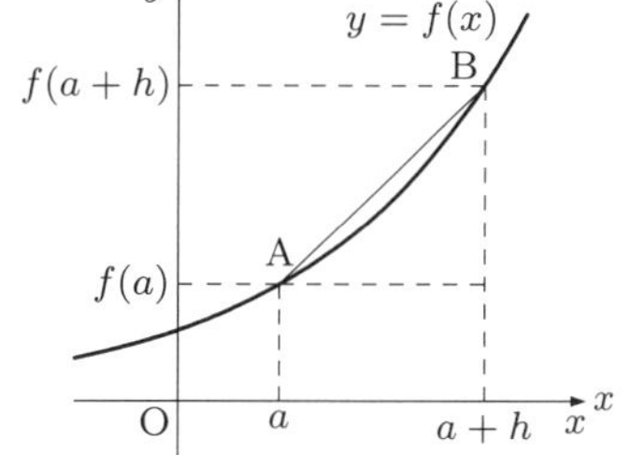

図 **1.26**　平均変化率

例 1.15　x の値が 1 から $1+h$ まで変わるときの関数 $f(x)=x^2$ の平均変化率は

$$\frac{(1+h)^2-1^2}{h}=\frac{2h+h^2}{h}=2+h$$

となる。

h が 0 でない値 (h は正または負) をとりながら 0 に限りなく近づくと式 (1.1) の値がある値に限りなく近づくとき，その値を h が 0 に近づくときの式 (1.1) の**極限値**[†1] という。この極限値を関数 $y=f(x)$ の $x=a$ における**微分係数**といい，記号 lim(リミットと読む) を使って

$$f'(a)=\lim_{h\to 0}\frac{f(a+h)-f(a)}{h} \tag{1.2}$$

で表す[†2]。あるいは,「限りなく近づく」を記号 → で示し

$$h\to 0 \quad \text{のとき} \quad \frac{f(a+h)-f(a)}{h}\to f'(a)$$

のように表す。この極限値が存在するとき，関数 $y=f(x)$ は $x=a$ で**微分可能**であるという。ある区間の任意の x で $y=f(x)$ が微分可能ならば，関数 $y=f(x)$ はその**区間で微分可能**であるという。

関数 $f(x)=x^2$ の $x=1$ における微分係数 $f'(1)$ を求めよう。

$$f'(1)=\lim_{h\to 0}\frac{(1+h)^2-1^2}{h}=\lim_{h\to 0}\frac{2h+h^2}{h}=\lim_{h\to 0}(2+h)$$

ここで，h の値を「0.01，0.001，0.000 1，⋯」と 0 に近づけていくと (右から近づけるとい

†1　関数の極限については，3.1 節を参照のこと。

†2　微分係数は $f'(a)=\lim_{x\to a}\frac{f(x)-f(a)}{x-a}$ のようにも書ける。

う)，$2+h$ の値は「2.01, 2.001, 2.0001, $\cdots$」のように 2 に近づいていく。また，h の値を「-0.01, -0.001, -0.0001, $\cdots$」と 0 に近づけていくと (左から近づけるという)，$2+h$ の値は「1.99, 1.999, 1.9999, $\cdots$」のように 2 に近づいていく。このように，h が 0 に限りなく近づくと $2+h$ の値は限りなく 2 に近づく ($h \to 0$ のとき $2+h \to 2$)。つまり

$$f'(1) = \lim_{h\to 0}(2+h) = 2$$

であることがわかる。

関数や点 a によっては，式 (1.1) の値が一定の値に近づかないこともある。この場合は微分可能でない。

例 1.16　関数 $f(x) = |x|$ については，$h > 0$ のとき $\dfrac{f(0+h)-f(0)}{h} = \dfrac{|h|}{h} = 1$，$h < 0$ のとき $\dfrac{f(0+h)-f(0)}{h} = \dfrac{|h|}{h} = -1$ であるので，h を 0 に近づけるとき，$\dfrac{f(0+h)-f(0)}{h}$ が一定の値に近づくということはない。したがって，$f'(0)$ は存在しないので，$f(x)$ は $x=0$ で微分可能でない (図 **1.27** (a))。

例 1.17　関数 $f(x) = \sqrt[3]{x}$ (実数全体で定義される) は，$x=0$ で微分可能でない。h を 0 に限りなく近づけると $\dfrac{f(0+h)-f(0)}{h} = \dfrac{1}{\sqrt[3]{h^2}}$ の値は限りなく大きくなる (図 1.27 (b))。

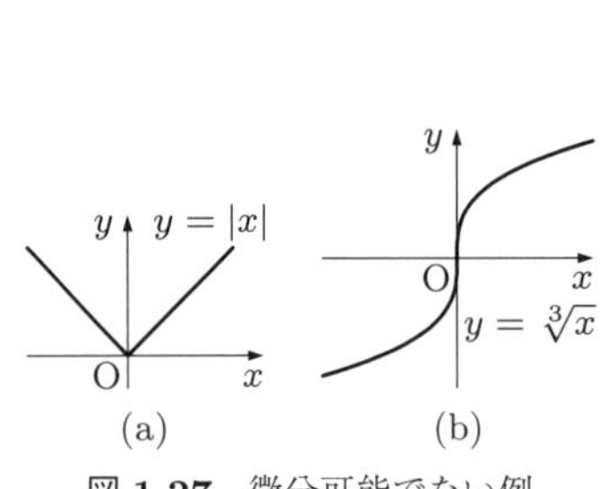

図 1.27　微分可能でない例

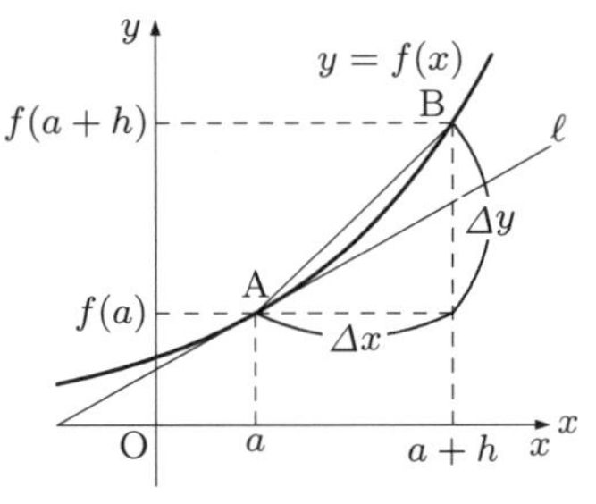

図 1.28　接　線

なお，本書の微分法に関する各節では，特に断らない限り，微分可能な関数を扱う。　さて，h を 0 に限りなく近づけると，**図 1.28** で点 B はグラフ上を動いて限りなく点 A に近づく。そして，直線 AB は傾き $f'(a)$ である直線 ℓ に限りなく近づく。この直線 ℓ を点 A における曲線 $y=f(x)$ の**接線**といい，点 A を**接点**という。

定義 1.6 (接線)　点 $(a, f(a))$ における曲線 $y=f(x)$ の接線の方程式は

$$y - f(a) = f'(a)(x-a)$$

で与えられる。

解説　(1) 接線は，傾きが $f'(a)$ で点 $(a, f(a))$ を通る直線である。傾き m で点 (x_1, y_1) を通る直

線の方程式は $y - y_1 = m(x - x_1)$ で与えられる (定理 1.1)。

(2) 関数 $f(x)$ が $x = a$ で微分可能でないときは，点 $(a, f(a))$ における曲線 $y = f(x)$ の接線は，引くことができないか，x 軸に垂直になる。

例 1.18　点 (1,1) における曲線 $y = x^2$ の接線の方程式は，$y - f(1) = f'(1)(x - 1)$ で与えられる。$f'(1) = 2$ だから，$y - 1 = 2(x - 1)$ すなわち $y = 2x - 1$ である。

(2) 導　関　数　一般に a の値を変えると微分係数 $f'(a)$ の値も変わるので，a を変数とみなせば，微分係数 $f'(a)$ は a の関数になる。微分係数 $f'(a)$ の a を x に書き換えて得られる関数 $f'(x)$ を，関数 $f(x)$ の**導関数**という。すなわち，導関数は次式で定義される[†1]。

定義 1.7　(導関数)

$$f'(x) = \lim_{h \to 0} \frac{f(x + h) - f(x)}{h}$$

導関数を表すには，$f'(x)$ の他に y'，$\dfrac{dy}{dx}$，$\dfrac{d}{dx}f(x)$ などの記号を用いる[†2]。導関数を求めることを**微分する**，または関数と変数を明示して，**関数 $f(x)$ を変数 x について微分する**という。

定義に従って，導関数を求めよう。

$f(x) = c$ (c は定数) のとき ($y = c$ を**定数関数**という。**図 1.29** 参照)

$$f'(x) = \lim_{h \to 0} \frac{c - c}{h} = \lim_{h \to 0} \frac{0}{h} = \lim_{h \to 0} 0 = 0$$

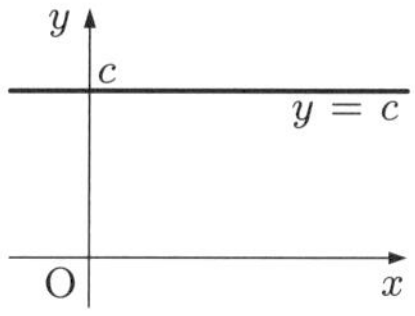

図 1.29　定数関数

$f(x) = x$ のとき

$$f'(x) = \lim_{h \to 0} \frac{(x + h) - x}{h} = \lim_{h \to 0} \frac{h}{h} = \lim_{h \to 0} 1 = 1$$

$f(x) = x^2$ のとき

$$\begin{aligned} f'(x) &= \lim_{h \to 0} \frac{(x + h)^2 - x^2}{h} = \lim_{h \to 0} \frac{2xh + h^2}{h} = \lim_{h \to 0}(2x + h) \\ &= \lim_{h \to 0}(2x) + \lim_{h \to 0} h = 2x + 0 = 2x \end{aligned}$$

$f(x) = x^3$ のとき

---

†1　関数 $y = f(x)$ において，x の変化量 h を Δx，y の変化量 $f(x + h) - f(x)$ を Δy で表すことがある。Δx，Δy をそれぞれ x の**増分**，y の**増分**という。これを用いて，導関数は

$$f'(x) = \lim_{\Delta x \to 0} \frac{\Delta y}{\Delta x} = \lim_{\Delta x \to 0} \frac{f(x + \Delta x) - f(x)}{\Delta x}$$

のようにも表される。Δ はデルタと読む。Δx で一つの変数を示す。

†2　$\dfrac{dy}{dx}$ の記法を用いることにより，後述の合成関数の微分法や置換積分法の公式が見やすくなる。

$$f'(x) = \lim_{h \to 0} \frac{(x+h)^3 - x^3}{h} = \lim_{h \to 0} \frac{3x^2h + 3xh^2 + h^3}{h} = \lim_{h \to 0}(3x^2 + 3xh + h^2) = 3x^2$$

$f(x) = \dfrac{1}{x}$ のとき

$$f'(x) = \lim_{h \to 0} \frac{1}{h}\left(\frac{1}{x+h} - \frac{1}{x}\right) = \lim_{h \to 0} \frac{1}{h} \cdot \frac{-h}{(x+h)x} = \lim_{h \to 0}\left\{-\frac{1}{(x+h)x}\right\} = -\frac{1}{x^2}$$

以上は，次のようにまとめられる。

定理 1.13　(定義から直接求めた導関数)

$$(c)' = 0, \qquad (x)' = 1, \qquad (x^2)' = 2x, \qquad (x^3)' = 3x^2, \qquad \left(\frac{1}{x}\right)' = -\frac{1}{x^2}$$

解説　上で書いたように，例えば，関数 $y = x^3$ の導関数を簡単に $(x^3)'$ と表すことがある。

また，次の公式が成り立つ。

定理 1.14　(微分の線形性)　k を定数とする。関数 $f(x), g(x)$ が微分可能であるとき

$$\{f(x) + g(x)\}' = f'(x) + g'(x), \qquad \{kf(x)\}' = kf'(x)$$

証明　極限の性質 (定理 3.1[2]) から

$$\begin{aligned}\{f(x) + g(x)\}' &= \lim_{h \to 0} \frac{\{f(x+h) + g(x+h)\} - \{f(x) + g(x)\}}{h} \\ &= \lim_{h \to 0}\left\{\frac{f(x+h) - f(x)}{h} + \frac{g(x+h) - g(x)}{h}\right\} \\ &= \lim_{h \to 0} \frac{f(x+h) - f(x)}{h} + \lim_{h \to 0} \frac{g(x+h) - g(x)}{h} = f'(x) + g'(x)\end{aligned}$$

$$\begin{aligned}\{kf(x)\}' &= \lim_{h \to 0} \frac{kf(x+h) + kf(x)}{h} = \lim_{h \to 0} \frac{k\{f(x+h) + f(x)\}}{h} \\ &= k\lim_{h \to 0} \frac{f(x+h) + f(x)}{h} = kf'(x)\end{aligned}$$

□

解説　定理 1.14 の二つの式は，k, l を定数として，$\{kf(x) + lg(x)\}' = kf'(x) + lg'(x)$ のようにまとめられる。

例題 1.3　次の関数を微分せよ。

(1)　$y = x^3 + x^2$　　(2)　$y = 2x^3$　　(3)　$y = 2x^3 + 4x^2$　　(4)　$y = x + \dfrac{1}{x}$

【解答】　(1) $y' = (x^3 + x^2)' = (x^3)' + (x^2)' = 3x^2 + 2x$

(2) $y' = (2x^3)' = 2(x^3)' = 2 \cdot 3x^2 = 6x^2$

(3) $y' = (2x^3 + 4x^2)' = (2x^3)' + (4x^2)' = 2(x^3)' + 4(x^2)' = 2 \cdot 3x^2 + 4 \cdot 2x = 6x^2 + 8x$

(4) $y' = \left(x + \dfrac{1}{x}\right)' = (x)' + \left(\dfrac{1}{x}\right)' = 1 - \dfrac{1}{x^2}$　◇

変数が x，y 以外の文字で表されている場合でも同様に取り扱う。例えば，$s = f(t)$ の導関数を $f'(t)$，s'，$\dfrac{ds}{dt}$，$\dfrac{d}{dt}f(t)$ などで表す。また，この導関数を求めることを，変数を明示して，関数 s を変数 t について微分するということがある。

例 1.19　$f(t) = 2t^3 + 4t^2$ のとき $f'(t) = 6t^2 + 8t$ である。

導関数がいったん求められれば，各点における微分係数はただちに計算することができる。

例 1.20　$f(x) = x^2$ のとき $f'(x) = 2x$ であるから，$f'(1) = 2$，$f'(2) = 4$ である。

例題 1.4　関数 $f(x) = x^2 - 3x + 1$ とする。

(1)　導関数 $f'(x)$ を求めよ。　(2) 微分係数 $f'(3)$ を求めよ。

(3) 点 (3,1) における曲線 $y = f(x)$ の接線の方程式を求めよ。

【解答】　(1) $f'(x) = 2x - 3$　(2) $f'(3) = 2 \cdot 3 - 3 = 3$

(3) $y - f(3) = f'(3)(x - 3)$ より，$y - 1 = 3(x - 3)$ すなわち $y = 3x - 8$ である。

参考のためこの曲線と接線を図 **1.30** に示す。　◇

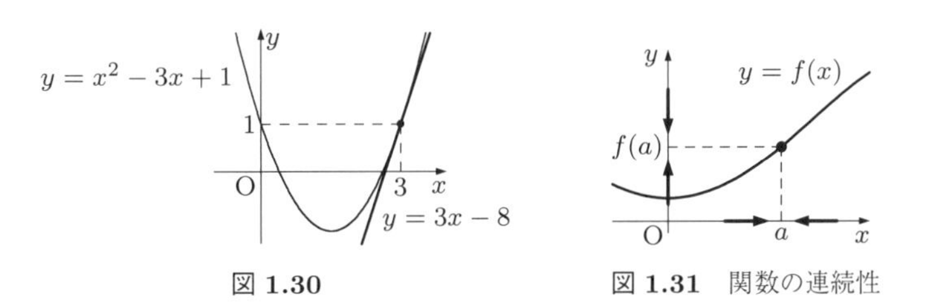

図 1.30　　**図 1.31**　関数の連続性

(3)　関数の連続性　例えば関数 $y = x^2$ のグラフは，切れ目なくつながっている。この性質を**連続**といい，極限を使って定義される (図 **1.31**)。未定義の点，飛びがある場合はそこで連続でない。

定義 1.8　(関数の連続性)　関数 $f(x)$ が点 $x = a$ について $\displaystyle\lim_{h \to 0} f(a + h) = f(a)$ を満たすとき，$f(x)$ は $x = a$ で**連続**であるという †。

関数 $f(x)$ がある区間のすべての点で連続であれば，$f(x)$ はその**区間で連続**であるという。微分可能な関数について，次が成り立つ。

定理 1.15　(微分可能性と連続)　関数 $f(x)$ が $x = a$ で微分可能ならば，$x = a$ で連続である。すなわち，$\displaystyle\lim_{h \to 0} f(a + h) = f(a)$ が成り立つ。

---

† $\displaystyle\lim_{x \to a} f(x) = f(a)$ でも同じ意味である。連続な関数の性質については，3.1 節を参照のこと。

証明　関数 $f(x)$ が $x=a$ で微分可能ならば $\lim_{h\to 0}\frac{f(a+h)-f(a)}{h}=f'(a)$ という極限値が存在する。よって

$$\lim_{h\to 0}\{f(a+h)-f(a)\}=\lim_{h\to 0}\left\{\frac{f(a+h)-f(a)}{h}\cdot h\right\}=\lim_{h\to 0}\frac{f(a+h)-f(a)}{h}\cdot\lim_{h\to 0}h$$
$$=f'(a)\cdot 0=0$$

ゆえに $\lim_{h\to 0}f(a+h)=f(a)$ が成り立つ。 □

解説　連続であっても微分可能とはいえない (例 1.16，1.17)。

問　　　題

問 1.　以下の関数 $f(x)$ について，x の値が a から $a+h$ まで変わるときの $f(x)$ の平均変化率を求めよ。《例 1.15》

(1)　$f(x)=x$　　(2)　$f(x)=x^3$

問 2.　次の関数を微分せよ。《例題 1.3》

(1)　$y=x^2+3x-1$　　(2)　$y=-2x^2+4x-3$　　(3)　$y=2x^3+3x^2+5x+4$

(4)　$y=2t^2+3t+4$　　(5)　$y=2u^3+3u^2+4u$　　(6)　$y=2x-\frac{1}{2x}$

問 3.　次の関数を微分せよ。

(1)　$y=(2x+1)(3x-5)$　　(2)　$y=(2x-1)(x^2+x+1)$　　(3)　$y=(x+1)^3$

問 4.　$f(x)=x^2-2x$ について，《例題 1.4》

(1)　次の微分係数を求めよ。　(i)　$f'(0)$　　(ii)　$f'(1)$　　(iii)　$f'(-1)$

(2)　次の各点における曲線 $y=f(x)$ の接線の方程式を求めよ。

(i)　$(0,f(0))$　　(ii)　$(1,f(1))$　　(iii)　$(-1,f(-1))$

(3)　関数 $y=f(x)$ のグラフをかけ。

(4)　上の三つ接線を関数 $y=f(x)$ のグラフにかき入れよ。

問 5.　定義に従って次の関数の導関数を求めよ。

(1)　$f(x)=x^4$　　(2)　$f(x)=\frac{1}{x^2}$

1.3　積と商の微分法および合成関数の微分法

本節では，多項式関数，有理関数の導関数の計算法を学ぶ。

(1)　**積の微分法**　　導関数の定義に従って，次を得る。

定理 1.16　(積の微分法)　$f(x), g(x)$ が微分可能であるとき

$$\{f(x)g(x)\}'=f'(x)g(x)+f(x)g'(x)$$

証明　極限の性質 (定理 3.1[2]) から

$$\begin{aligned}\{f(x)g(x)\}' &= \lim_{h\to 0}\frac{f(x+h)g(x+h)-f(x)g(x)}{h}\\ &= \lim_{h\to 0}\frac{f(x+h)g(x+h)-f(x)g(x+h)+f(x)g(x+h)-f(x)g(x)}{h}\\ &= \lim_{h\to 0}\frac{f(x+h)-f(x)}{h}\cdot\lim_{h\to 0}g(x+h)+f(x)\lim_{h\to 0}\frac{g(x+h)-g(x)}{h}\\ &= f'(x)g(x)+f(x)g'(x)\end{aligned}$$

以上で，$f(x), g(x)$ は微分可能だから

$$\lim_{h\to 0}\frac{f(x+h)-f(x)}{h}=f'(x),\qquad \lim_{h\to 0}\frac{g(x+h)-g(x)}{h}=g'(x)$$

である。また，$g(x)$ は微分可能だから連続で (定理 1.15)，$\lim_{h\to 0}g(x+h)=g(x)$ である。　□

例題 1.5　関数 $y=(2x+3)(x^2-4)$ を微分せよ。

【解答】　$y'=(2x+3)'(x^2-4)+(2x+3)(x^2-4)'=2(x^2-4)+(2x+3)(2x)=6x^2+6x-8$　◇

（2）　多項式関数の導関数　定理 1.13 では，$n=1,2,3$ で $(x^n)'=nx^{n-1}$ が成立していた。この結果と積の微分法 (定理 1.16) より関数 x^4，x^5 の導関数を求めよう。

$x^4=x^3\cdot x$ だから，$(x^4)'=(x^3)'x+x^3(x)'=3x^2\cdot x+x^3\cdot 1=4x^3$

$x^5=x^4\cdot x$ だから，$(x^5)'=(x^4)'x+x^4(x)'=4x^3\cdot x+x^4\cdot 1=5x^4$

これを続けることによって，すべての正の整数 n に対して x^n の導関数を求めることができる。証明は**数学的帰納法** (例題 3.5 参照) による。

定理 1.17　(x^n の導関数 I)　　$(x^n)'=nx^{n-1}$　　(n は正の整数)

例題 1.6　関数 $y=x^6+2x^4$ を微分せよ。

【解答】　$y'=(x^6)'+2(x^4)'=6x^5+2\cdot 4x^3=6x^5+8x^3$　◇

（3）　合 成 関 数　二つの関数 $f(x)$，$g(x)$ について，$g(x)$ の値域が $f(x)$ の定義域に含まれているとき，関数 $f(g(x))$ を $f(x)$ と $g(x)$ の**合成関数**という。$f(g(x))$ を $(f\circ g)(x)$ と書くこともある。

例 1.21　y が u の関数 $y=\sqrt{u}$ で，u が x の関数 $u=1+x^2$ のとき，$y=\sqrt{1+x^2}$ となる (**図 1.32**)。逆に，$y=\sqrt{1+x^2}$ は，$y=\sqrt{u}$ と $u=1+x^2$ の合成関数とみることができる。

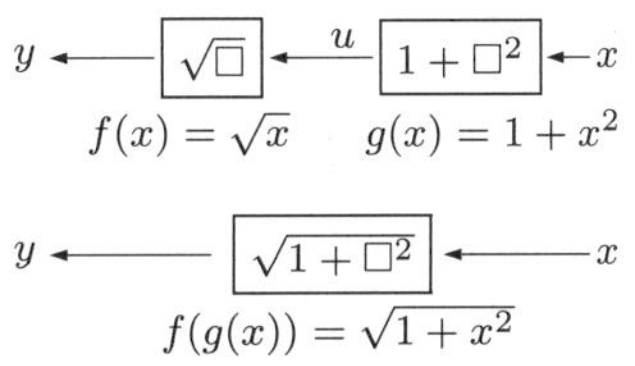

図 1.32　合成関数

例 1.22　$f(x)=\sqrt{x}$，$g(x)=3x+2$ のとき，$f(g(x))=\sqrt{3x+2}$，$g(f(x))=3\sqrt{x}+2$ となる。

解説　一般に，合成関数 $f(g(x))$ と $g(f(x))$ とは一致しない。

このように，ある関数は簡単な二つの関数から構成されているとみることができる場合がある。

（4） 合成関数の微分法　導関数が既知である二つの関数から合成される関数の導関数を求めるには，以下の定理を用いる [†1]。

定理 1.18（合成関数の微分法）　$y=f(u)$，$u=g(x)$ が微分可能であるとき，$y=f(g(x))$ の導関数は

$$\frac{dy}{dx}=\frac{dy}{du}\cdot\frac{du}{dx}=f'(u)\cdot g'(x)=f'(g(x))\cdot g'(x)$$

証明　$k=g(x+h)-g(x)$ と置く [†2]。$g(x)$ は微分可能だから連続であるので（定理 1.15），$h\to 0$ のとき $k\to 0$ である。

$$\begin{aligned}\frac{dy}{dx}&=\lim_{h\to 0}\frac{f(g(x+h))-f(g(x))}{h}=\lim_{h\to 0}\frac{f(u+k)-f(u)}{k}\cdot\frac{\overbrace{g(x+h)-g(x)}^{k}}{h}\\&=\lim_{k\to 0}\frac{f(u+k)-f(u)}{k}\cdot\lim_{h\to 0}\frac{g(x+h)-g(x)}{h}=f'(u)\cdot g'(x)=f'(g(x))\cdot g'(x)\\&=\frac{dy}{du}\cdot\frac{du}{dx}\end{aligned}$$

□

例題 1.7　関数 $y=(x^2-3x+1)^5$ を微分せよ。

【解答】　y は $y=u^5$ と $u=x^2-3x+1$ の合成関数と考えられる。よって

$$\frac{dy}{dx}=\frac{dy}{du}\cdot\frac{du}{dx}=5u^4\cdot(2x-3)=5(x^2-3x+1)^4(2x-3)$$

◇

（5） 有理関数の導関数　$y=\dfrac{1}{x^m}=x^{-m}$（m は正の整数）の導関数を考えよう。y を $y=u^m$ と $u=\dfrac{1}{x}$ の合成関数と考えると，合成関数の微分法より，$\left(\dfrac{1}{x}\right)'=-\dfrac{1}{x^2}$ だった（定理 1.13, p.16）から

[†1] 合成関数の微分法の公式は，dy, du, dx を数のようにみると，あたかも正しい分数の式のように見える。

[†2] $g(x+h)-g(x)=0$ になる場合には修正を要する。u を固定して $\dfrac{f(u+k)-f(u)}{k}=F(k)$ と置くと，$k\to 0$ のとき $F(k)\to f'(u)$ となる。$f(x)$ は連続だから $F(0)=f'(u)$ と定めれば $k=0$ を含めて $F(k)$ は連続になる。これから，$f(u+k)-f(u)=F(k)k$ と表し

$$\frac{dy}{dx}=\lim_{h\to 0}\frac{f(u+k)-f(u)}{h}=\lim_{h\to 0}F(k)\frac{k}{h}=\lim_{k\to 0}F(k)\cdot g'(x)=f'(u)g'(x)$$

$$\frac{dy}{dx} = \frac{dy}{du} \cdot \frac{du}{dx} = mu^{m-1}\left(-\frac{1}{x^2}\right) = m\left(\frac{1}{x}\right)^{m-1}\left(-\frac{1}{x^2}\right) = -m\left(\frac{1}{x}\right)^{m+1} = -mx^{\quad m \quad 1}$$

上式で，$n = -m$ (n は負の整数となる) と置くと，$(x^n)' = nx^{n-1}$ を得る。これは，定理 1.17 が，負の整数 n に対して拡張できることを意味している。また，$(x^0) = (1)' = 0$ だから，$n = 0$ のときも同じ式が成り立つ。したがって，次が成り立つ。

定理 1.19　(x^n の導関数 II)　　$(x^n)' = nx^{n-1}$　　(n は整数)

例題 1.8　次の関数を微分せよ。　(1)　$y = \dfrac{1}{x^3}$　　(2)　$y = \dfrac{x^5 + x}{x^2}$

【解答】　(1) $y' = \left(x^{-3}\right)' = -3x^{-3-1} = -3x^{-4} = -\dfrac{3}{x^4}$

(2) $y' = (x^{5-2} + x^{1-2})' = (x^3 + x^{-1})' = (x^3)' + (x^{-1})' = 3x^{3-1} + (-1)x^{-1-1} = 3x^2 - x^{-2}$

$= 3x^2 - \dfrac{1}{x^2}$　　　(指数の拡張：定義 1.2, p.7 も参照のこと)　◇

また，次が成り立つ。

定理 1.20　(商の微分法)　$f(x), g(x)$ が微分可能であるとき

$$\left\{\frac{1}{g(x)}\right\}' = -\frac{g'(x)}{\{g(x)\}^2}, \qquad \left\{\frac{f(x)}{g(x)}\right\}' = \frac{f'(x)g(x) - f(x)g'(x)}{\{g(x)\}^2}$$

証明　まず，$y = \dfrac{1}{g(x)}$ を $y = \dfrac{1}{u}$ と $u = g(x)$ の合成関数とみて

$$\frac{dy}{dx} = \frac{dy}{du} \cdot \frac{du}{dx} = -\frac{1}{u^2}g'(x) = -\frac{g'(x)}{\{g(x)\}^2}$$

これから，積の微分法を用いて

$$\left\{\frac{f(x)}{g(x)}\right\}' = \left\{f(x) \cdot \frac{1}{g(x)}\right\}' = f'(x) \cdot \frac{1}{g(x)} + f(x)\left\{\frac{1}{g(x)}\right\}'$$

$$= f'(x) \cdot \frac{1}{g(x)} - f(x)\frac{g'(x)}{\{g(x)\}^2} = \frac{f'(x)g(x) - f(x)g'(x)}{\{g(x)\}^2}$$ □

例題 1.9　関数 $y = \dfrac{x+1}{x^2 + x + 1}$ を微分せよ。

【解答】

$$y' = \frac{(x+1)'(x^2+x+1) - (x+1)(x^2+x+1)'}{(x^2+x+1)^2}$$

$$= \frac{(x^2+x+1) - (x+1)(2x+1)}{(x^2+x+1)^2} = \frac{(x^2+x+1) - (2x^2+3x+1)}{(x^2+x+1)^2}$$

$$= \frac{-x^2 - 2x}{(x^2+x+1)^2}$$ ◇

問　題

問 1. 次の関数を微分せよ。《例題 1.5》

(1)　$y = (x^3+1)(x^2-3)$　(2)　$y = (3x^2+1)(2x^3-1)$

問 2. 次の関数を微分せよ。《例題 1.6》

(1)　$y = x^7 - 2x^6 + x^3 + 4$　(2)　$y = x^{12} + 5x^6 + 2x^4 + 9x$

問 3. 次の関数 $f(x), g(x)$ について，合成関数 $f(g(x)), g(f(x))$ をそれぞれ求めよ。《例 1.21, 1.22》

(1)　$f(x) = x^2+1,\ g(x) = 3x+4$　(2)　$f(x) = \dfrac{1}{1+x},\ g(x) = \sqrt{x}$

問 4. 次の関数を微分せよ。《例題 1.7》

(1)　$y = (x+1)^3$　(2)　$y = (x^2+5x-1)^2$　(3)　$y = (x^5-4x^3+6)^7$

問 5. 次の関数を微分せよ。《例題 1.8》

(1)　$y = \dfrac{1}{x^5}$　(2)　$y = x^{-2}$　(3)　$y = \dfrac{3}{x^4}$　(4)　$y = -\dfrac{2}{x} + \dfrac{3}{x^3}$

(5)　$y = \dfrac{x^5+x^2+1}{x^3}$　(6)　$y = \dfrac{1}{(3x-2)^2}$　(7)　$y = \dfrac{1}{(x^2+1)^2}$

問 6. 次の関数を微分せよ。《例題 1.9》

(1)　$y = \dfrac{1}{x^2+3}$　(2)　$y = \dfrac{x^2+1}{x^2+3x}$　(3)　$y = \dfrac{x^3}{x^5+x^2+1}$

問 7. a, b を定数とするとき，次を示せ。

(1)　$y = (ax+b)^2$ のとき $y' = 2a(ax+b)$

(2)　$y = (ax+b)^3$ のとき $y' = 3a(ax+b)^2$

(3)　$y = f(ax+b)$ のとき $y' = af'(ax+b)$

問 8. (1)　$y = f(x)g(x)h(x)$ の導関数は，次で与えられることを示せ。

$$y' = f'(x)g(x)h(x) + f(x)g'(x)h(x) + f(x)g(x)h'(x)$$

(2)　$y = (x+1)(x+2)(x+3)$ を微分せよ。

1.4　逆関数の微分法

本節では，逆関数の微分法を学び，無理関数の導関数を求める。

(1)　逆　関　数　関数 $y = f(x)$ において，y の値を一つ決めるとその値に対応する x の値がただ一つ定まる関係があるとき，x が y の関数となり，$x = g(y)$ と表される。このとき，x と y を入れ替えた関数 $y = g(x)$ を $y = f(x)$ の**逆関数**といい，記号 $f^{-1}(x)$ (エフ インバース エックスと読む) で表す (**図 1.33**)。

$$y \longleftarrow \boxed{f^{-1}} \longleftarrow x \qquad y \longrightarrow \boxed{f} \longrightarrow x$$
$$y = f^{-1}(x) \qquad\qquad x = f(y)$$

図 1.33　逆関数

定義 1.9　(逆関数)　　$y = f^{-1}(x) \Longleftrightarrow x = f(y)$

解説 (1) $f^{-1}(x) \neq \dfrac{1}{f(x)}$ である。(2) $y = f^{-1}(x)$ の定義域は $y = f(x)$ の値域に等しくなる。(3) $x = f(f^{-1}(x))$ および $y = f^{-1}(f(y))$ が成り立つ。(4) 関数 $y = f(x)$ のグラフとその逆関数 $y = f^{-1}(x)$ のグラフは，直線 $y = x$ に関して対称になる (図 **1.34**)†。

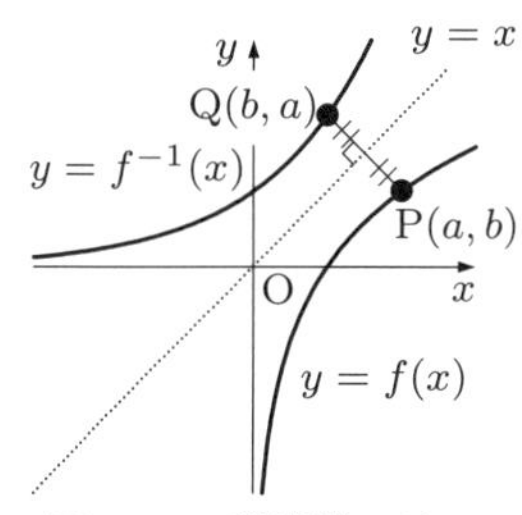

図 1.34 逆関数のグラフ

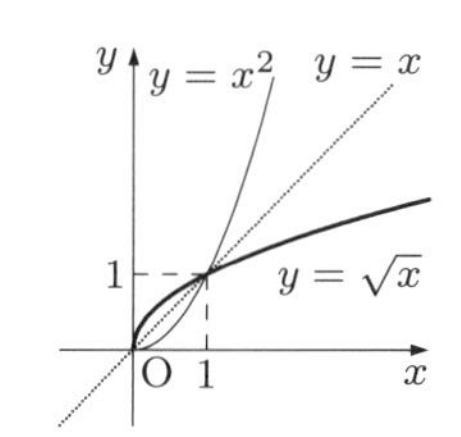

図 1.35 $y = \sqrt{x}$ と $y = x^2$

逆関数を求めるには，(1) $y = f(x)$ という関係式を x について解いて $x = g(y)$ の形に変形し，(2) x と y を入れ替えて，$y = g(x)$ とすればよい。なお，x と y を入れ替えるのは，通常，独立変数は x，従属変数は y で表す慣習に従うからである。

例 1.23 関数 $y = 3x - 1$ の逆関数は，与式を x について解くと $x = \dfrac{1}{3}y + \dfrac{1}{3}$ となることから，x と y を入れ替えて，$y = \dfrac{1}{3}x + \dfrac{1}{3}$ である。

例 1.24 関数 $y = a^x$ $(a > 0, a \neq 1)$ の逆関数は $y = \log_a x$ である (定義 1.4)。

例 1.25 関数 $y = x^2$ において，例えば $y = 1$ に対し，x は $x = -1, 1$ の二つが対応し，ただ一つに定まらない。よって，一般には逆関数が存在しない。しかし，x の定義域を制限すると逆関数が存在する場合がある。実際，$y = x^2$ $(x \geqq 0)$ の逆関数は $y = \sqrt{x}$ となる (図 **1.35**)。

例題 1.10 関数 $y = \dfrac{x-1}{x+2}$ の逆関数を求めよ。

【解答】 与式を x について解くと，$y(x+2) = x - 1$，$xy + 2y = x - 1$，$x(y-1) = -(2y+1)$ より $x = -\dfrac{2y+1}{y-1}$ となる。x と y を入れ替えて，求める逆関数は，$y = -\dfrac{2x+1}{x-1}$ である。 ◇

(2) 逆関数の微分法 逆関数の導関数をもとの関数の導関数を用いて求めよう。

定理 1.21 (逆関数の微分法) $f(x)$ が微分可能で逆関数が存在するとし，それを $y = f^{-1}(x)$ とする。このとき，$f'(f^{-1}(x)) \neq 0$ である区間において

† 定義 1.9 から，点 $\mathrm{P}(a, b)$ が曲線 $y = f(x)$ にあれば点 $\mathrm{Q}(b, a)$ は曲線 $y = f^{-1}(x)$ 上にある。直線 PQ は傾き -1，つまり直線 $y = x$ に垂直であり，点 P, Q の中点 $\left(\dfrac{a+b}{2}, \dfrac{a+b}{2}\right)$ は $y = x$ 上にある。すなわち，点 P, Q は直線 $y = x$ について対称な位置にある。

$$\{f^{-1}(x)\}' = \frac{1}{f'(f^{-1}(x))} \qquad \text{つまり} \qquad \frac{dy}{dx} = \frac{1}{dx/dy}$$

証明　逆関数 $y = f^{-1}(x)$ が微分可能であることを認めると †，合成関数の微分法 (定理 1.18, p.20) より上式を得ることを示しておく。$x = f(f^{-1}(x))$ が成り立つから，右辺を $f(y)$ と $y = f^{-1}(x)$ の合成関数とみて，両辺を x について微分すると

$$\text{左辺} = \frac{d}{dx}x = 1, \qquad \text{右辺} = f'(\underbrace{f^{-1}(x)}_{y})\{f^{-1}(x)\}' = \frac{dx}{dy}\cdot\frac{dy}{dx}$$

よって，$1 = f'(f^{-1}(x))\{f^{-1}(x)\}' = \dfrac{dx}{dy}\cdot\dfrac{dy}{dx}$ となるから，上式を得る。□

解説　逆関数の微分法の公式は，dy, dx を数のようにみると，正しい分数の式のように見える。

例題 1.11　関数 $y = \sqrt{x}$ を逆関数の微分法を用いて微分せよ。

【解答】　$y = \sqrt{x}$ より $x = y^2$ である。これから，逆関数の微分法より

$$\frac{dy}{dx} = \frac{1}{\dfrac{dx}{dy}} = \frac{1}{\dfrac{d}{dy}y^2} = \frac{1}{2y} = \frac{1}{2\sqrt{x}}$$ ◇

(3)　無理関数の導関数　関数 $y = x^r$ (r は有理数，定義域は区間 $x > 0$) の導関数を考えよう。なお，有理数は $r = \dfrac{m}{n}$ (m は整数，n は正の整数) と表すことができる数であり，$y = x^r = x^{\frac{m}{n}} = \sqrt[n]{x^m}$ が成り立つ (定義 1.3, p.7)。

定理 1.22　(x^r の導関数)　　$(x^r)' = rx^{r-1}$　　(r は有理数)

証明　まず，$x^{\frac{1}{n}}$ の導関数を求める。$y = x^{\frac{1}{n}}$ (n は正の整数, $x > 0$) を x について解くと，$x = y^n$ となる。よって，逆関数の微分法より

$$\left(x^{\frac{1}{n}}\right)' = \frac{1}{\frac{d}{dy}y^n} = \frac{1}{ny^{n-1}} = \frac{1}{n\left(x^{\frac{1}{n}}\right)^{n-1}} = \frac{1}{nx^{1-\frac{1}{n}}} = \frac{1}{n}x^{\frac{1}{n}-1}$$

次に，$y = x^{\frac{m}{n}} = \left(x^{\frac{1}{n}}\right)^m$ を $y = u^m$ と $u = x^{\frac{1}{n}}$ の合成関数と考えると，合成関数の微分法より

$$\frac{dy}{dx} = \frac{dy}{du}\cdot\frac{du}{dx} = mu^{m-1}\cdot\frac{1}{n}x^{\frac{1}{n}-1} = \frac{m}{n}x^{\frac{m-1}{n}+\frac{1}{n}-1} = \frac{m}{n}x^{\frac{m}{n}-1}$$

$r = \dfrac{m}{n}$ と置くと，求める式を得る。□

† $f^{-1}(x)$ を微分可能と仮定しない証明

$x = f(y)$ は微分可能であるので連続である (定理 1.15)。よって，$f(y+h) - f(y) = k$ と置くと $h \to 0$ のとき $k \to 0$ となる。また $y + h = f^{-1}(f(y) + k) = f^{-1}(x + k)$ である。よって

$$\frac{d}{dx}f^{-1}(x) = \lim_{k\to 0}\frac{f^{-1}(x+k) - f^{-1}(x)}{k} = \lim_{h\to 0}\frac{h}{f(y+h) - f(x)}$$
$$= \frac{1}{\displaystyle\lim_{h\to 0}\frac{f(y+h) - f(y)}{h}} = \frac{1}{\dfrac{d}{dy}f(y)} = \frac{1}{f'(f^{-1}(x))}$$

例題 1.12　次の関数を微分せよ。　(1)　$y = x^{\frac{2}{3}}$　(2)　$y = \sqrt{1-x^2}$

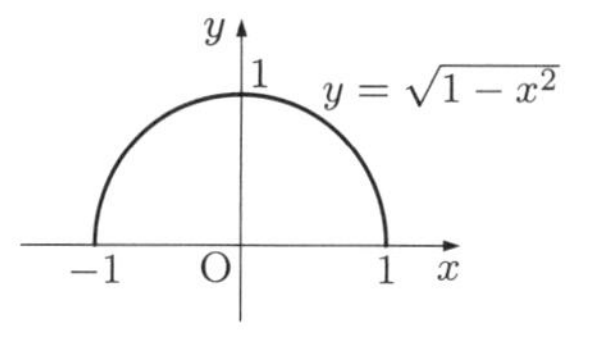

図 1.36　上半円 $y = \sqrt{1-x^2}$

【解答】　(1) $y' = \dfrac{2}{3}x^{\frac{2}{3}-1} = \dfrac{2}{3}x^{-\frac{1}{3}}$

(2) $y = \sqrt{u} = u^{\frac{1}{2}}$ と $u = 1-x^2$ の合成関数とみて合成関数の微分法を用いる。

$$y' = \frac{dy}{du} \cdot \frac{du}{dx} = \frac{1}{2\sqrt{u}} \cdot (-2x) = -\frac{x}{\sqrt{1-x^2}}$$

(関数 $y = \sqrt{1-x^2}$ のグラフは上半円になる (図 **1.36**)。)　◇

問　　　題

問 1.　次の関数の逆関数を求めよ。《例題 1.10》

(1)　$y = 2x+3$　(2)　$y = \sqrt{x-2}$　(3)　$y = \dfrac{x-7}{x+1}$　(4)　$y = x^2-4x \quad (x \geqq 2)$

問 2.　次の関数を微分せよ。《例題 1.12》

(1)　$y = x\sqrt{x}$　(2)　$y = 2x^{\frac{5}{2}}$　(3)　$y = \dfrac{1}{\sqrt{x}}$　(4)　$y = \sqrt[3]{x^5}$

(5)　$y = \sqrt{2x+3}$　(6)　$y = \dfrac{1}{\sqrt{2x+3}}$　(7)　$y = \sqrt{x^2+1}$

(8)　$y = \sqrt[3]{x^2+3x+1}$　(9)　$y = \sqrt[4]{x-3}$　(10)　$y = \dfrac{x+2}{\sqrt{2x+3}}$

1.5　対数関数・指数関数の導関数

本節では，対数関数・指数関数の導関数を求める。

(1)　対数関数の微分法　対数関数 $y = \log_a x$ の導関数を導関数の定義 (定義 1.7, p.15) と対数の性質 (定理 1.5∼1.7, p.8) に従って求めよう。

$$(\log_a x)' = \lim_{h\to 0}\frac{\log_a(x+h) - \log_a x}{h} = \lim_{h\to 0}\frac{\log_a\left(\frac{x+h}{x}\right)}{h} = \lim_{h\to 0}\frac{1}{h}\log_a\left(1+\frac{h}{x}\right)$$

ここで，$t = \dfrac{h}{x}$ と置くと，与えられた x に対して $h \to 0$ のとき $t \to 0$ であり

$$(\log_a x)' = \lim_{t\to 0}\frac{1}{xt}\log_a(1+t) = \frac{1}{x}\lim_{t\to 0}\log_a(1+t)^{\frac{1}{t}}$$

となる。

いま，t が 0 に近いときの $(1+t)^{\frac{1}{t}}$ の値を調べると**表 1.3** のようになる。これから予想されるが，実際に極限値 $\displaystyle\lim_{t\to 0}(1+t)^{\frac{1}{t}}$ が存在し，その値は $2.718\,281\,828\cdots$ であることが知られている。この値を e で表す。すなわち

表 1.3　$(1+t)^{\frac{1}{t}}$ の値

t	$(1+t)^{\frac{1}{t}}$
0.001	2.716 923···
0.000 1	2.718 145···
0.000 01	2.718 268···
0.000 001	2.718 280···
−0.001	2.719 642···
−0.000 1	2.718 417···
−0.000 01	2.718 295···
−0.000 001	2.718 283···

$$\lim_{t\to 0}(1+t)^{\frac{1}{t}} = e$$

と置く。

これから結局

$$(\log_a x)' = \frac{1}{x}\log_a e = \frac{1}{x\log_e a} \tag{1.3}$$

を得る †1。特に，$a=e$ のとき

$$(\log_e x)' = \frac{1}{x}$$

となる。底が e である対数 $\log_e x$ を**自然対数**という。e を**自然対数の底**または**ネイピア数**という。微分法や積分法では，底が e の対数関数・指数関数が中心的な役割を果たす。

以後本書では，自然対数を単に $\log x$ と表し，底を省略する。

解説　自然対数を $\ln x$ と書くこともある。一方，本によっては $\log x$ は底が 10 の対数 $\log_{10} x$ (**常用対数**という) や底が 2 の対数 $\log_2 x$ を示すこともある。

次に，関数 $y=\log|x|$ の導関数を考えよう †2。$x>0$ のときは $\log|x| = \log x$ となり，導出済み。$x<0$ のとき，$y=\log|x|$ は，$y=\log u$ と $u=|x|=-x$ の合成関数とみなせるから，合成関数の微分法を用いて，$y' = \dfrac{1}{u}\cdot(-1) = \dfrac{1}{-x}\cdot(-1) = \dfrac{1}{x}$ となる。

以上より，次を得る。

定理 1.23　(対数関数の導関数)

$$(\log x)' = \frac{1}{x}, \qquad (\log|x|)' = \frac{1}{x}, \qquad (\log_a x)' = \frac{1}{x\log a}$$

解説　第 3 式は，式 (1.3) の導出過程にこだわらずに第 1 式を記憶しておけば底の変換公式 (定理 1.7, p.9) によって $(\log_a x)' = \left(\dfrac{\log x}{\log a}\right)'$ よりすぐに導出できる。

例題 1.13　次の関数を微分せよ。

(1)　$y=\log 2x$　　(2)　$y=\log_2 x$　　(3)　$y=\sqrt{x}\log x$

【解答】　(1)　$(\log 2x)' = (\log 2 + \log x)' = (\log 2)' + (\log x)' = 0 + \dfrac{1}{x} = \dfrac{1}{x}$

(2)　$(\log_2 x)' = \left(\dfrac{\log x}{\log 2}\right)' = \dfrac{1}{\log 2}(\log x)' = \dfrac{1}{x\log 2}$

---

†1　ここで，対数関数が連続な関数である性質 (定理 3.5[5]) を用いている。すなわち $\displaystyle\lim_{t\to 0}\log_a(1+t)^{\frac{1}{t}} = \log_a\left\{\lim_{t\to 0}(1+t)^{\frac{1}{t}}\right\} = \log_a e$　が成り立つ。

†2　絶対値は，定義 1.1 (p.1) 参照のこと。

(3) 積の微分法 (定理 1.16, p.18) を用いて

$$y' = (\sqrt{x})' \log x + \sqrt{x}\,(\log x)' = \frac{1}{2\sqrt{x}} \log x + \sqrt{x}\frac{1}{x} = \frac{1}{2\sqrt{x}} \log x + \frac{1}{\sqrt{x}} \qquad \diamondsuit$$

(2) 対数微分法　関数 $f(x)$ が微分可能であるとき，関数 $y = \log|f(x)|$ を $y = \log|u|$ と $u = f(x)$ の合成関数とみると，$\log|f(x)|$ の導関数は次式で与えられることがわかる†。

$$(\log|f(x)|)' = \frac{f'(x)}{f(x)} \tag{1.4}$$

式 (1.4) より，$f'(x) = f(x)(\log|f(x)|)'$ の関係を得るが，これを利用して $f(x)$ の導関数を求めることを**対数微分法**という。

例題 1.14　関数 $y = \dfrac{(x-2)^3}{(x-3)(x^2+1)}$ を微分せよ。

【解答】　商の微分法を適用すれば y が微分可能であることはわかる。

両辺の絶対値をとり，さらに自然対数をとると

$$\log|y| = \log\left|\frac{(x-2)^3}{(x-3)(x^2+1)}\right| = 3\log|x-2| - \log|x-3| - \log(x^2+1)$$

両辺を x について微分すると

$$\frac{1}{y} \cdot \frac{dy}{dx} = \frac{3}{x-2} - \frac{1}{x-3} - \frac{2x}{x^2+1}$$

したがって

$$\frac{dy}{dx} = y\left(\frac{3}{x-2} - \frac{1}{x-3} - \frac{2x}{x^2+1}\right) = \frac{(x-2)^3}{(x-3)(x^2+1)}\left(\frac{3}{x-2} - \frac{1}{x-3} - \frac{2x}{x^2+1}\right) \qquad \diamondsuit$$

(3) 指数関数の微分法　指数関数 $y = e^x$ の導関数は，指数関数が対数関数の逆関数であることを利用して導出できる。

定理 1.24　(指数関数の導関数)　　$(e^x)' = e^x, \qquad (a^x)' = a^x \log a$

証明　$y = e^x$ を x について解くと $x = \log y$ となる。よって，逆関数の微分法 (定理 1.21, p.23) より

$$(e^x)' = \frac{1}{\dfrac{d}{dy}\log y} = \frac{1}{\dfrac{1}{y}} = y = e^x$$

同様に $y = a^x$ を x について解くと $x = \log_a y$ となる。よって，逆関数の微分法より

$$(a^x)' = \frac{1}{\dfrac{d}{dy}\log_a y} = \frac{1}{\dfrac{1}{y\log a}} = y\log a = a^x \log a$$

（別の証明）$\log a^x = x\log a$ より $a^x = e^{x\log a}$ だから ($\because$ 定理 1.6，定義 1.4，p.8)，$y = a^x$ を $y = e^u$ と $u = x\log a$ の合成関数とみて，$(a^x)' = e^u \cdot \log a = a^x \log a$ となる。 □

† $\dfrac{dy}{dx} = \dfrac{dy}{du} \cdot \dfrac{du}{dx} = \dfrac{1}{u} \cdot f'(x) = \dfrac{1}{f(x)} \cdot f'(x)$　($\because$ 合成関数の微分法: 定理 1.18, p.20)

例題 1.15　次の関数を微分せよ。　(1)　$y = 3^x$　(2)　$y = e^{2x}$

【解答】 (1) $(3^x)' = 3^x \log 3$

(2) 合成関数の微分法による。$y = e^u$ と $u = 2x$ の合成関数とみて

$$(e^{2x})' = \frac{dy}{du} \cdot \frac{du}{dx} = e^u \cdot 2 = 2e^{2x}$$

(別解) $e^{2x} = (e^x)^2$ だから，$y = u^2$ と $u = e^x$ の合成関数とみてもよい。

$$(e^{2x})' = \frac{dy}{du} \cdot \frac{du}{dx} = 2u \cdot e^x = 2e^x \cdot e^x = 2e^{2x}$$ ◇

解説　合成関数の微分法は慣れてきたら，u と置くのを暗算でやってよい。例えば

$$(e^{2x})' = e^{2x}(2x)' = 2e^{2x}$$

(4)　べき関数の導関数　べき関数 x^α $(x > 0, \alpha$は実数$)$ の導関数を考えよう。次の定理により，定理 1.22 は r が実数である場合まで拡張される。

定理 1.25　(x^α の導関数)　$(x^\alpha)' = \alpha x^{\alpha-1}$　(α は実数)

証明　$\log x^\alpha = \alpha \log x$ より $x^\alpha = e^{\alpha \log x}$ の関係がある。これから $y = x^\alpha$ を，$y = e^u$ と $u = \alpha \log x$ の合成関数とみて，$y' = \dfrac{dy}{du} \cdot \dfrac{du}{dx} = e^u \cdot \dfrac{\alpha}{x} = x^\alpha \cdot \dfrac{\alpha}{x} = \alpha x^{\alpha-1}$ となる。□

例題 1.16　関数 $y = x^{\sqrt{3}}$ の導関数を求めよ。

【解答】 $y' = \sqrt{3}x^{\sqrt{3}-1}$ ◇

問　題

問 1.　次の関数の逆関数を求めよ。《例題 1.10 の応用》

(1)　$y = 2^x$　(2)　$y = e^{2x}$　(3)　$y = \log_3 x$　(4)　$y = 10 \log_{10} x$

問 2.　次の関数を微分せよ。《例題 1.13》

(1)　$y = \log 5x$　(2)　$y = \log_3(4x+1)$　(3)　$y = \log x^4$　(4)　$y = (\log x)^3$

(5)　$y = \log(x^2+1)$　(6)　$y = \log\sqrt{x^2+x+1}$　(7)　$y = \log(\log x)$

(8)　$y = x \log x$　(9)　$y = x(\log x - 1)$　(10)　$y = x^2 \log x$

(11)　$y = \dfrac{\log x}{x}$　(12)　$y = \dfrac{\log x}{\log x + 1}$

問 3.　対数微分法を用いて，次の関数を微分せよ。《例題 1.14》

(1)　$y = (x+2)^3(2x-3)$　(2)　$y = \dfrac{\sqrt[3]{x+2}}{(2x-3)^2}$　(3)　x^x　(4)　$y = x^{\sin x}$

問 4.　次の関数を微分せよ。《例題 1.15》

(1) $y = e^{5x}$ (2) $y = e^{-x}$ (3) $y = e^{x^3}$ (4) $y = e^{\sqrt{x}}$

(5) $y = 3^{4x+1}$ (6) $y = 2^{\sqrt{x}}$ (7) $y = xe^{-x}$ (8) $y = \dfrac{e^x}{e^x + 1}$

問 5. 次の関数を微分せよ。

(1) $y = e^x \log x$ (2) $y = 2^{\log x}$

問 6. 次の関数を微分せよ。《例題 1.16》

(1) $y = x^{\sqrt{2}}$ (2) $y = x^e + e^x$

問 7. 次の関数を微分せよ。

(1) $y = \log\left(x + \sqrt{x^2+1}\right)$ (2) $y = \log\left|x + \sqrt{x^2-1}\right|$

(3) $y = \dfrac{1}{2}\left\{x\sqrt{x^2+1} + \log(x + \sqrt{x^2+1})\right\}$

(4) $y = \dfrac{1}{2}\left(x\sqrt{x^2-1} - \log\left|x + \sqrt{x^2-1}\right|\right)$

1.6 三角関数の導関数および媒介変数表示の関数の微分法

本節では，三角関数の導関数を求める。さらに，媒介変数表示の関数の微分法，三角関数の逆関数である逆三角関数とその導関数についても学ぶ。

（1） 三角関数の導関数 微分積分学においては角は弧度法 (p.9) で表す。三角関数の極限を考えるとき基本となるのは次の極限である。

定理 1.26 (三角関数の極限値) $\displaystyle\lim_{x\to 0}\frac{\sin x}{x} = 1$

証明 図 **1.37** で $0 < \theta < \dfrac{\pi}{2}$ とする。このとき

PS の長さ < 孤 PQ の長さ < PR の長さ

である。よって

$$\sin\theta < \theta < \tan\theta \tag{1.5}$$

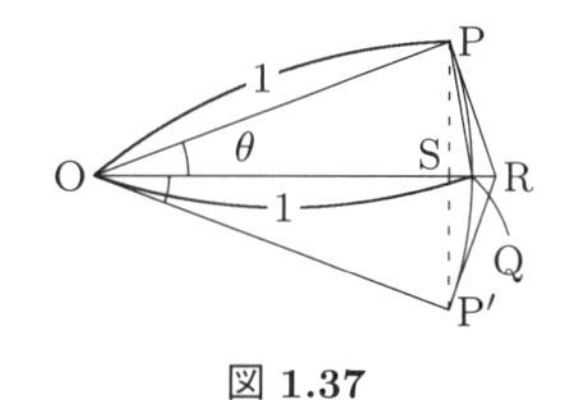

図 1.37

が成り立つ†。$-\dfrac{\pi}{2} < \theta < 0$ のときも同様である。$\sin\theta$ で割ると

$$1 < \frac{\theta}{\sin\theta} < \frac{1}{\cos\theta} \quad \text{逆数をとって} \quad 1 > \frac{\sin\theta}{\theta} > \cos\theta$$

$\theta \to 0$ のとき $\cos\theta \to 1$(定理 3.5[4]) だから，はさみうちの原理 (定理 3.1[4]) より与式が成立することがわかる。 □

定理 1.26 を利用して三角関数の導関数を求めよう。導関数の定義より，和積公式 (表 1.2, p.12): $\sin A - \sin B = 2\cos\dfrac{A+B}{2}\sin\dfrac{A-B}{2}$ を用いて

† 図 1.37 で，面積に対して △OQP < 扇型 OQP < △ORP が成り立つ。ここで，扇型 OQP の面積が $\dfrac{1}{2}\theta$ になることを既知とすれば，$\dfrac{1}{2}\sin\theta < \dfrac{1}{2}\theta < \dfrac{1}{2}\tan\theta$ が成り立つ。これからも式 (1.5) が成り立つことがわかる。

$$(\sin x)' = \lim_{h\to 0}\frac{\sin(x+h)-\sin x}{h} = \lim_{h\to 0}\frac{2}{h}\cos\left(x+\frac{h}{2}\right)\sin\frac{h}{2}$$

$$= \lim_{h\to 0}\cos\left(x+\frac{h}{2}\right)\cdot\lim_{h\to 0}\frac{\sin\frac{h}{2}}{\frac{h}{2}} = \cos x$$

$y=\cos x=\sin\left(x+\frac{\pi}{2}\right)$ だから (定理 1.11[2], p.11)，$y=\cos x$ を $y=\sin u$ と $u=x+\frac{\pi}{2}$ の合成関数とみて

$$(\cos x)' = \frac{d}{du}\sin u\cdot\frac{d}{dx}\left(x+\frac{\pi}{2}\right) = \cos u\cdot 1 = \cos\left(x+\frac{\pi}{2}\right) = -\sin x$$

最後の変形にも定理 1.11[2] 中の式が用いられる。

$\tan x=\dfrac{\sin x}{\cos x}$ に商の微分法 (定理 1.20, p.21) を適用して

$$(\tan x)' = \frac{(\sin x)'\cos x-\sin x(\cos x)'}{\cos^2 x} = \frac{\cos^2 x+\sin^2 x}{\cos^2 x} = \frac{1}{\cos^2 x}$$

以上は次のようにまとめられる。

定理 1.27　(三角関数の導関数)

$$(\sin x)' = \cos x,\qquad (\cos x)' = -\sin x,\qquad (\tan x)' = \frac{1}{\cos^2 x}$$

例題 1.17　次の関数を微分せよ。

(1)　$y=2\sin x+3\cos x$　　(2)　$y=\sin(3x+\pi)$　　(3)　$y=\cos 2x+\dfrac{\sin x}{x}$

(4)　$y=e^x\sin x$

【解答】　(1) 微分の線形性 (定理 1.14, p.16) により

$$y' = 2(\sin x)'+3(\cos x)' = 2\cos x-3\sin x$$

(2)† y を $y=\sin u$ と $u=3x+\pi$ の合成関数と考えて，合成関数の微分法 (定理 1.18, p.20) より

$$\frac{dy}{dx} = \frac{dy}{du}\cdot\frac{du}{dx} = (\cos u)\cdot 3 = 3\cos(3x+\pi)$$

(3) 第 2 項は商の微分法を用いる。

$$y' = -2\sin 2x+\frac{x(\sin x)'-(x)'\sin x}{x^2} = -2\sin 2x+\frac{x\cos x-\sin x}{x^2}$$

(4) 積の微分法 (定理 1.16, p.18) を用いる。

$$y' = (e^x)'\sin x+e^x(\sin x)' = e^x\sin x+e^x\cos x = e^x(\sin x+\cos x)$$ ◇

† a, b を定数とし，$\{\sin(ax+b)\}' = a\cos(ax+b)$, $\{\cos(ax+b)\}' = -a\sin(ax+b)$, $\{\tan(ax+b)\}' = \dfrac{a}{\cos^2(ax+b)}$ が成り立つ。

（２）**媒介変数表示の関数の微分法**★　ある曲線（または関数のグラフ）上の点 P の座標が一つの変数 t によって

$$\begin{cases} x = f(t) \\ y = g(t) \end{cases}$$

の形に表されるとき，これをその曲線（または関数）の**媒介変数表示**（パラメータ表示）といい，t を**媒介変数**（パラメータ）という。

ある区間で $f(t)$ に逆関数（1.4 節（１）参照）が存在すれば，$y = g(t) = g(f^{-1}(x))$ と表されるので，y は x の関数とみることができる（一般には y が x の関数になるとは限らない）。

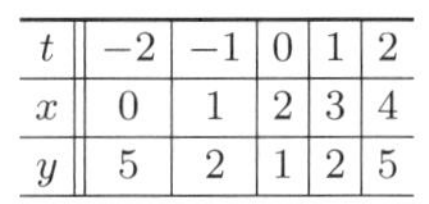

t	-2	-1	0	1	2
x	0	1	2	3	4
y	5	2	1	2	5

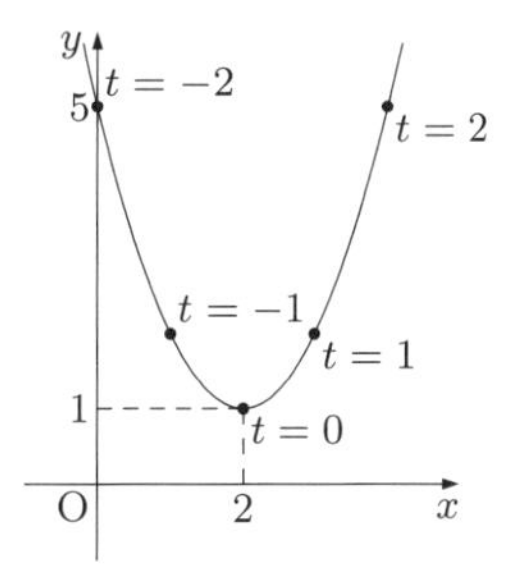

図 1.38　2 次関数の媒介変数表示

例 1.26　媒介変数表示 $x = t + 2$, $y = t^2 + 1$ を考える。これは 2 次関数を表している（**図 1.38**）。

例 1.27　媒介変数表示 $x = \cos t$, $y = \sin t$ $(0 \leqq t \leqq \pi)$ は，上半円を表す（**図 1.39**）。$x^2 + y^2 = \cos^2 t + \sin^2 t = 1$ を満たしている。

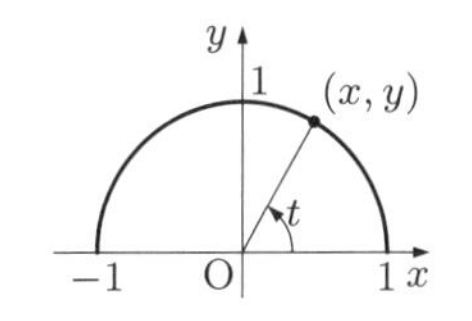

図 1.39　上半円の媒介変数表示

媒介変数で表された関数の導関数について次が成り立つ。

定理 1.28（媒介変数で表された関数の導関数）　$f(t)$, $g(t)$ が t の微分可能な関数であり，$f(t)$ の逆関数が存在し，$f'(t) \neq 0$ とする。このとき，$x = f(t)$, $y = g(t)$ で媒介変数表示される関数は微分可能で

$$\frac{dy}{dx} = \frac{g'(t)}{f'(t)} = \frac{\dfrac{dy}{dt}}{\dfrac{dx}{dt}}$$

証明　$y = g(f^{-1}(x))$ について，合成関数の微分法と逆関数の微分法（定理 1.21, p.23）より

$$\frac{dy}{dx} = \frac{dy}{dt} \cdot \frac{dt}{dx} = \frac{dy}{dt} \cdot \frac{1}{\dfrac{dx}{dt}} \qquad \square$$

解説　媒介変数で表された関数の導関数の公式は，dy, dx, dt を数のようにみると，正しい分数の式のように見える。

例題 1.18　円を媒介変数表示で $x = \cos t$, $y = \sin t$ と表すとき，$\dfrac{dy}{dx}$ を求めよ。

【解答】　$\dfrac{dx}{dt} = -\sin t$, $\dfrac{dy}{dt} = \cos t$,　　$\dfrac{dy}{dx} = \dfrac{\dfrac{dy}{dt}}{\dfrac{dx}{dt}} = -\dfrac{\cos t}{\sin t} = -\dfrac{x}{y}$　◇

例題 1.19　a を正の定数とする。曲線

$$x = a(\theta - \sin\theta), \quad y = a(1 - \cos\theta)$$

上で微分係数 $\dfrac{dy}{dx}$ が $\dfrac{1}{\sqrt{3}}$ となる点 P について θ の値を求めよ (図 **1.40**)。ただし，$0 \leqq \theta \leqq 2\pi$ とする。

この関数のグラフが示す曲線を**サイクロイド**と呼ぶ。

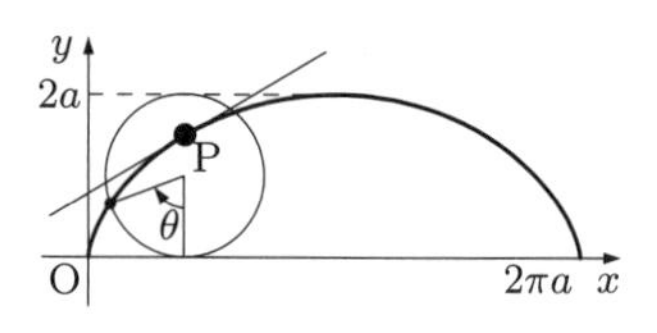

図 1.40　サイクロイド

【解答】　$\dfrac{dx}{d\theta} = a(1 - \cos\theta)$，$\dfrac{dy}{d\theta} = a\sin\theta$ だから，$\dfrac{dy}{dx} = \dfrac{a\sin\theta}{a(1-\cos\theta)} = \dfrac{1}{\sqrt{3}}$ となる。

これから $\sqrt{3}\sin\theta = 1 - \cos\theta$，両辺を 2 乗して $3\sin^2\theta = (1-\cos\theta)^2$，$3(1-\cos^2\theta) = (1-\cos\theta)^2$，$(1-\cos\theta)(4\cos\theta + 2) = 0$ の関係となる。これを解くと，$\cos\theta = 1, -\dfrac{1}{2}$ を得るが，$\cos\theta = 1$ は不適。ゆえに，$\theta = \dfrac{2}{3}\pi$ を得る。　◇

例題 1.20　方程式 $x^2 + y^2 = 1$ で定められる関数 y について導関数 $\dfrac{dy}{dx}$ を求めよ。

【解答】　円 $x^2 + y^2 = 1$ 上の点 (x, y) における微分係数 $\dfrac{dy}{dx}$ を求めるには，直接的な方法 (例題 1.12(2))，媒介変数を用いる方法 (例題 1.18) があった。微分係数 $\dfrac{dy}{dx}$ の存在が明らかであれば，次の方法が簡単である。

y を x の関数と考えて，そのまま両辺を x で微分すれば，合成関数の微分法より，$2x + 2y\dfrac{dy}{dx} = 0$。これを $\dfrac{dy}{dx}$ について解いて，$\dfrac{dy}{dx} = -\dfrac{x}{y}$ が求まる。　◇

(3)　逆三角関数　　三角関数 $y = \sin x$ は，x と y の値が 1 対 1 に対応しないので一般には逆関数は存在しない。しかし，定義域を区間 $-\dfrac{\pi}{2} \leqq x \leqq \dfrac{\pi}{2}$ に制限すると，x と y の値が 1 対 1 に対応するので，逆関数が定義できる。この逆関数を**逆正弦関数**といい，$y = \sin^{-1} x$ と書く。同様に，$y = \cos x$ に対して，定義域を区間 $0 \leqq x \leqq \pi$ に制限すると，逆関数が定義できる。この逆関数を**逆余弦関数**といい，$y = \cos^{-1} x$ と書く。$y = \tan x$ に対して，定義域を区間 $-\dfrac{\pi}{2} < x < \dfrac{\pi}{2}$ に制限すると，逆関数が定義できる。この逆関数を**逆正接関数**といい，$y = \tan^{-1} x$ と書く。これらの三つの関数をまとめて**逆三角関数**という†。

定義 1.10　(逆三角関数)

$$y = \sin^{-1} x \quad (-1 \leqq x \leqq 1) \iff \sin y = x \quad \left(-\frac{\pi}{2} \leqq y \leqq \frac{\pi}{2}\right)$$

$$y = \cos^{-1} x \quad (-1 \leqq x \leqq 1) \iff \cos y = x \quad (0 \leqq y \leqq \pi)$$

† $\sin^{-1}$ は arcsin と書くこともあり，それぞれインバースサイン，アークサインと読む。同様に，$\cos^{-1}$ は arccos と書くこともあり，インバースコサイン，アークコサインと読み，$\tan^{-1}$ は arctan と書くこともあり，インバースタンジェント，アークタンジェントと読む。

$$y = \tan^{-1} x \quad (-\infty < x < \infty) \quad \Longleftrightarrow \quad \tan y = x \quad \left(-\frac{\pi}{2} < y < \frac{\pi}{2}\right)$$

それぞれのグラフを図 **1.41**，図 **1.42**，図 **1.43** に示す。

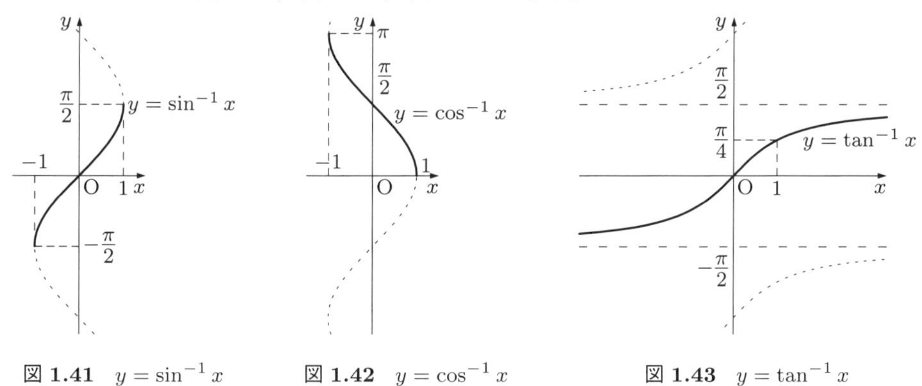

図 **1.41** $y = \sin^{-1} x$　　図 **1.42** $y = \cos^{-1} x$　　図 **1.43** $y = \tan^{-1} x$

例題 1.21 次の値を求めよ。

(1) $\sin^{-1} \dfrac{\sqrt{2}}{2}$ (2) $\cos^{-1}(-1)$ (3) $\tan^{-1}(-\sqrt{3})$ (4) $\sin^{-1}\left(\sin \dfrac{3}{2}\pi\right)$

【解答】 (1) $y = \sin^{-1} \dfrac{\sqrt{2}}{2}$ と置くと，$\sin y = \dfrac{\sqrt{2}}{2} \left(-\dfrac{\pi}{2} \leqq y \leqq \dfrac{\pi}{2}\right)$。よって，$y = \dfrac{\pi}{4}$ となる。

(2) $y = \cos^{-1}(-1)$ と置くと，$\cos y = -1$ $(0 \leqq y \leqq \pi)$。よって，$y = \pi$ となる。

(3) $y = \tan^{-1}(-\sqrt{3})$ と置くと，$\tan y = -\sqrt{3} \left(-\dfrac{\pi}{2} < y < \dfrac{\pi}{2}\right)$。よって，$y = -\dfrac{\pi}{3}$ となる。

(4) $\sin \dfrac{3}{2}\pi = -1$ だから $\sin^{-1}(-1)$ の値を求めればよい。$y = \sin^{-1}(-1)$ と置くと，$\sin y = -1 \left(-\dfrac{\pi}{2} \leqq y \leqq \dfrac{\pi}{2}\right)$。よって，$y = -\dfrac{\pi}{2}$ となる。 ◇

解説 $\sin(\sin^{-1} x) = x$ はつねに成り立つが，$\sin^{-1}(\sin x) = x$ は $-\dfrac{\pi}{2} \leqq x \leqq \dfrac{\pi}{2}$ のときのみ成り立つ。

（4） 逆三角関数の導関数

逆三角関数の導関数を求めよう。逆三角関数は三角関数の逆関数であるから逆関数の微分法 (定理 1.21, p.23) による。

定理 1.29 (逆三角関数の導関数)

$$(\sin^{-1} x)' = \frac{1}{\sqrt{1 - x^2}}, \qquad (\cos^{-1} x)' = -\frac{1}{\sqrt{1 - x^2}}, \qquad (\tan^{-1} x)' = \frac{1}{1 + x^2}$$

証明 $y = \sin^{-1} x$ を x について解くと，$x = \sin y \left(-\dfrac{\pi}{2} \leqq y \leqq \dfrac{\pi}{2}\right)$ である。逆関数の微分法より，$\dfrac{dy}{dx} = \dfrac{1}{\frac{dx}{dy}} = \dfrac{1}{(\sin y)'} = \dfrac{1}{\cos y} = \dfrac{1}{\sqrt{1 - x^2}}$ となる。ここで，上の y の区間で $\cos y \geqq 0$ となるから，$\cos y = \sqrt{1 - \sin^2 y} = \sqrt{1 - x^2}$ を用いた (∵ 定理 1.8, p.9)。$y = \cos^{-1} x$，$y = \tan^{-1} x$ も同様に微分する。 □

例題 1.22　次の関数を微分せよ。

(1)　$y = \sin^{-1} x + \cos^{-1} x$　　(2)　$y = \tan^{-1} 3x$

【解答】　(1) $y' = (\sin^{-1} x)' + (\cos^{-1} x)' = \dfrac{1}{\sqrt{1-x^2}} - \dfrac{1}{\sqrt{1-x^2}} = 0$ となる †。

(2) $y = \tan^{-1} u$ と $u = 3x$ の合成関数とみて，$\dfrac{dy}{dx} = \dfrac{dy}{du} \cdot \dfrac{du}{dx} = \dfrac{1}{1+u^2} \cdot 3 = \dfrac{3}{1+9x^2}$ となる。　◇

問　　題

問 1.　次の関数を微分せよ。《例題 1.17》

(1)　$y = \cos x - \tan x$　　(2)　$y = \sin 3x$　　(3)　$y = \cos(2x+3)$

(4)　$y = \sin 2x + \tan 3x + 3x$　　(5)　$y = \tan 2x + \cos\left(3x + \dfrac{\pi}{5}\right)$

(6)　$y = \dfrac{1}{\sin x}$　　(7)　$y = \dfrac{1}{\cos x}$　　(8)　$y = \dfrac{1}{\tan x}$

(9)　$y = \tan \dfrac{1}{x}$　　(10)　$y = \sqrt{1 + \cos x}$　　(11)　$y = \cos^3 x$

(12)　$y = \dfrac{\cos x}{x}$　　(13)　$y = \dfrac{\cos x}{1 + \sin x}$　　(14)　$y = \dfrac{1 - \tan x}{1 + \tan x}$

(15)　$y = \log|\sin x|$　　(16)　$y = \log\left|\tan \dfrac{x}{2}\right|$　　(17)　$y = e^{-x} \cos x$

問 2.　t を媒介変数として

$$x = t + 1, \quad y = \sqrt{1 - t^2}$$

と表された次の関数について，導関数 $\dfrac{dy}{dx}$ を t の関数として表せ。《例題 1.18,1.19》

問 3.　$0 \leqq \theta \leqq \pi$ とする。θ を媒介変数として

$$x = \cos 2\theta, \qquad y = \sin \theta$$

と表された関数について，$\theta = \dfrac{\pi}{3}$ のときの導関数 $\dfrac{dy}{dx}$ の値を求めよ。《例題 1.18,1.19》

問 4.　以下の式で表された関数について，導関数 $\dfrac{dy}{dx}$ を求めよ。《例題 1.20》

(1)　$y^2 = 4(x+1)$　　(2)　$x = (\sqrt{y} + 1)^2$

問 5.　a を正の定数とする。θ を媒介変数として

$$x = a\cos^3\theta, \qquad y = a\sin^3\theta \qquad (0 \leqq \theta \leqq 2\pi)$$

と表された関数 (この関数のグラフが示す曲線を**アステロイド** (図 **1.44**) と呼ぶ) について

(1)　$\dfrac{dy}{dx}$ を計算せよ。

(2)　この曲線における各点の接線が，x 軸と y 軸によって切り取られる長さが一定であることを示せ。

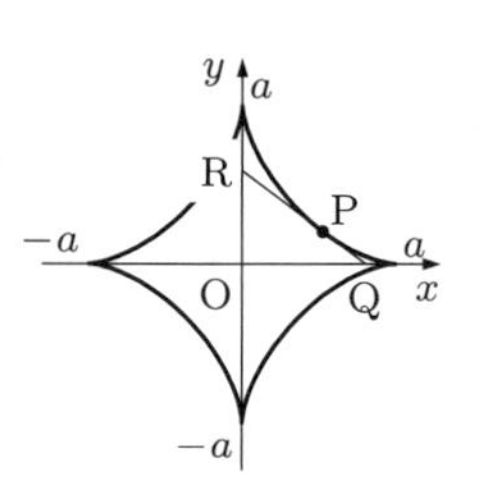

図 1.44　アステロイド

問 6.　次の値を求めよ。《例題 1.21》

(1)　$\sin^{-1} \dfrac{\sqrt{3}}{2}$　　(2)　$\sin^{-1}\left(-\dfrac{1}{2}\right)$　　(3)　$\sin^{-1} 1$　　(4)　$\cos^{-1} \dfrac{1}{\sqrt{2}}$

---

† $y = \sin^{-1} x + \cos^{-1} x$ は定数関数である。$x = 0$ を代入して，$y = \sin^{-1} x + \cos^{-1} x = \dfrac{\pi}{2}$ であることがわかる。

(5) $\cos^{-1}\left(-\dfrac{\sqrt{3}}{2}\right)$ (6) $\cos^{-1}(0)$ (7) $\tan^{-1}1$ (8) $\tan^{-1}\sqrt{3}$

問 7. 次の関数を微分せよ。《例題 1.22》

(1) $y=\sin^{-1}(3x+2)$ (2) $y=\cos^{-1}\dfrac{1}{x}$ (3) $y=\tan^{-1}\dfrac{x}{\sqrt{1-x^2}}$

問 8. 次が成り立つことを示せ。

(1) $\cos^{-1}x+\cos^{-1}(-x)=\pi$ (2) $\tan^{-1}x+\tan^{-1}\dfrac{1}{x}=\dfrac{\pi}{2}$

1.7 関数の増減と極値

本節では，微分法を応用し，関数の変化の様子 † を調べる方法を学ぶ。

(1) 接　線　定義 1.6(p.14) で述べたように，点 $(a, f(a))$ における曲線 $y=f(x)$ の接線の方程式は $y-f(a)=f'(a)(x-a)$ で与えられる。もう一度確認しておこう。

例題 1.23　曲線 $y=\sin x$ 上の点 $\mathrm{P}\left(\dfrac{\pi}{6}, \dfrac{1}{2}\right)$ における接線の方程式を求めよ。

【解答】 点 P における接線の傾きは，$f(x)=\sin x$ と置くと

$f'(x)=\cos x$ であるから，$f'\left(\dfrac{\pi}{6}\right)=\cos\dfrac{\pi}{6}=\dfrac{\sqrt{3}}{2}$ である。

したがって，求める接線の方程式は $y-\dfrac{1}{2}=\dfrac{\sqrt{3}}{2}\left(x-\dfrac{\pi}{6}\right)$ すなわち $y=\dfrac{\sqrt{3}}{2}x+\dfrac{1}{2}-\dfrac{\sqrt{3}}{12}\pi$ である。参考のためこの曲線と接線を図 **1.45** に示す。 ◇

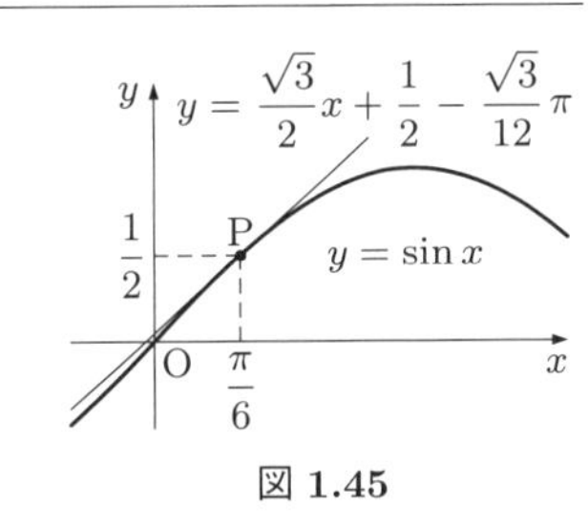

図 **1.45**

(2) 関数の増減　ある区間の任意の値 u, v について

$u<v$ ならば $f(u)<f(v)$

であれば，その区間で $f(x)$ は (単調に) **増加**するといい，また

$u<v$ ならば $f(u)>f(v)$

であれば，その区間で $f(x)$ は (単調に) **減少**するという (図 **1.46**)。

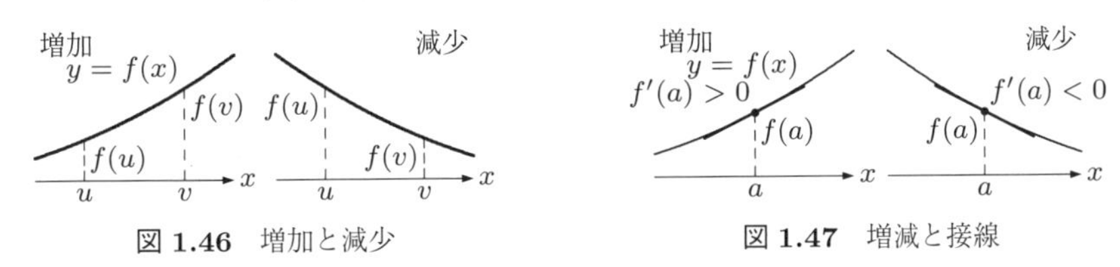

図 **1.46**　増加と減少　　図 **1.47**　増減と接線

関数の値の変化の様子を導関数を用いて調べよう。関数 $y=f(x)$ のグラフ上の点 $\mathrm{A}(a, f(a))$ に近いところでは，関数のグラフは点 A における接線とほとんど一致しているであろう (図 **1.47**)。これから次のことがわかる。

† 関数のグラフの概形をかく方法は，3.5 節と 3.6 節でさらに詳しく学ぶ。

定理 1.30　($f'(x)$ の符号と関数の増減)

(1) つねに $f'(x) > 0$ である区間では，$f(x)$ は増加する。

(2) つねに $f'(x) < 0$ である区間では，$f(x)$ は減少する。

(3) つねに $f'(x) = 0$ である区間では，$f(x)$ は定数である。

証明　定理 3.15 を参照。□

(3) 関数の極大・極小　$x = a$ を含むある開区間において $x \neq a$ ならば，$f(x) < f(a)$ であるとき $f(x)$ は $x = a$ で**極大**といい，$f(a)$ を**極大値**という。また，$f(x) > f(a)$ であるならば $f(x)$ は $x = a$ で**極小**といい，$f(a)$ を**極小値**という。極大値と極小値をまとめて $f(x)$ の**極値**という (**図 1.48**，**図 1.49**)。

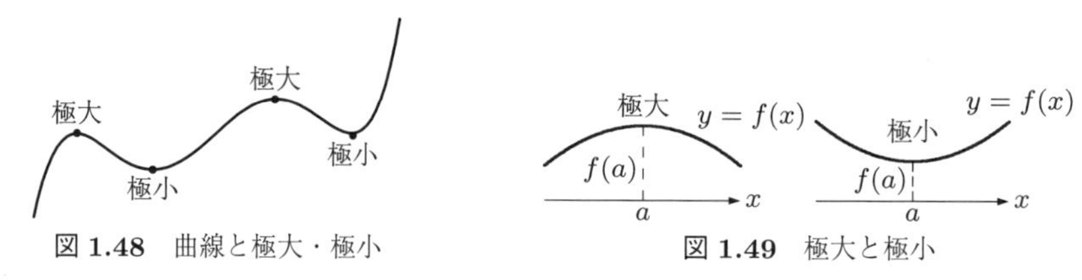

図 1.48　曲線と極大・極小　　**図 1.49**　極大と極小

極値を調べるには次の性質を用いる。

定理 1.31　(極値の判定)　$f'(x) = 0$ を満たす x の値 a の前後で，$f'(x)$ の符号が変われば $x = a$ で極値をとる。関数 $f(x)$ は，x の値が増加するとき，$f'(x)$ の符号が，正から負に変わる点で極大になり，負から正に変わる点で極小になる。

証明　定理 3.16 を参照。□

関数 $y = f(x)$ が $x = a$ で極値をとる場合は次の表のようにまとめられる。

x	$\cdots$	a	$\cdots$
y'	$+$	0	$-$
y	↗	極大	↘

x	$\cdots$	a	$\cdots$
y'	$-$	0	$+$
y	↘	極小	↗

(↘ はその区間で減少を示し，↗ はその区間で増加を示す)

(4) 関数のグラフ　導関数を用いて，関数の増減と極値を調べると，関数のグラフの概形をかくことができる。その手順は以下のようにまとめられる。

1. y' を求め，方程式 $y' = 0$ の実数解を求める。
2. y' の符号の変化を調べて，y の増減を表 (以後，**増減表**という) にする。
3. 増減表を元に，極値を調べて，グラフをかく。

例題 1.24 次の関数の増減と極値を調べ，グラフの概形をかけ。

(1) $y = x^3 - 3x$ (2) $y = x^4 - 4x^3$ (3) $y = xe^x$

【解答】 (1) $y' = 3x^2 - 3 = 3(x^2 - 1) = 3(x+1)(x-1)$ より，$y' = 0$ の実数解は $x = -1, 1$ である。y' の符号を調べて，y の増減表は次のようになる。

x	$\cdots$	-1	$\cdots$	1	$\cdots$
y'	$+$	0	$-$	0	$+$
y	↗	2	↘	-2	↗

◀ 0, +, − をかく
◀ 極値, ↗, ↘ をかく

y は $x = -1$ で極大値 2，$x = 1$ で極小値 -2 をとる。グラフは**図 1.50** のようになる。

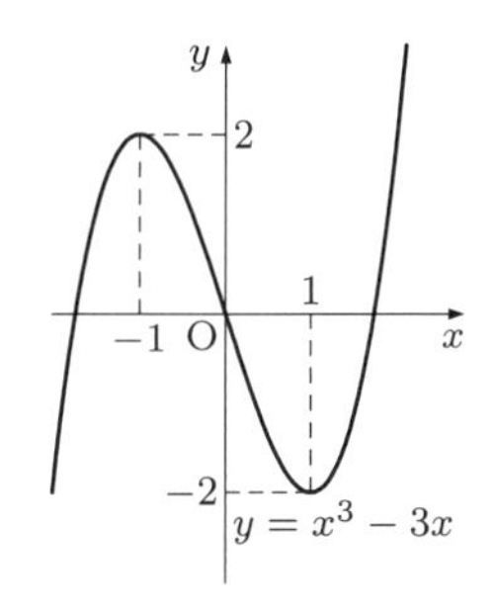

図 1.50

(2) $y' = 4x^3 - 12x^2 = 4x^2(x-3)$ より，$y' = 0$ の実数解は $x = 0$(重解), 3 である。y の増減表は次のようになる。

x	$\cdots$	0	$\cdots$	3	$\cdots$
y'	$-$	0	$-$	0	$+$
y	↘	0	↘	-27	↗

y は $x = 3$ で極小値 -27 をとる。$x = 0$ では，$y' = 0$ であるが $x = 0$ の前後で $f'(x)$ の符号が変わらないので，極値はとらない (定理 1.31)。グラフは**図 1.51** のようになる。

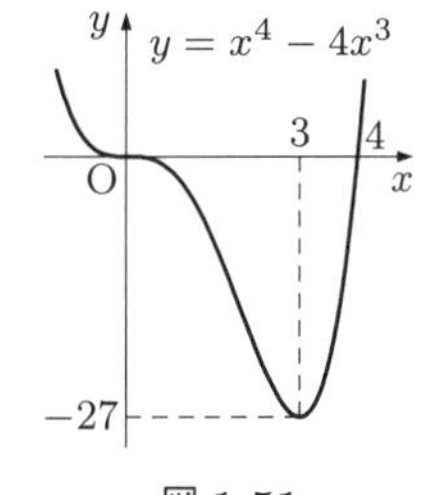

図 1.51

(3) $y' = (x+1)e^x$ より，$y' = 0$ の実数解は $x = -1$ である。y の増減表は次のようになる。

x	$\cdots$	-1	$\cdots$
y'	$-$	0	$+$
y	↘	$-\dfrac{1}{e}$	↗

y は $x = -1$ で極小値 $-\dfrac{1}{e}$ をとる。この他，つねに $e^x > 0$ であるから，$x < 0$ のとき，$y < 0$ であることに注意する。グラフは**図 1.52** のようになる。 ◇

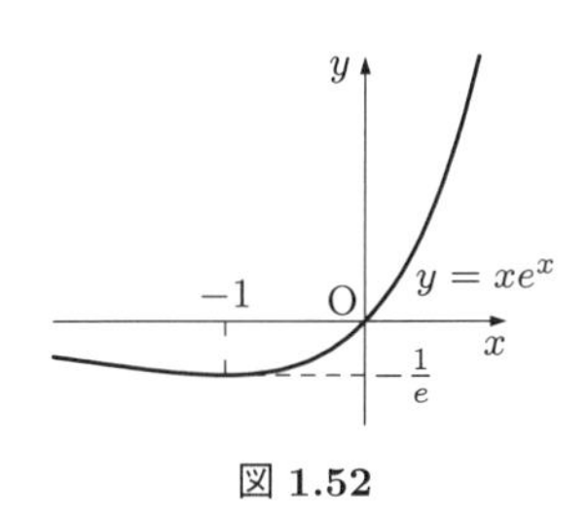

図 1.52

問 題

問 1. x 座標が括弧内の値の点における，次の曲線の接線の方程式を求めよ。《例題 1.23》

(1) 曲線 $y = \sqrt{x+2}$ $(x = -1)$ (2) 曲線 $y = \dfrac{1}{x}$ $(x = 1)$

(3) 曲線 $y = e^x$ $(x = 1)$ (4) 曲線 $y = \tan x$ $\left(x = \dfrac{\pi}{4}\right)$

問 2. 次の関数の増減，極値を調べてグラフをかけ。《例題 1.24》

(1) $y = x^3 + x^2 - x - 1$ (2)[†] $y = x^4 - 6x^3 + 12x^2 - 8x$ (3) $y = x^2e^{-x}$

† 付録 A.2 節を参照のこと。

2 積　分　法

2.1 不 定 積 分

本節では，微分の逆の演算である不定積分について学ぶ。

(1) 不定積分　1章では，関数 $f(x)$ からその導関数 $f'(x)$ を求めたが，逆に導関数が与えられたときに，もとの関数を求めることを考えよう。

関数 $F(x)$ の導関数が $f(x)$ であるとき，すなわち $F'(x) = f(x)$ であるとき，$F(x)$ を $f(x)$ の**原始関数**という。$F(x)$ が $f(x)$ の原始関数であるとき，C を定数として，$F(x)+C$ も $\{F(x)+C\}' = f(x)$ を満たすから，原始関数となる。この $F(x)+C$ を $f(x)$ の**不定積分**といい，$\int f(x)dx = F(x) + C$ と書く†。このとき，$f(x)$ を**被積分関数**，x を**積分変数**，C を**積分定数**という。不定積分を求めることを**積分する**，または関数と変数を明示して**関数 $f(x)$ を x について積分する**という。以上は，次のようにまとめられる。

定義 2.1　(不定積分)　　$F'(x) = f(x) \Longleftrightarrow \int f(x)dx = F(x) + C$

以下，混乱がないと思われるときは「C は積分定数」と断ることを省略する。

このように，微分と積分は逆演算の関係になっている (**図 2.1**)。不定積分を求めるには，導関数の公式を逆にして利用する。

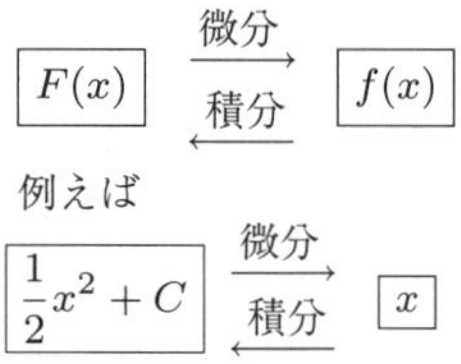

$F(x)$ $\xrightarrow{\text{微分}}$ $f(x)$，$f(x)$ $\xrightarrow{\text{積分}}$ $F(x)$

例えば

$\frac{1}{2}x^2 + C$ $\xrightarrow{\text{微分}}$ x，x $\xrightarrow{\text{積分}}$ $\frac{1}{2}x^2 + C$

図 2.1　微分と積分の関係

例 2.1　$(x)' = 1$ だから $\int 1dx = x + C$，$\left(\frac{1}{2}x^2\right)' = x$ だから $\int xdx = \frac{1}{2}x^2 + C$，$\left(\frac{1}{3}x^3\right)' = x^2$ だから $\int x^2dx = \frac{1}{3}x^3 + C$ となる。

解説　$\int 1dx$ を $\int dx$ と書くことがある。

一般に，定理 1.17 (p.19) より n が整数のとき，$(x^{n+1})' = (n+1)x^n$ が成り立つから，次が成り立つ。

---

† $\int f(x)dx$ は，インテグラル エフ エックス ディー エックス と読む。

定理 2.1 (x^n の不定積分) $\displaystyle\int x^n dx = \frac{1}{n+1}x^{n+1} + C$ (n は $n \neq -1$ の整数)

不定積分についても定理 1.14(p.16) と同様の公式が成立する。

定理 2.2 [†1] (不定積分の線形性) k を定数とする。

$$\int \{f(x)+g(x)\}dx = \int f(x)dx + \int g(x)dx$$

$$\int \{kf(x)\}dx = k\int f(x)dx$$

解説 両辺に不定積分を含むときは，両辺は定数 (積分定数) の差を除いて等しいことを意味する。

証明 $F'(x)=f(x)$, $G'(x)=g(x)$ とすると，不定積分の定義から

$$\int f(x)dx = F(x)+C_1, \qquad \int g(x)dx = G(x)+C_2 \tag{2.1}$$

定理 1.14 より $\{F(x)+G(x)\}' = F'(x)+G'(x) = f(x)+g(x)$ が成り立つから

$$\int \{f(x)+g(x)\}dx = F(x)+G(x)+C$$

式 (2.1) と比べると第 1 式を得る。

$\{kF(x)\}' = kF'(x) = kf(x)$ が成り立つから

$$\int \{kf(x)\}dx = kF(x)+C$$

式 (2.1) と比べると第 2 式を得る。 □

例題 2.1 次の不定積分を求めよ。

(1) $\displaystyle\int (x^5+3x^4-4x^2)dx$ (2) [†2] $\displaystyle\int \frac{dx}{x^4}$

【解答】 (1)
$$\begin{aligned}\int (x^5+3x^4-4x^2)dx &= \int x^5dx + 3\int x^4dx - 4\int x^2dx \\ &= \frac{1}{5+1}x^{5+1} + 3\cdot\frac{1}{4+1}x^{4+1} - 4\cdot\frac{1}{2+1}x^{2+1} + C \\ &= \frac{1}{6}x^6 + 3\cdot\frac{1}{5}x^5 - 4\cdot\frac{1}{3}x^3 + C = \frac{1}{6}x^6 + \frac{3}{5}x^5 - \frac{4}{3}x^3 + C\end{aligned}$$

積分定数 C は三つの不定積分から出てくる三つの積分定数の和をとったものである。

---

†1 定理 2.2 の 2 式をまとめると，k, l を定数として，$\displaystyle\int \{kf(x)+lg(x)\}dx = k\int f(x)dx + l\int g(x)dx$ と書ける。

†2 $\displaystyle\int \frac{1}{f(x)}dx$ を $\displaystyle\int \frac{dx}{f(x)}$ と書くことがある。

(2) $\int \frac{dx}{x^4} = \int x^{-4}dx = \frac{1}{-4+1}x^{-4+1} + C = -\frac{1}{3}x^{-3} + C = -\frac{1}{3x^3} + C$ ◇

(2) 基本的な関数の不定積分　積分は微分の逆演算であるので，これまでに導出した種々の微分の公式より，不定積分の公式が得られる。

まず，定理 2.1 を拡張する。定理 1.25 より $(x^{\alpha+1})' = (\alpha+1)x^{\alpha}$ （α は実数），定理 1.23 より $(\log|x|)' = \frac{1}{x}$ だから，次が成り立つ。

定理 2.3 （x^{α} の不定積分）

$$\int x^{\alpha}dx = \frac{1}{\alpha+1}x^{\alpha+1} + C \qquad (\alpha \text{ は } \alpha \neq -1 \text{ の実数})$$

$$\int \frac{1}{x}dx = \log|x| + C$$

例題 2.2　次の不定積分を求めよ。

(1) $\int \sqrt{x}dx$　　(2) $\int x^3\sqrt{x}dx$　　(3) $\int \frac{(\sqrt{t}-1)^2}{t}dt$　　(4) $\int y^{\sqrt{5}}dy$

【解答】 (1) $\int \sqrt{x}dx = \int x^{\frac{1}{2}}dx = \frac{1}{\frac{1}{2}+1}x^{\frac{1}{2}+1} + C = \frac{2}{3}x^{\frac{3}{2}} + C = \frac{2}{3}x\sqrt{x} + C$

(2) $\int x^3\sqrt{x}dx = \int x^{\frac{7}{2}}dx = \frac{1}{\frac{7}{2}+1}x^{\frac{7}{2}+1} = \frac{2}{9}x^{\frac{9}{2}} + C$

(3) $\int \frac{(\sqrt{t}-1)^2}{t}dt = \int \left(1 - \frac{2}{\sqrt{t}} + \frac{1}{t}\right)dt = t - 4\sqrt{t} + \log|t| + C$

(4) $\int y^{\sqrt{5}}dy = \frac{1}{\sqrt{5}+1}y^{\sqrt{5}+1} + C$ ◇

解説　例題 2.2 の (3), (4) のように積分変数が x 以外の文字であっても同様に扱う。

指数関数について，定理 1.24 より $(e^x)' = e^x$, $(a^x)' = a^x \log a$ だから，次が成り立つ。

定理 2.4 （指数関数の不定積分）

$$\int e^x dx = e^x + C, \qquad \int a^x dx = \frac{a^x}{\log a} + C$$

三角関数について，定理 1.27 より $(\sin x)' = \cos x$, $(\cos x)' = -\sin x$, $(\tan x)' = \frac{1}{\cos^2 x}$ だから，次が成り立つ。

定理 2.5 （三角関数の不定積分）

$$\int \sin x dx = -\cos x + C, \qquad \int \cos x dx = \sin x + C$$

$$\int \frac{1}{\cos^2 x} dx = \tan x + C$$

また，逆三角関数について，定理 1.29 より $\left(\sin^{-1} x\right)' = \dfrac{1}{\sqrt{1-x^2}}$, $\left(\cos^{-1} x\right)' = -\dfrac{1}{\sqrt{1-x^2}}$, $\left(\tan^{-1} x\right)' = \dfrac{1}{1+x^2}$ だから，次が成り立つ。

定理 2.6 (逆三角関数を与える不定積分)

$$\int \frac{1}{\sqrt{1-x^2}} dx = \sin^{-1} x + C = -\cos^{-1} x + C$$

$$\int \frac{1}{1+x^2} dx = \tan^{-1} x + C$$

例題 2.3 次の不定積分を求めよ。

(1) $\displaystyle\int (2^x + e^{x-1}) dx$　(2) $\displaystyle\int \tan^2 x dx$　(3) $\displaystyle\int \frac{1}{1+\cos 2x} dx$　(4) $\displaystyle\int \frac{x^2}{1+x^2} dx$

【解答】 (1) $\displaystyle\int (2^x + e^{x-1}) dx = \int \left(2^x + e^{-1} \cdot e^x\right) dx = \frac{2^x}{\log 2} + e^{-1} \cdot e^x + C = \frac{2^x}{\log 2} + e^{x-1} + C$

(2) $\displaystyle\int \tan^2 x dx = \int \left(\frac{1}{\cos^2 x} - 1\right) dx = \tan x - x + C$　$\left(\because 1 + \tan^2 \theta = \dfrac{1}{\cos^2 \theta}\right.$, 定理 1.8)

(3) $\displaystyle\int \frac{1}{1+\cos 2x} dx = \int \frac{1}{2\cos^2 x} dx = \frac{1}{2} \tan x + C$　$\left(\because \cos^2 \alpha = \dfrac{1+\cos 2\alpha}{2}\right.$, 表 1.2)

(4) $\displaystyle\int \frac{x^2}{1+x^2} dx = \int \left(1 - \frac{1}{1+x^2}\right) dx = \int 1 dx - \int \frac{1}{1+x^2} dx = x - \tan^{-1} x + C$　◇

問　　題

問 1. 次の不定積分を求めよ。《例題 2.1》

(1) $\displaystyle\int 4x^3 dx$　(2) $\displaystyle\int \frac{dx}{x^3}$　(3) $\displaystyle\int \frac{(x^2-2)(x^2+1)}{x^4} dx$　(4) $\displaystyle\int \left(x + \frac{1}{x}\right)^2 dx$

問 2. 次の不定積分を求めよ。《例題 2.2》

(1) $\displaystyle\int x^{\frac{1}{5}} dx$　(2) $\displaystyle\int \sqrt[3]{t} dt$　(3) $\displaystyle\int \frac{3x^4 - 2x^3 - 5x^2 + 3x + 1}{x^2} dx$

(4) $\displaystyle\int \frac{(\sqrt{x}+1)^3}{x} dx$　(5) $\displaystyle\int \frac{1+u^2}{\sqrt{u}} du$　(6) $\displaystyle\int \frac{1}{x^{\sqrt{2}}} dx$

問 3. 次の不定積分を求めよ。《例題 2.3》

(1) $\displaystyle\int (3^x + e^x) dx$　(2) $\displaystyle\int (9^t - 3^t) dt$　(3) $\displaystyle\int (3^x \log 3 + x^3) dx$

(4) $\displaystyle\int (5\cos x - 3\sin x) dx$　(5) $\displaystyle\int \frac{\cos^3 x + 2}{\cos^2 x} dx$　(6) $\displaystyle\int \frac{2 - 3\sin^2 x}{\cos^2 x} dx$

2.2 置換積分法

本節では，複雑な関数の不定積分を求める有力な方法である置換積分法について学ぶ。

（1） $f(ax+b)$ 型の不定積分　$F'(x)=f(x)$ であるとき，合成関数の微分法により

$$\{F(ax+b)\}'=aF'(ax+b)=af(ax+b)$$

となる。したがって，$a \neq 0$ であれば，次の式が成り立つ。

$$\int f(ax+b)dx=\frac{1}{a}F(ax+b)+C$$

例題 2.4　次の不定積分を求めよ。

(1) $\displaystyle\int(3x-2)^5dx$　　(2) $\displaystyle\int\cos 5x dx$　　(3) $\displaystyle\int\frac{1}{\sqrt{9-4x^2}}dx$

【解答】 (1) $\displaystyle\int(3x-2)^5dx=\frac{1}{3}\cdot\frac{1}{6}(3x-2)^6+C=\frac{1}{18}(3x-2)^6+C$

(2) $\displaystyle\int\cos 5x dx=\frac{1}{5}\sin 5x+C$

(3) $\displaystyle\int\frac{1}{\sqrt{9-4x^2}}dx=\frac{1}{3}\int\frac{1}{\sqrt{1-\left(\frac{2x}{3}\right)^2}}dx=\frac{1}{3}\cdot\frac{3}{2}\sin^{-1}\frac{2x}{3}+C=\frac{1}{2}\sin^{-1}\frac{2x}{3}+C$

$\left(\because\right.$ 逆三角関数を与える不定積分 (定理 2.6)：$\displaystyle\left.\int\frac{1}{\sqrt{1-x^2}}dx=\sin^{-1}x+C\right)$　◇

（2） 置換積分法　上の手法を一般化しよう。合成関数の微分法の逆演算であるのが**置換積分法**である。以下に見るように，変数を変換すると積分の計算を単純にできる場合がある。

$y=\displaystyle\int f(x)dx=F(x)+C$ において $x=g(t)$ とすると，$y=F(g(t))$ は t の関数となる。合成関数の微分法より

$$\frac{dy}{dt}=\frac{dy}{dx}\cdot\frac{dx}{dt}=F'(x)g'(t)=F'(g(t))g'(t)=f(g(t))g'(t)$$

両辺を t について積分すると

$$y=\int f(g(t))g'(t)dt$$

以上より，次式を得る。

定理 2.7 (置換積分法)

$$\int f(x)dx=\int f(x)\frac{dx}{dt}dt=\int f(g(t))g'(t)dt \qquad (\text{ただし } x=g(t))$$

例題 2.5　不定積分 $\int x\sqrt{x-1}dx$ を求めよ。

【解答】　$\sqrt{x-1}=t$ と置く †。この式を x について解くと，$x-1=t^2$ から，$x=\underbrace{t^2+1}_{g(t)}$ となる。両辺を t について微分すると $\dfrac{dx}{dt}=\underbrace{2t}_{g'(t)}$ となる。よって

$$\int \underbrace{x\sqrt{x-1}}_{f(x)}dx=\int \underbrace{(t^2+1)t}_{f(g(t))}\cdot\underbrace{(2t)}_{g'(t)}dt=\int(2t^4+2t^2)dt=\frac{2}{5}t^5+\frac{2}{3}t^3+C$$
$$=\frac{2}{5}\sqrt{(x-1)^5}+\frac{2}{3}\sqrt{(x-1)^3}+C=\frac{2}{15}(3x+2)\sqrt{(x-1)^3}+C \qquad \diamondsuit$$

(3)　$f(g(x))g'(x)$ 型の不定積分　　定理 2.7 で x と t を入れ替え，左辺と右辺を入れ替えた式

$$\int f(g(x))g'(x)dx=\int f(t)\frac{dt}{dx}dx=\int f(t)dt \qquad (\text{ただし } t=g(x))$$

を用いることもできる。よって被積分関数が $f(g(x))g'(x)$ の形をしている場合は $g(x)=t$ と置くとよい。

例題 2.6　次の不定積分を求めよ。

(1)　$\int(x^2+1)^3\cdot 2xdx$　　　(2)　$\int\dfrac{x}{\sqrt{1-x^2}}dx$

【解答】　(1) $\underbrace{x^2+1}_{g(x)}=t$ と置く。両辺を x について微分すると $\underbrace{2x}_{g'(x)}=\dfrac{dt}{dx}$ となる。よって

$$\int(x^2+1)^3\cdot\underbrace{2x}_{g'(x)}dx=\int t^3\cdot\frac{dt}{dx}dx=\int t^3dt=\frac{1}{4}t^4+C=\frac{1}{4}(x^2+1)^4+C$$

(2) $1-x^2=t$ と置く。両辺を x について微分すると $-2x=\dfrac{dt}{dx}$ となる。よって

$$\int\frac{x}{\sqrt{1-x^2}}dx=-\frac{1}{2}\int\frac{1}{\sqrt{1-x^2}}\cdot(-2x)dx=-\frac{1}{2}\int\frac{1}{\sqrt{t}}\frac{dt}{dx}dx=-\frac{1}{2}\int\frac{1}{\sqrt{t}}dt$$
$$=-\frac{1}{2}\int t^{-\frac{1}{2}}dt=-t^{\frac{1}{2}}+C=-\sqrt{1-x^2}+C \qquad \diamondsuit$$

解説　置換積分法では，積分記号中の記号 dx や dt は，導関数 $\dfrac{dx}{dt}$ や $\dfrac{dt}{dx}$ の分子や分母とみて計算できる。そして $\dfrac{dx}{dt}=g'(t)$ の関係を形式的に $dx=g'(t)dt$ ように書くことがある。これから，置換積分は次のように式を置き換えるものと考えてよい。

(1) $x=g(t)$ と置いて，$\dfrac{dx}{dt}=g'(t)$ つまり $dx=g'(t)dt$ と置換する。

(2) $t=g(x)$ と置いて，$\dfrac{dt}{dx}=g'(x)$ つまり $g'(x)dx=dt$ と置換する。

このように考えることで公式の覚え間違いも発生しない。

† a,b を定数とするとき，根号 $\sqrt{ax+b}$ だけを含む場合は，$\sqrt{ax+b}=t$ と置けば積分できる。この他の置換の指針については，表 2.1 (p.52) を参照のこと。

もう一度，例題 2.5 と例題 2.6(1) を見てみよう。

$x = t^2 + 1$ と置いて，両辺を t について微分した $\dfrac{dx}{dt} = 2t$ より，$dx = 2tdt$ となり

$$\int \underbrace{x}_{t^2+1} \underbrace{\sqrt{x-1}}_{t} \underbrace{dx}_{2tdt} = \int (t^2+1)t \cdot 2tdt$$

$x^2 + 1 = t$ と置いて，両辺を x について微分した $2x = \dfrac{dt}{dx}$ より，$2xdx = dt$ となり

$$\int \underbrace{(x^2+1)}_{t}{}^3 \cdot \underbrace{2xdx}_{dt} = \int t^3 dt$$

解説　例題 2.4 のような問題も通常の置換積分法によってもよい。(1) $3x - 2 = t$，(2) $5x = t$，(3) $\dfrac{2x}{3} = t$ と置くと，置換積分できる。

（4） $f'(x)/f(x)$ 型の不定積分　$f'(x)/f(x)$ 型の不定積分は，$t = f(x)$ と置いた置換積分により求めることができる。

例題 2.7　$\displaystyle\int \frac{2x-3}{x^2-3x+4}dx$ を求めよ。

【解答】　$x^2-3x+4 = t$ と置く。両辺を x について微分すると $2x-3 = \dfrac{dt}{dx}$ より，$(2x-3)dx = dt$ となる。よって

$$\int \frac{2x-3}{x^2-3x+4}dx = \int \frac{dt}{t} = \log t = \log(x^2-3x+4) + C \qquad \diamondsuit$$

例題 2.8　$\displaystyle\int \frac{f'(x)}{f(x)}dx = \log|f(x)| + C$ を示せ。

【解答】　$f(x) = t$ と置く。両辺を x について微分すると $f'(x) = \dfrac{dt}{dx}$ より，$f'(x)dx = dt$ となる。よって

$$\text{左辺} = \int \frac{1}{t}dt = \log|t| + C = \log|f(x)| + C = \text{右辺} \qquad \diamondsuit$$

解説　例題 2.8 の結果を用いれば，例題 2.7 は次のように解いてもよい。

$$\int \frac{2x-3}{x^2-3x+4}dx = \int \frac{(x^2-3x+4)'}{x^2-3x+4}dx = \log(x^2-3x+4) + C$$

（5） $\tan x$ の不定積分　例題 2.8 の結果から，次を得る。

定理 2.8　($\tan x$ の不定積分)

$$\int \tan x dx = -\log|\cos x| + C$$

証明　$\displaystyle\int \tan x dx = \int \frac{\sin x}{\cos x}dx = -\int \frac{(\cos x)'}{\cos x}dx = -\log|\cos x| + C$ □

問　　題

問 1. 次の不定積分を求めよ。《例題 2.4》

(1) $\int (x-1)^4 dx$　(2) $\int \frac{1}{x-2} dx$　(3) $\int \sqrt{2x+3} dx$　(4) $\int e^{-x} dx$

(5) $\int \sin 5x dx$　(6) $\int \cos 3x dx$　(7) $\int (2\sin x - 4\sin 2x) dx$

問 2. 置換積分法を用いて，次の不定積分を求めよ。《例題 2.5》

(1) $\int \frac{3x-4}{\sqrt{x-2}} dx$　(2) $\int (5x+2)\sqrt{x+1} dx$　(3) $\int x\sqrt{3x-1} dx$

問 3. 次の不定積分を求めよ。《例題 2.6》

(1) $\int \frac{6x}{(1+x^2)^2} dx$　(2) $\int \frac{(\log x)^2}{x} dx$　(3) $\int \frac{x^2}{\sqrt[3]{1-x^3}} dx$　(4) $\int \frac{e^x}{\sqrt{e^x-1}} dx$

問 4. 次の不定積分を求めよ。《例題 2.7》

(1) $\int \frac{2x}{x^2+3} dx$　(2) $\int \frac{\cos x}{1+\sin x} dx$　(3) $\int \frac{1}{x(1+\log x)} dx$　(4) $\int \frac{dx}{\tan x}$

2.3 部 分 積 分 法

複雑な式で表された関数の不定積分を求めるには，積分公式が使えるように変形する必要がある。本節では，三角関数に関する不定積分を求める方法についてまとめ，さらに部分積分法について学ぶ。

（1） 三角関数に関する不定積分　三角関数を含む式で与えられる関数の不定積分を求めるには

(1) 置換積分法による

(2) 三角関数の公式 (特に，半角の公式，積和公式，表 1.2, p.12) を用いる

ことが考えられる。

例題 2.9 次の不定積分を求めよ。

(1) $\int \cos^3 x dx$　(2) $\int \cos^2 x dx$　(3) $\int \sin 3x \cos x dx$

【解答】 (1) $\cos^2 x = 1 - \sin^2 x$ (定理 1.8, p.9) を用いて，$\int \cos^3 x dx = \int (1-\sin^2 x)\cos x dx$ と変形すると，被積分関数が $f(g(x))g'(x)$ 型になる。そこで，$\sin x = t$ と置く。両辺を x で微分すると $\cos x = \frac{dt}{dx}$ より，$\cos x dx = dt$ となる。よって

$$\int \cos^3 x dx = \int (1-t^2) dt = t - \frac{1}{3}t^3 + C = \sin x - \frac{1}{3}\sin^3 x + C$$

(別解) 3 倍角の公式：$\cos 3\alpha = 4\cos^3\alpha - 3\cos\alpha$, $\sin 3\alpha = 3\sin\alpha - 4\sin^3\alpha$ を用いる。

$$\int \cos^3 x dx = \int \left(\frac{3}{4}\cos x + \frac{1}{4}\cos 3x\right) dx = \frac{3}{4}\sin x + \frac{1}{12}\sin 3x + C$$

$$= \frac{3}{4}\sin x + \frac{1}{12}\left(3\sin x - 4\sin^3 x\right) + C = \sin x - \frac{1}{3}\sin^3 x + C$$

(2) 半角の公式：$\cos^2\alpha = \dfrac{1+\cos 2\alpha}{2}$ を用いて

$$\int \cos^2 x dx = \int \left(\frac{1}{2} + \frac{\cos 2x}{2}\right) dx = \frac{1}{2}x + \frac{1}{4}\sin 2x + C$$

(3) 積和公式：$\sin\alpha\cos\beta = \dfrac{1}{2}\{\sin(\alpha+\beta) + \sin(\alpha-\beta)\}$ を用いて変形するとよい。

$$\int \sin 3x \cos x dx = \int \frac{1}{2}(\sin 4x + \sin 2x)\, dx$$

$$= \frac{1}{2}\left(-\frac{1}{4}\cos 4x - \frac{1}{2}\cos 2x\right) + C = -\frac{1}{8}\cos 4x - \frac{1}{4}\cos 2x + C \qquad \diamondsuit$$

解説　三角関数の不定積分のこの他の計算法について，例題 2.17 で取り上げる。

（2）　部分積分法　　積の微分法 (定理 1.16, p.18)：$\{f(x)g(x)\}' = f'(x)g(x) + f(x)g'(x)$ より，微分と積分は逆の関係 (定義 2.1, p.38)：$F'(x) = f(x) \iff \int f(x)dx = F(x) + C$ だから

$$\int \{f'(x)g(x) + f(x)g'(x)\}dx = f(x)g(x) + C$$

である。左辺括弧内第 1 項の積分を右辺に移項すると，次を得る。

定理 2.9　(部分積分法)

$$\int f(x)g'(x)dx = f(x)g(x) - \int f'(x)g(x)dx$$

解説　(1) 次式のようにみてもよい。右辺の被積分関数が簡単になるように選ぶ。

$$\int f'(x)g(x)dx = f(x)g(x) - \int f(x)g'(x)dx$$

(2) 積分定数の扱いについては，定理 2.2 下の解説 (p.39) 参照。

例題 2.10　次の不定積分を求めよ。

(1) $\displaystyle\int xe^x dx$　　(2) $\displaystyle\int x\sin x dx$　　(3) $\displaystyle\int x^2 e^x dx$

【解答】　右の形になっているかよく確認すること。

一方を積分（$g'(x)$ → $g(x)$）

$$\int f(x)g'(x)dx = f(x)g(x) - \int f'(x)g(x)dx$$

一方を微分（$f(x)$ → $f'(x)$）　別の一方を微分

(1) $\displaystyle\int xe^x dx = \int x\left(e^x\right)' dx = xe^x - \int (x)' e^x dx$

$$= xe^x - \int e^x dx = xe^x - e^x + C$$

(2) $\displaystyle\int x\sin x dx = \int x(-\cos x)'dx$

$$= -x\cos x - \int (x)'\cdot(-\cos x)dx = -x\cos x + \int \cos x dx = -x\cos x + \sin x + C$$

(3) 部分積分法を 2 回以上適用すると結果が得られる例である [†]。

$$\int x^2 e^x dx = \int x^2 (e^x)' dx = x^2 e^x - \int (x^2)' e^x dx = x^2 e^x - 2\int x e^x dx$$
$$= x^2 e^x - 2(xe^x - e^x) + C = (x^2 - 2x + 2)e^x + C \qquad \diamondsuit$$

解説　例題 2.10(1) で $f(x)$ と $g(x)$ を逆にとって部分積分法を適用してみよう。

$$\int x e^x dx = \int \left(\frac{1}{2}x^2\right)' e^x dx = \frac{1}{2}x^2 e^x - \int \frac{1}{2}x^2 (e^x)' dx = \frac{1}{2}x^2 e^x - \frac{1}{2}\int x^2 e^x dx$$

右辺の被積分関数が簡単にならないので，計算できない。

(3)　$\log x$ の不定積分　$\log x$ の不定積分は，$\log x = 1 \cdot \log x$ とみて部分積分法を適用することにより次のように求められる。

定理 2.10　($\log x$ の不定積分)

$$\int \log x dx = x\log x - x + C$$

証明　
$$\int \log x dx = \int 1 \cdot \log x dx = \int (x)' \log x dx = x\log x - \int x(\log x)' dx$$
$$= x\log x - \int x \cdot \frac{1}{x} dx = x\log x - \int 1 dx = x\log x - x + C \qquad \square$$

例題 2.11　不定積分 $\int x\log x dx$ を求めよ。

【解答】
$$\int x\log x dx = \int \left(\frac{1}{2}x^2\right)' \log x dx = \frac{1}{2}x^2 \log x - \int \frac{1}{2}x^2 (\log x)' dx$$
$$= \frac{1}{2}x^2 \log x - \int \frac{1}{2}x^2 \cdot \frac{1}{x} dx = \frac{1}{2}x^2 \log x - \frac{1}{2}\int x dx$$
$$= \frac{1}{2}x^2 \log x - \frac{1}{2} \cdot \frac{1}{2}x^2 + C = \frac{1}{2}x^2 \log x - \frac{1}{4}x^2 + C \qquad \diamondsuit$$

(4)　逆三角関数の不定積分　ここで，逆三角関数の不定積分を求めておこう。$\int \sin^{-1} x dx = \int (x)' \sin^{-1} x dx$ とみて，部分積分法による。

$$\int \sin^{-1} x dx = \int (x)' \sin^{-1} x dx = x\sin^{-1} x - \int x (\sin^{-1} x)' dx$$
$$= x\sin^{-1} x - \int \frac{x}{\sqrt{1-x^2}} dx = x\sin^{-1} x + \sqrt{1-x^2} + C$$

ここで，逆三角関数の導関数 (定理 1.29, p.33)：$(\sin^{-1} x)' = \dfrac{1}{\sqrt{1-x^2}}$ と例題 2.6 (2) (p.43) の結果：$\int \dfrac{x}{\sqrt{1-x^2}} dx = -\sqrt{1-x^2} + C$ を用いた。同様にして次の定理を得る。

† $P(x)$ を x の多項式とするとき，$P(x)e^x$ の不定積分は部分積分法を繰り返し適用すると求められる。

定理 2.11　(逆三角関数の不定積分)

$$\int \sin^{-1} x dx = x \sin^{-1} x + \sqrt{1-x^2} + C$$

$$\int \cos^{-1} x dx = x \cos^{-1} x - \sqrt{1-x^2} + C$$

$$\int \tan^{-1} x dx = x \tan^{-1} x - \frac{1}{2}\log(1+x^2) + C$$

問　題

問 1.　次の不定積分を求めよ。《例題 2.9》

(1) $\int \sin^2 x dx$　(2) $\int \cos^4 x dx$　(3) $\int \sin^3 x dx$　(4) $\int \sin^3 x \cos^2 x dx$

(5) $\int \frac{dx}{\sin x}$　(6) $\int \sin 2x \cos 2x dx$　(7) $\int \cos 3x \cos x dx$　(8) $\int \sin 4x \sin 2x dx$

問 2.　部分積分法により，次の不定積分を求めよ。《例題 2.10》

(1) $\int x \cos x dx$　(2) $\int xe^{-x} dx$　(3) $\int x^2 \sin x dx$

問 3.　部分積分法により，次の不定積分を求めよ。《例題 2.11》

(1) $\int x^2 \log x dx$　(2) $\int (x^2-1)\log 2x dx$　(3) $\int (\log x)^2 dx$

問 4.　定理 2.11 の第 2 式，第 3 式を導出せよ。

問 5.　不定積分 $I = \int e^x \sin x dx$ および $J = \int e^x \cos x dx$ を求めよ。

2.4　いろいろな関数の不定積分

本節では，有理関数の不定積分とさまざまな形の関数の不定積分の計算法を学ぶ。本節で行う計算は，他の節に比べて煩雑なものが多い。

(1)　有理関数の不定積分　$f(x) = \dfrac{x\text{の多項式}}{x\text{の多項式}}$ の形で与えられる関数を**有理関数**という。初めに，分母と分子の共通の因子は約分し，(分子の多項式の次数)≧(分母の多項式の次数) のときは，実際に分子を分母で割り，$\dfrac{\text{分子}}{\text{分母}} = \text{商} + \dfrac{\text{余り}}{\text{分母}}$ のように変形する。商 (多項式) の積分は 2.1 節で示したので，(分子の多項式の次数)<(分母の多項式の次数) の有理関数の積分が残る。

有理関数の積分は，分数式をいくつかの簡単な分数の和として書き表すことから始める。これを**部分分数分解**という。以下の例題に見るように通分の逆のような変形である。実際に部分分数分解するには，通常は未定係数法が用いられる。係数の決定には，係数比較または

変数 x に特定の値を代入する数値代入が用いられる。

以下では，有理関数の積分法について，例題を通じてその過程を学ぶ。有理関数の不定積分は多項式および以下の積分に帰着される。

定理 2.12 (有理関数の積分で用いる公式)

$$\int \frac{1}{x-a}dx = \log|x-a| + C \tag{2.2}$$

$$\int \frac{1}{(x-a)^n}dx = -\frac{1}{(n-1)(x-a)^{n-1}} + C \qquad (n \geqq 2) \tag{2.3}$$

$$\int \frac{x}{x^2+a^2}dx = \frac{1}{2}\log(x^2+a^2) + C \tag{2.4}$$

$$\int \frac{x}{(x^2+a^2)^n}dx = -\frac{1}{2(n-1)(x^2+a^2)^{n-1}} + C \qquad (n \geqq 2) \tag{2.5}$$

$I_n = \displaystyle\int \frac{1}{(x^2+a^2)^n}dx$ と置くと，$a > 0$ のとき

$$I_n = \frac{1}{2(n-1)a^2}\left\{\frac{x}{(x^2+a^2)^{n-1}} + (2n-3)I_{n-1}\right\} \qquad (n \geqq 2) \tag{2.6}$$

$$I_1 = \int \frac{1}{x^2+a^2}dx = \frac{1}{a}\tan^{-1}\left(\frac{x}{a}\right) + C \tag{2.7}$$

証明 導出は付録 A.3 節参照。 □

例題 2.12 不定積分 $\displaystyle\int \frac{4x^2-8x+3}{x-2}dx$ を求めよ。

【解答】 右のように実際に割り算をし，式 (2.2) を用いる。

$$\begin{array}{r} 4x \\ x-2\,\overline{)\,4x^2 - 8x + 3} \\ \underline{4x^2 - 8x } \\ 3 \end{array}$$

$$\int \frac{4x^2-8x+3}{x-2}dx = \int \left(4x + \frac{3}{x-2}\right)dx = 4\int x dx + 3\int \frac{dx}{x-2}$$

$$= 4\cdot\frac{x^2}{2} + 3\log|x-2| + C = 2x^2 + 3\log|x-2| + C$$

◇

分母が 1 次式の重複のない積の形になっている例を挙げる。

例題 2.13 $\displaystyle\frac{1}{(x-1)(x+1)}$ を部分分数分解せよ。

【解答】 $\displaystyle\frac{1}{(x-1)(x+1)} = \frac{a}{x-1} + \frac{b}{x+1}$ と置く。右辺を通分して，$\displaystyle\frac{1}{(x-1)(x+1)} = \frac{a(x+1)+b(x-1)}{(x-1)(x+1)}$ となる。分子を比較して，$a(x+1)+b(x-1) = 1$。

x について整理すると，$(a+b)x + (a-b) = 1$ を得る。この式は，任意の x に対して成り立たなければならない†。x の次数ごとに対応する係数を比べ (係数比較)，$\begin{cases} a+b=0 \\ a-b=1 \end{cases}$ を解いて，

† 任意の x に対して成り立つ式を**恒等式**という。

$a = \frac{1}{2}$, $b = -\frac{1}{2}$ を得る [†1]。

よって，$\dfrac{1}{(x-1)(x+1)} = \dfrac{\frac{1}{2}}{x-1} - \dfrac{\frac{1}{2}}{x+1}$ となる。 ◇

例題 2.14　不定積分 $\displaystyle\int \frac{1}{(x-1)(x+1)}dx$ を求めよ。

【解答】 例題 2.13 の結果と式 (2.2) を用いる。

$$\int \frac{1}{(x-1)(x+1)}dx = \int \left(\frac{\frac{1}{2}}{x-1} - \frac{\frac{1}{2}}{x+1} \right) dx = \frac{1}{2}\left(\int \frac{dx}{x-1} - \int \frac{dx}{x+1} \right)$$

$$= \frac{1}{2}(\log|x-1| - \log|x+1|) + C = \frac{1}{2}\log\left|\frac{x-1}{x+1}\right| + C$$

($\because$ 対数の性質 (定理 1.6, p.8)：$\log M - \log N = \log M/N$) ◇

今度は，分母が 1 次式の累乗を含む例を挙げる。

例題 2.15　不定積分 $\displaystyle\int \frac{x^2}{(x-1)^3}dx$ を求めよ。

【解答】 $\dfrac{x^2}{(x-1)^3} = \dfrac{a}{x-1} + \dfrac{b}{(x-1)^2} + \dfrac{c}{(x-1)^3}$ と置くと，$a = 1$, $b = 2$, $c = 1$ を得る [†2]。よって

$$\int \frac{x^2}{(x-1)^3}dx = \int \left\{ \frac{1}{x-1} + \frac{2}{(x-1)^2} + \frac{1}{(x-1)^3} \right\} dx$$

$$= \int \frac{1}{x-1}dx + 2\int \frac{1}{(x-1)^2}dx + \int \frac{1}{(x-1)^3}dx$$

(第 2 項，第 3 項に式 (2.3) を適用する。)

$$= \log|x-1| - \frac{2}{x-1} - \frac{1}{2(x-1)^2} + C$$ ◇

次に，分母に 2 次式を含む例を挙げる。

例題 2.16　不定積分 $\displaystyle\int \frac{1}{(x-1)(x^2+1)}dx$ を求めよ。

[†1] 数値代入による解法も示しておく。$a(x+1) + b(x-1) = 1$ に対して，$x = 1$ を代入すると $a = \frac{1}{2}$, $x = -1$ を代入すると $b = -\frac{1}{2}$ がわかる。

[†2] (部分分数分解の部分) 右辺を通分して，$\dfrac{x^2}{(x-1)^3} = \dfrac{a(x-1)^2 + b(x-1) + c}{(x-1)^3}$。分子を比較すると，$x^2 = a(x-1)^2 + b(x-1) + c$ ……⊛，$x^2 = ax^2 + (b-2a)x + (a-b+c)$。係数比較により，

$$\begin{cases} a = 1 \\ b - 2a = 0 \\ a - b + c = 0 \end{cases}$$

を解いて，$a = 1$, $b = 2$, $c = 1$ を得る。

(別解：数値代入による解法) ⊛で，$x = 1$ を代入すると $c = 1$。両辺 x で微分して，$2x = 2a(x-1) + b$。$x = 1$ を代入すると $b = 2$。両辺 x で微分して，$2 = 2a$，つまり $a = 1$ を得る。

【解答】 $\dfrac{1}{(x-1)(x^2+1)} = \dfrac{a}{x-1} + \dfrac{bx+c}{x^2+1}$ と置くと，$a=\dfrac{1}{2}$，$b=-\dfrac{1}{2}, c=-\dfrac{1}{2}$ を得る†。

よって

$$\int \frac{1}{(x-1)(x^2+1)}dx = \int \left(\frac{\frac{1}{2}}{x-1} + \frac{-\frac{1}{2}x - \frac{1}{2}}{x^2+1} \right) dx$$

$$= \frac{1}{2}\int \frac{1}{x-1}dx - \frac{1}{2}\int \frac{x}{x^2+1}dx - \frac{1}{2}\int \frac{1}{x^2+1}dx$$

（第1項，第2項，第3項に，それぞれ，式 (2.2)，式 (2.4)，式 (2.7) を適用する。）

$$= \frac{1}{2}\log|x-1| - \frac{1}{4}\log(x^2+1) - \frac{1}{2}\tan^{-1}x + C \qquad \diamondsuit$$

分母が $(x^2+ax+b)^n (a \neq 0)$ 型の2次式になる場合には，$x^2+ax+b = \left(x+\dfrac{a}{2}\right)^2 + \dfrac{4b-a^2}{4}$ と変形（平方完成）して，$x+\dfrac{a}{2}=t$ と置換すれば，式 (2.4)〜(2.7) が適用できる形になる。

例 2.2　$\displaystyle\int \frac{1}{x^2-x+1}dx$ について，$x^2-x+1 = \left(x-\dfrac{1}{2}\right)^2 + \left(\dfrac{\sqrt{3}}{2}\right)^2$ と変形して，$x-\dfrac{1}{2}=t$ と置く。$dx=dt$ となるので

$$\int \frac{1}{x^2-x+1}dx = \int \frac{1}{\left(x-\frac{1}{2}\right)^2 + \left(\frac{\sqrt{3}}{2}\right)^2}dx = \int \frac{1}{t^2 + \left(\frac{\sqrt{3}}{2}\right)^2}dt \quad \text{（式 (2.7) の形）}$$

（2）いろいろな関数の不定積分　有理関数の不定積分は，有理関数，log，$\tan^{-1}$ の関数で表されることをみた。多くの関数の不定積分は，置換積分により，有理関数の不定積分にすることができる（**表 2.1**）。ここで，$R(x, y, \cdots)$ は $x, y, \cdots$ の有理式を表す。

$R(g(x))g'(x)$ の不定積分は，$g(x)=t$ と置換することにより，有理関数 $R(t)$ の不定積分に帰着される（2.2節）。また，三角関数の有理式，指数関数の有理式，根号内が1次式または2次式の無理関数は，有理関数の不定積分に帰着される。

よって，これらの関数の不定積分は既出の関数（有理関数，無理関数，指数関数，対数関数，三角関数，逆三角関数，およびそれらの合成関数）で表される。

解説　既出の関数の不定積分がいつも既出の関数で表されるとは限らない。例えば

$$\int e^{-x^2}dx, \qquad \int \frac{1}{\sqrt{1-x^4}}dx, \qquad \int \sin(x^2)dx$$

などの不定積分は既出の関数で表されない。

---

† （部分分数分解の部分）$\dfrac{1}{(x-1)(x^2+1)} = \dfrac{a(x^2+1)+(x-1)(bx+c)}{(x-1)(x^2+1)}$。分子を比較すると，

$a(x^2+1)+(x-1)(bx+c)=1$，$(a+b)x^2+(c-b)x+(a-c)=1$。係数比較により，

$\begin{cases} a+b=0 \\ c-b=0 \\ a-c=1 \end{cases}$ を解いて，$a=\dfrac{1}{2}$，$b=-\dfrac{1}{2}$，$c=-\dfrac{1}{2}$ を得る。

表 2.1　いろいろな関数の不定積分

	被積分関数	置換の方法	参　考
[1]	$R(g(x))g'(x)$	$t = g(x)$	例題 2.6,2.7
[2]	$R(\sin x)\cos x$	$t = \sin x$	例題 2.9(1)
[3]	$R(\cos x)\sin x$	$t = \cos x$	
[4]	$R(\sin x, \cos x)$	$t = \tan\dfrac{x}{2}$	例題 2.17
[5]	$R(e^x)$	$t = e^x$	
[6]	$R(x, \sqrt[n]{ax+b})$ $(a \neq 0)$	$t = \sqrt[n]{ax+b}$	例題 2.18
[7]	$R\left(x, \sqrt[n]{\dfrac{ax+b}{cx+d}}\right)$ $(ad-bc \neq 0)$	$t = \sqrt[n]{\dfrac{ax+b}{cx+d}}$	(付録 A.4 節)
[8]	$R(x, \sqrt{ax^2+bx+c})$ $(a \neq 0)$	$a > 0$ のとき $t = \sqrt{ax^2+bx+c} + \sqrt{a}x$, $a < 0$, $b^2-4ac > 0$ のとき，$ax^2+bx+c=0$ の実数解を α, β $(\alpha < \beta)$ として $t = \sqrt{\dfrac{x-\alpha}{\beta-x}}$	(付録 A.4 節)
[9]	$R(x, \sqrt{a^2-x^2})$ $(a > 0)$	$x = a\sin\theta$ $\left(-\dfrac{\pi}{2} \leqq \theta \leqq \dfrac{\pi}{2}\right)$	例題 2.19
[10]	$R(x, \sqrt{x^2+a^2})$ $(a > 0)$	$x = a\tan\theta$ $\left(-\dfrac{\pi}{2} < \theta < \dfrac{\pi}{2}\right)$	
[11]	$R(x, \sqrt{x^2-a^2})$ $(a > 0)$	$x = \dfrac{a}{\cos\theta}$ $\left(0 \leqq \theta < \dfrac{\pi}{2}, \dfrac{\pi}{2} < \theta \leqq \pi\right)$	

(1) 三角関数の有理式は [4] により有理関数の不定積分に帰着されて解くことができるが，計算が面倒になることが多い。[2],[3] の公式や三角関数の公式 (和積公式，半角の公式) の利用など (2.3 節 (1))，被積分関数の形に応じた計算が必要となる。

(2) 根号内が 2 次式の無理関数に対しては [8] より，[9]～[11] を適用して三角関数の有理式の不定積分に帰着させる方が計算しやすい場合もある。

例題 2.17　不定積分 $\displaystyle\int \frac{1}{1+\cos x}dx$ を求めよ。

準備として，$\tan\dfrac{x}{2} = t$ と置くとき，$\sin x$，$\cos x$ を t で表しておく。

$\sin x = 2\sin\dfrac{x}{2}\cos\dfrac{x}{2} = 2\tan\dfrac{x}{2}\cos^2\dfrac{x}{2} = 2\left(\tan\dfrac{x}{2}\right)\dfrac{1}{1+\tan^2\dfrac{x}{2}} = \dfrac{2t}{1+t^2}$ と表される。

$\cos x = 2\cos^2\dfrac{x}{2} - 1 = \dfrac{2}{1+\tan^2\dfrac{x}{2}} - 1 = \dfrac{2}{1+t^2} - 1 = \dfrac{1-t^2}{1+t^2}$ と表される。

$\Bigl($∵ 三角関数の相互関係 (定理 1.8, p.9)：$\tan\theta = \dfrac{\sin\theta}{\cos\theta}$，$1+\tan^2\theta = \dfrac{1}{\cos^2\theta}$，2 倍角の公式，半角の公式 (表 1.2, p.12)：$\sin 2\alpha = 2\sin\alpha\cos\beta$，$\cos^2\alpha = \dfrac{1+\cos 2\alpha}{2}\Bigr)$

また，$\tan\dfrac{x}{2} = t$ の両辺を x で微分して $\dfrac{1}{2\cos^2\dfrac{x}{2}} = \dfrac{1}{2}\left(1+\tan^2\dfrac{x}{2}\right) = \dfrac{1+t^2}{2} = \dfrac{dt}{dx}$ となる。これより，$dx = \dfrac{2}{1+t^2}dt$ となる。

【解答】　$\tan\dfrac{x}{2} = t$ と置く。このとき，$\cos x = \dfrac{1-t^2}{1+t^2}$ および $dx = \dfrac{2}{1+t^2}dt$ から

$$\int \frac{1}{1+\cos x}dx = \int \frac{1}{1+\dfrac{1-t^2}{1+t^2}} \cdot \frac{2}{1+t^2}dt = \int 1dt = t + C = \tan\frac{x}{2} + C$$

(別解) 例題 2.3(3) のように半角の公式を使う方法もある。 ◇

例題 2.18　不定積分 $\displaystyle\int \frac{1}{(x-1)\sqrt{x+2}}dx$ を計算せよ。

【解答】　$\sqrt{x+2} = t$ と置くと $x = t^2 - 2$ となる。両辺 t について微分すると $\dfrac{dx}{dt} = 2t$，すなわち $dx = 2tdt$ となる。これより

$$\int \frac{1}{(x-1)\sqrt{x+2}}dx = \int \frac{1}{(t^2-3)t}2tdt = \int \frac{2}{t^2-3}dt \quad \cdots\cdots \circledast$$

(これで有理関数の積分に帰着された。後は有理関数の積分法による)

$\dfrac{2}{t^2-3} = \dfrac{1}{\sqrt{3}} \cdot \dfrac{1}{t-\sqrt{3}} - \dfrac{1}{\sqrt{3}} \cdot \dfrac{1}{t+\sqrt{3}}$ が成り立つので

$$\begin{aligned}\circledast &= \frac{1}{\sqrt{3}}\left(\int \frac{1}{t-\sqrt{3}}dx - \int \frac{1}{t+\sqrt{3}}dx\right) = \frac{1}{\sqrt{3}}\left(\log\left|t-\sqrt{3}\right| - \log\left|t+\sqrt{3}\right|\right) + C \\ &= \frac{1}{\sqrt{3}}\log\left|\frac{t-\sqrt{3}}{t+\sqrt{3}}\right| + C = \frac{1}{\sqrt{3}}\log\left|\frac{\sqrt{x+2}-\sqrt{3}}{\sqrt{x+2}+\sqrt{3}}\right| + C\end{aligned}$$ ◇

例題 2.19　不定積分 $\displaystyle\int \frac{1}{(1-x^2)\sqrt{1-x^2}}dx$ を計算せよ。

【解答】　$x = \sin\theta \left(-\dfrac{\pi}{2} \leqq \theta \leqq \dfrac{\pi}{2}\right)$ と置くと，$\sqrt{1-x^2} = \sqrt{1-\sin^2\theta} = \cos\theta$，$dx = \cos\theta d\theta$。

$$与式 = \int \frac{1}{\cos^3\theta}\cos\theta d\theta = \int \frac{1}{\cos^2\theta}d\theta = \tan\theta + C = \frac{\sin\theta}{\cos\theta} + C = \frac{x}{\sqrt{1-x^2}} + C$$ ◇

問　　　題

問 1.　次の不定積分を求めよ。《例題 2.12，2.14》

(1) $\displaystyle\int \frac{3x-5}{x-2}dx$　(2) $\displaystyle\int \frac{dx}{x(x-1)}$　(3) $\displaystyle\int \frac{x-3}{x^2-1}dx$　(4) $\displaystyle\int \frac{1}{x^3-x}dx$

問 2.　次の不定積分を求めよ。《例題 2.15》

(1) $\displaystyle\int \frac{x+1}{(x-1)^2}dx$　(2) $\displaystyle\int \frac{x}{(x-3)^3}dx$　(3) $\displaystyle\int \frac{1}{(x^2-1)^2}dx$

問 3.　次の不定積分を求めよ。《例題 2.16》

(1) $\displaystyle\int \frac{1}{x^3+x}dx$　(2) $\displaystyle\int \frac{x+1}{x^2+1}dx$　(3) $\displaystyle\int \frac{1}{x^3+1}dx$

問 4.　次の不定積分を求めよ。《例題 2.17〜2.19》

(1) $\displaystyle\int \frac{1+\sin x}{1+\cos x}dx$　(2) $\displaystyle\int \frac{1}{e^x-e^{-x}}dx$　(3) $\displaystyle\int \frac{1}{x\sqrt{1-x}}dx$　(4) $\displaystyle\int \frac{x^2}{(1-x^2)^{\frac{3}{2}}}dx$

2.5　定積分・定積分における置換積分法

本節では定積分を導入し，定積分における置換積分法について学ぶ。

(1) 定積分の導入　ここでは，定積分を不定積分を用いて表しておく†。

定義 2.2 (定積分)　$f(x)$ をある区間で連続な関数とし，$F(x)$ を $f(x)$ の不定積分の一つとする。この区間の二つの値 a, b に対して

$$\int_a^b f(x)dx = \Big[F(x)\Big]_a^b = F(b) - F(a) \tag{2.8}$$

を関数 $f(x)$ の a から b までの**定積分**という。

ここで，a をこの定積分の**下端**，b を**上端**という。定積分の値を求めることを，**関数 $\boldsymbol{f(x)}$ を $\boldsymbol{x}$ について $\boldsymbol{a}$ から $\boldsymbol{b}$ まで積分する**という。

解説　(1) $F(b) - F(a)$ を記号 $\Big[F(x)\Big]_a^b$ で表す (定義)。(2) 定積分 $\int_a^b f(x)dx$ は，下端と上端の値によって定まる。定積分 $\int_a^b f(t)dt$，定積分 $\int_a^b f(u)du$ などの値は，$\int_a^b f(x)dx$ に等しい。

定積分の性質として次が成り立つ。

定理 2.13 (定積分の性質)　k を定数とする。

[1] $\displaystyle\int_a^b \{f(x) + g(x)\}\,dx = \int_a^b f(x)dx + \int_a^b g(x)dx$

[2] $\displaystyle\int_a^b kf(x)dx = k\int_a^b f(x)dx$

[3] $\displaystyle\int_a^b f(x)dx = \int_a^c f(x)dx + \int_c^b f(x)dx$

[4] $\displaystyle\int_a^a f(x)dx = 0$

証明　式 (2.8) により確認する。$F'(x) = f(x), G'(x) = g(x)$ とする。

[1] $\{F(x) + G(x)\}' = f(x) + g(x)$ より，

　左辺 $= \{F(b) + G(b)\} - \{F(a) + G(a)\} = \{F(b) - F(a)\} + \{G(b) - G(a)\} =$ 右辺

[2] $\{kF(x)\}' = kF'(x) = kf(x)$ より，左辺 $= kF(b) - kF(a) = k\{F(b) - F(a)\} =$ 右辺

[3] 左辺 $= F(b) - F(a) = \{F(c) - F(a)\} + \{F(b) - F(c)\} =$ 右辺

[4] 左辺 $= F(a) - F(a) = 0 =$ 右辺　□

例題 2.20　次の定積分を求めよ。

(1) $\displaystyle\int_{-2}^1 (3x^2 - 6x)dx$　　(2) $\displaystyle\int_0^{\frac{\pi}{2}} \sin x dx$　　(3) $\displaystyle\int_0^{\frac{\sqrt{3}}{2}} \frac{1}{\sqrt{1-t^2}}dt$

---

† 定積分の導入と面積については，4.1 節で再び論じる。

【解答】 (1) $\int_{-2}^{1}(3x^2-6x)dx = \left[x^3-3x^2\right]_{-2}^{1} = (1^3-3\cdot 1^2)-\left\{(-2)^3-3\cdot(-2)^2\right\} = 18$

(2) $\int_{0}^{\frac{\pi}{2}} \sin x dx = \left[-\cos x\right]_{0}^{\frac{\pi}{2}} = \left(-\cos\frac{\pi}{2}\right)-(-\cos 0) = 0-(-1) = 1$

(3) $\int_{0}^{\frac{\sqrt{3}}{2}} \frac{1}{\sqrt{1-t^2}}dt = \left[\sin^{-1} t\right]_{0}^{\frac{\sqrt{3}}{2}} = \left(\sin^{-1}\frac{\sqrt{3}}{2}\right)-(\sin^{-1} 0) = \frac{\pi}{3}-0 = \frac{\pi}{3}$ ◇

(2)　定積分と面積　定積分の値は図形的には次のような意味がある。

定理 2.14　(定積分と面積)　$a \leqq b$ とする。$f(x)$ が区間 $a \leqq x \leqq b$ で連続で $f(x) \geqq 0$ であるとき，定積分 $\int_a^b f(x)dx$ の値は関数 $y=f(x)$ のグラフ，直線 $x=a$，$x=b$，x 軸で囲まれた部分の**面積** S に等しい (**図 2.2**)。

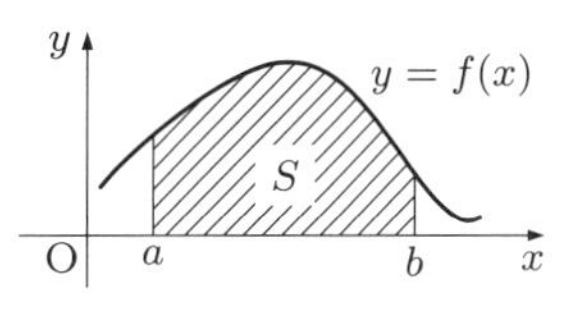

図 2.2　定積分と面積

証明　**図 2.3** のように，関数 $y=f(x)$ のグラフ，直線 $x=a$，$x=t$ $(a \leqq t \leqq b)$ および x 軸で囲まれた部分の面積を考える。この面積は t の関数であり $S(t)$ と置く。

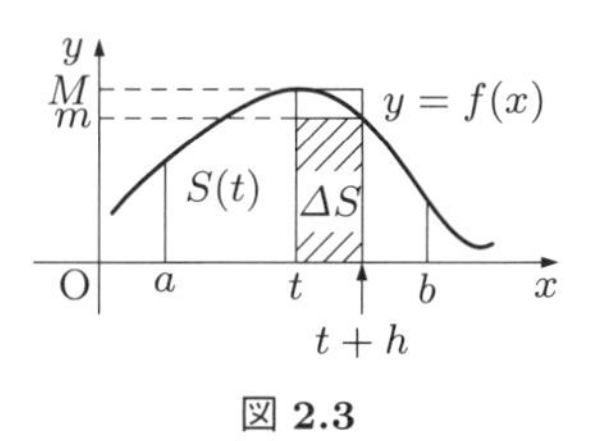

図 2.3

また，区間 $t \leqq x \leqq t+h$ における $f(x)$ の最大値，最小値をそれぞれ M, m とする。t の値がある量 h だけ変化したときの $S(t)$ の変化量 $\varDelta S = S(t+h)-S(t)$ は

$$mh \leqq S(t+h)-S(t) \leqq Mh$$

$$m \leqq \frac{S(t+h)-S(t)}{h} \leqq M$$

を満たす。$h \to 0$ のとき，$f(x)$ が連続だから $M \to f(t)$，$m \to f(t)$ であり，$\frac{S(t+h)-S(t)}{h} \to S'(t) = f(t)$ となる (はさみうちの原理，定理 3.1[4])。$f(t)$ の原始関数の一つを $F(t)$ とし $S(t) = F(t) + C$ と置くと，$S(a) = F(a)+C = 0$ より $C = -F(a)$。よって，$S = S(b) = F(b)+C = F(b)-F(a)$ を得る。 □

例題 2.21　曲線 $y=\cos x$ と x 軸，および 2 直線 $x=\frac{\pi}{6}, x=\frac{\pi}{3}$ で囲まれた図形の面積 S を求めよ。

【解答】 求めるものは**図 2.4** の斜線部の面積である。

$$S = \int_{\frac{\pi}{6}}^{\frac{\pi}{3}} \cos x dx = \left[\sin x\right]_{\frac{\pi}{6}}^{\frac{\pi}{3}} = \sin\frac{\pi}{3}-\sin\frac{\pi}{6}$$

$$= \frac{\sqrt{3}}{2}-\frac{1}{2} = \frac{\sqrt{3}-1}{2}$$ ◇

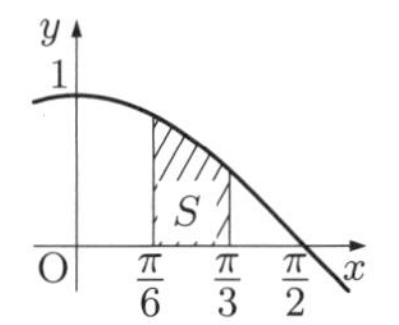

図 2.4

$f(x) \leqq 0$ の場合 (**図 2.5**)，定理 2.13[2] から

$$\int_a^b f(x)dx = -\int_a^b \{-f(x)\}dx = -S$$

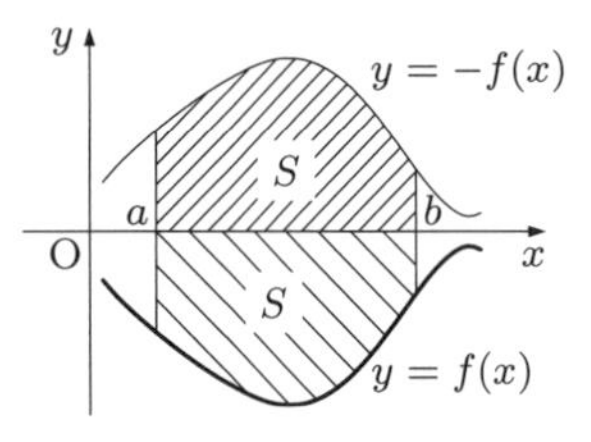

図 2.5　符号を負とした面積

を得る。つまり，定積分の値は，符号を負とした面積を示す。

また，定理 2.13[3],[4] から，次が成り立つ。

$$\int_b^a f(x)dx = -\int_a^b f(x)dx$$

絶対値を含む場合の定積分は，定理 2.13[3] を用いて，2 区間に分けて計算する。

例題 2.22　定積分 $\displaystyle\int_0^3 |x-1|dx$ の値を求めよ。

【解答】　$|x-1| = \begin{cases} x-1, & x \geqq 1 \\ -x+1, & x < 1 \end{cases}$ だから (**図 2.6**)

$$\int_0^3 |x-1|dx = \int_0^1 (-x+1)\,dx + \int_1^3 (x-1)\,dx$$

$$= \left[-\frac{1}{2}x^2 + x\right]_0^1 + \left[\frac{1}{2}x^2 - x\right]_1^3$$

$$= \left(-\frac{1}{2}+1\right) - 0 + \left(\frac{9}{2}-3\right) - \left(\frac{1}{2}-1\right) = \frac{5}{2}$$

◇

図 2.6

(3)　定積分における置換積分法　　定積分に関して，次の置換積分法の公式が成り立つ。

定理 2.15　(定積分における置換積分法)　関数 $f(x)$ は区間 $a \leqq x \leqq b$ で連続であり，$g(t)$ は微分可能，$g'(t)$ は連続とする。$x = g(t)$ と置くとき，

$a = g(\alpha), b = g(\beta)$ ならば

$$\int_a^b f(x)dx = \int_\alpha^\beta f(g(t))g'(t)dt$$

x	$a \to b$
t	$\alpha \to \beta$

証明　$F(x)$ を $f(x)$ の不定積分の一つとする。合成関数の微分法より，$\dfrac{d}{dt}F(g(t)) = f(g(t))g'(t)$ だから

$$\int_\alpha^\beta f(g(t))g'(t)dt = F(g(\beta)) - F(g(\alpha)) = F(b) - F(a) = \int_a^b f(x)dx$$

□

解説　t が α から β まで変わるとき，それに対応して $x = g(t)$ は a から b まで変わる。定積分における置換積分法では，この関係を定理 2.15 で示したように表で表す。

例題 2.23　次の定積分を求めよ。　　(1)　$\displaystyle\int_0^1 x\sqrt{1-x}dx$　　(2)　$\displaystyle\int_{\frac{\pi}{6}}^{\frac{\pi}{2}} \frac{d\theta}{\sin\theta}$

【解答】　(1) $\sqrt{1-x} = t$ と置くと，$x = 1-t^2$ となる。$\dfrac{dx}{dt} = -2t$ より $dx = -2tdt$ となる。また，x と t の対応は右のようになる。よって

x	$0 \to 1$
t	$1 \to 0$

$$\int_0^1 x\sqrt{1-x}dx = \int_1^0 (1-t^2)\,t\,(-2t)\,dt = 2\int_1^0 (t^4-t^2)\,dt$$

$$= 2\int_0^1 (t^2-t^4)\,dt = 2\left[\frac{t^3}{3} - \frac{t^5}{5}\right]_0^1 = 2\left(\frac{1}{3}-\frac{1}{5}\right) = \frac{4}{15}$$

(2) $\dfrac{1}{\sin\theta} = \dfrac{\sin\theta}{\sin^2\theta} = \dfrac{\sin\theta}{1-\cos^2\theta}$ に注意して，$\cos\theta = t$ と置く。
$\dfrac{dt}{d\theta} = -\sin\theta$ より $\sin\theta d\theta = -dt$ となる。
また，θ と t の対応は右のようになる。よって

θ	$\frac{\pi}{6} \to \frac{\pi}{2}$
t	$\frac{\sqrt{3}}{2} \to 0$

$$\int_{\frac{\pi}{6}}^{\frac{\pi}{2}} \frac{d\theta}{\sin\theta} = \int_{\frac{\sqrt{3}}{2}}^{0} \frac{-1}{1-t^2}dt = \int_0^{\frac{\sqrt{3}}{2}} \frac{-1}{t^2-1}dt = \int_0^{\frac{\sqrt{3}}{2}} \frac{-1}{(t+1)(t-1)}dt$$

$$= \frac{1}{2}\int_0^{\frac{\sqrt{3}}{2}} \left(\frac{1}{t+1} - \frac{1}{t-1}\right)dt = \frac{1}{2}\left[\log\left|\frac{t+1}{t-1}\right|\right]_0^{\frac{\sqrt{3}}{2}} = \frac{1}{2}\log\left|\frac{\frac{\sqrt{3}}{2}+1}{\frac{\sqrt{3}}{2}-1}\right| - 0$$

$$= \frac{1}{2}\log\left|\frac{2+\sqrt{3}}{2-\sqrt{3}}\right| = \frac{1}{2}\log\left(2+\sqrt{3}\right)^2 = \log\left(2+\sqrt{3}\right) \qquad \diamondsuit$$

偶関数，奇関数 (p.11) の定積分について，次が成り立つ。

定理 2.16　(偶関数・奇関数の定積分)

$f(x)$ が奇関数のとき，　$\displaystyle\int_{-a}^{a} f(x)dx = 0$

$f(x)$ が偶関数のとき，　$\displaystyle\int_{-a}^{a} f(x)dx = 2\int_0^a f(x)dx$

証明　$\displaystyle\int_{-a}^{a} f(x)dx = \int_{-a}^{0} f(x)dx + \int_0^a f(x)dx$ として，右辺第 1 項について，$x = -t$ と置くと，$dx = -dt$ で，x と t の対応は右のようになる。これより，右辺第 1 項$=\displaystyle\int_a^0 f(-t)(-dt) = \int_0^a f(-t)dt$ である。よって，$f(x)$ が奇関数のとき，右辺第 1 項$=-\displaystyle\int_0^a f(t)dt$，$f(x)$ が偶関数のとき，右辺第 1 項$=\displaystyle\int_0^a f(t)dt$ となることからわかる。　□

x	$-a \to 0$
t	$a \to 0$

例題 2.24　次の定積分を求めよ。　(1) $\displaystyle\int_{-1}^{1} |x|dx$　　(2) $\displaystyle\int_{-\frac{\pi}{2}}^{\frac{\pi}{2}} \sin x dx$

【解答】 (1) $f(x) = |x|$ は，$f(-x) = |-x| = |x| = f(x)$ だから，偶関数である。よって

$$\int_{-1}^{1} |x|dx = 2\int_0^1 |x|dx = 2\int_0^1 xdx = 2\left[\frac{x^2}{2}\right]_0^1 = 1$$

(2) $f(x) = \sin x$ は，定理 1.10 より，奇関数である。よって，$\displaystyle\int_{-\frac{\pi}{2}}^{\frac{\pi}{2}} \sin x dx = 0$ である。　◇

問　　　題

問 1.　次の定積分を求めよ。《例題 2.20》

(1) $\displaystyle\int_0^1 (x^2+2x+3)dx$　　(2) $\displaystyle\int_{-1}^{2} (x+2)(2x^2+x+3)dx$　　(3) $\displaystyle\int_1^2 \frac{dx}{x^2}$

(4) $\displaystyle\int_1^2 \frac{x^3+2}{x}dx$　(5) $\displaystyle\int_1^2 \sqrt{t}dt$　(6) $\displaystyle\int_0^{\frac{\pi}{4}} \frac{d\theta}{\cos^2\theta}$　(7) $\displaystyle\int_1^e \log x dx$

(8) $\displaystyle\int_0^1 \frac{dx}{2^x}$　(9) $\displaystyle\int_0^{\frac{\pi}{4}} \sin 2x \cos x dx$　(10) $\displaystyle\int_0^1 \frac{dx}{x^2-4}$

問 2. 次の図形の面積を求めよ。《例題 2.21》

(1) 曲線 $y=\dfrac{1}{x}$ と x 軸，および 2 直線 $x=1$，$x=e$ で囲まれた図形

(2) 曲線 $y=2^x$ と x 軸，および 2 直線 $x=-1$，$x=1$ で囲まれた図形

問 3. 次の定積分を求めよ。《例題 2.22》

(1) $\displaystyle\int_0^3 |x-2|dx$　(2) $\displaystyle\int_0^{2\pi} |\sin x|dx$　(3) $\displaystyle\int_{-1}^1 |e^x-1|dx$

問 4. 次の定積分を求めよ。《例題 2.23》

(1) $\displaystyle\int_0^{\frac{\pi}{2}} \cos^2 x \sin x dx$　(2) $\displaystyle\int_1^3 e^{2x}dx$　(3) $\displaystyle\int_1^e \frac{(\log x)^2}{x}dx$

(4) $\displaystyle\int_0^{\frac{\pi}{3}} \frac{1}{\cos\theta}d\theta$　(5) $\displaystyle\int_0^a \frac{1}{\sqrt{a^2+x^2}}dx \quad (a>0)$　(6) $\displaystyle\int_{-3}^2 \sqrt{|x-1|}dx$

問 5. 次の定積分を求めよ。《例題 2.24》

(1) $\displaystyle\int_{-\pi}^{\pi} \sin x \cos x dx$　(2) $\displaystyle\int_{-1}^1 (e^x+e^{-x})dx$　(3) $\displaystyle\int_{-\frac{\pi}{4}}^{\frac{\pi}{4}} (x\cos x+\cos 2x)dx$

問 6. 正の整数 m, n に対して，次が成り立つことを示せ。

(1) $\displaystyle\int_{-\pi}^{\pi} \sin mx \sin nx dx = \int_{-\pi}^{\pi} \cos mx \cos nx dx = \begin{cases} \pi, & m=n \\ 0, & m\neq n \end{cases}$

(2) $\displaystyle\int_{-\pi}^{\pi} \sin mx \cos nx dx = 0$

2.6　定積分における部分積分法・面積

本節は，定積分についての続きであり定積分の部分積分法を学ぶ。また，積分法の応用として曲線で囲まれた図形の面積を求める。

（1）定積分における部分積分法　定積分に関して，次の部分積分法の公式が成り立つ。

定理 2.17 (定積分における部分積分法)　関数 $f(x), g(x)$ は区間 $a \leqq x \leqq b$ で微分可能で，$f'(x), g'(x)$ は連続であるとする。

$$\int_a^b f(x)g'(x)dx = \Big[f(x)g(x)\Big]_a^b - \int_a^b f'(x)g(x)dx$$

証明　積の微分法 $(fg)'=f'g+fg'$ より，$\displaystyle\int f'(x)g(x)dx + \int f(x)g'(x)dx = f(x)g(x)+C$，$\displaystyle\int_a^b f'(x)g(x)dx + \int_a^b f(x)g'(x)dx = \Big[f(x)g(x)\Big]_a^b$ を得る。最後の式で，左辺第 1 項を右辺に移項すればよい。□

例題 2.25　次の定積分を求めよ。　(1) $\displaystyle\int_0^{\frac{\pi}{2}} x\sin x dx$　(2) $\displaystyle\int_1^e (x+1)\log x dx$

【解答】　右の形になっているかよく確認すること。

$$\int_a^b f(x)g'(x)dx = \Big[f(x)g(x)\Big]_a^b - \int_a^b f'(x)g(x)dx$$

（一方を積分／一方を微分／別の一方を微分）

(1) $\displaystyle\int_0^{\frac{\pi}{2}} x\sin x dx = \int_0^{\frac{\pi}{2}} x(-\cos x)'dx$

$$= \Big[x(-\cos x)\Big]_0^{\frac{\pi}{2}} - \int_0^{\frac{\pi}{2}} (x)'(-\cos x)dx$$

$$= 0 + \int_0^{\frac{\pi}{2}} \cos x dx = \Big[\sin x\Big]_0^{\frac{\pi}{2}} = 1 - 0 = 1$$

(2) $\displaystyle\int_1^e (x+1)\log x dx = \int_1^e \left(\frac{1}{2}x^2 + x\right)' \log x dx$

$$= \left[\left(\frac{1}{2}x^2 + x\right)\log x\right]_1^e - \int_1^e \left(\frac{1}{2}x^2 + x\right)(\log x)' dx$$

$$= \left(\frac{1}{2}e^2 + e\right) - \int_1^e \left(\frac{1}{2}x^2 + x\right)\frac{1}{x}dx = \left(\frac{1}{2}e^2 + e\right) - \int_1^e \left(\frac{1}{2}x + 1\right)dx$$

$$= \left(\frac{1}{2}e^2 + e\right) - \left[\frac{1}{4}x^2 + x\right]_1^e = \left(\frac{1}{2}e^2 + e\right) - \left(\frac{1}{4}e^2 + e - \frac{5}{4}\right) = \frac{1}{4}e^2 + \frac{5}{4}$$

($\because$ 定理 1.5, p.8: $\log 1 = 0$,　$\log e = 1$)　◇

(2)　面　　積　やさしい応用として，2 曲線間の面積を求めよう。

定理 2.18　(2 曲線間の面積)　$a \leqq x \leqq b$ で $f(x) \geqq g(x)$ のとき，二つの曲線 $y = f(x)$，$y = g(x)$ および二つの直線 $x = a$，$x = b$ で囲まれた部分の**面積** S は

$$S = \int_a^b \{f(x) - g(x)\}dx$$

で与えられる (**図 2.7**)。

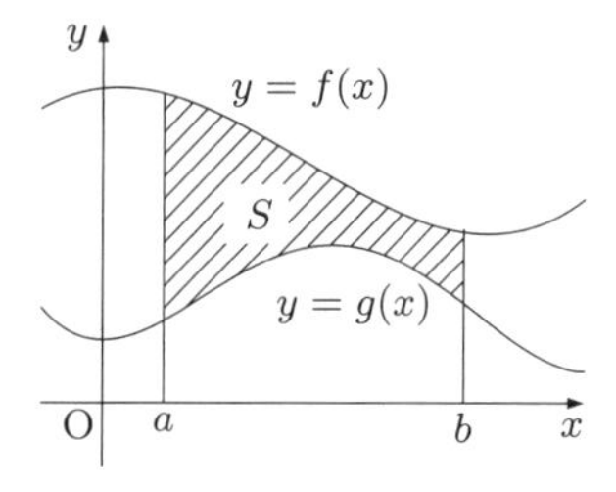

図 2.7　2 曲線間の面積

証明　曲線 $y = f(x)$，2 直線 $x = a$，$x = b$ および x 軸で囲まれた部分の面積を S_1，曲線 $y = g(x)$，2 直線 $x = a$，$x = b$ および x 軸で囲まれた部分の面積を S_2 とする。$a \leqq x \leqq b$ で $f(x) \geqq g(x) \geqq 0$ のときは，$S = S_1 - S_2$ を考えればよい。もし，$f(x)$ や $g(x)$ が負の値をとるときは，適当な正の数 C を選び，二つの曲線 $y = f(x) + C$，$y = g(x) + C$ および二つの直線 $x = a$，$x = b$ で囲まれた部分の面積を考えればよい (**図 2.8**)。図形を平行移動しても，その面積は変わらない。　□

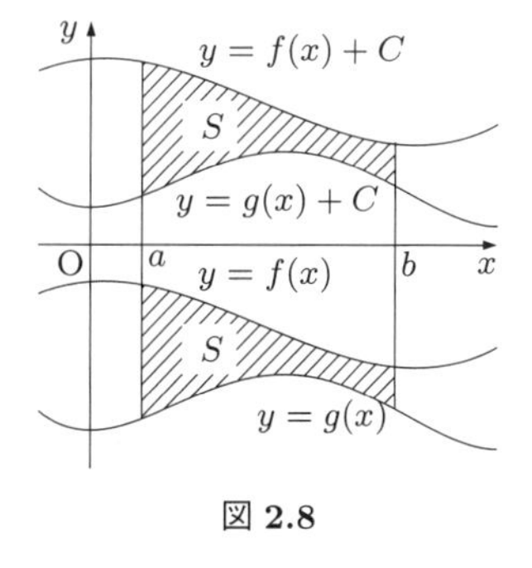

図 2.8

例題 2.26　区間 $0 \leqq x \leqq \dfrac{\pi}{4}$ において，$y = \sin x$，$y = \cos x$，y 軸で囲まれた部分の面積 S を求めよ。

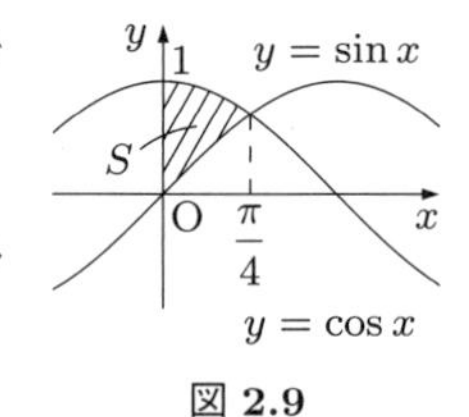

図 2.9

【解答】 求めるものは図 **2.9** の斜線部の面積である。区間 $0 \leqq x \leqq \frac{\pi}{4}$ では $\cos x \geqq \sin x$ であり

$$S = \int_0^{\frac{\pi}{4}} (\cos x - \sin x)dx = \Bigl[\sin x + \cos x\Bigr]_0^{\frac{\pi}{4}} = \sqrt{2} - 1 \qquad \diamondsuit$$

例題 2.27　曲線 $y = x^3 - 3x$ と直線 $y = 2$ で囲まれた部分の面積 S を求めよ。

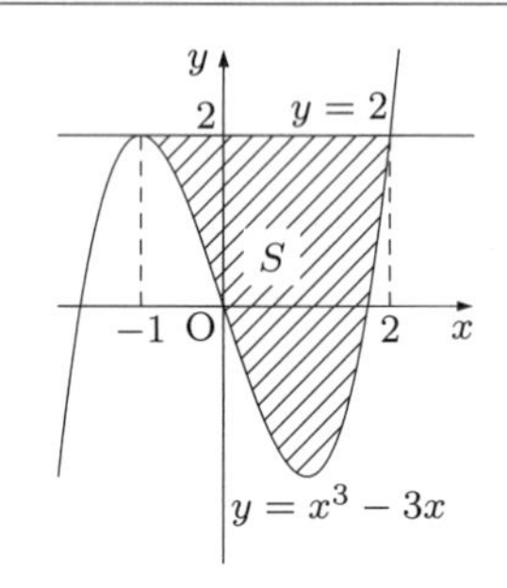

図 2.10

【解答】 曲線と直線は図 **2.10** の通り (例題 1.24 参照)。曲線 $y = x^3 - 3x$ と直線 $y = 2$ の共有点の x 座標は，$x^3 - 3x = 2$，すなわち，$x^3 - 3x - 2 = 0$ を解いて求める。

$P(x) = x^3 - 3x - 2$ と置くと，$P(-1) = 0$ だから因数定理 (付録 A.2 節) より，$P(x)$ は $(x+1)$ で割り切れる。組立除法 (付録 A.2 節) を用いて計算すると (**図 2.11**)，$P(x) = (x+1)\left(x^2 - x - 2\right) = (x+1)^2(x-2)$。つまり，求める共有点の x 座標は，$(x+1)^2(x-2) = 0$ を解いて，$x = -1, 2$ であることがわかる。また，区間 $-1 \leqq x \leqq 2$ において $2 \geqq x^3 - 3x$ だから

$$S = \int_{-1}^{2} \left\{2 - \left(x^3 - 3x\right)\right\} dx = \left[2x - \frac{1}{4}x^4 + \frac{3}{2}x^2\right]_{-1}^{2}$$
$$= (4 - 4 + 6) - \left(-2 - \frac{1}{4} + \frac{3}{2}\right) = \frac{27}{4} \qquad \diamondsuit$$

-1	1	0	-3	-2
		-1	1	2
	1	-1	-2	0

図 2.11

問　　題

問 1. 部分積分法により，次の定積分を求めよ。《例題 2.25》

(1) $\displaystyle\int_0^1 xe^{2x}dx$　(2) $\displaystyle\int_1^e x\log x dx$　(3) $\displaystyle\int_1^e x\log(x+1)dx$　(4) $\displaystyle\int_0^1 x(x-1)^3dx$

問 2. $\frac{\pi}{4} \leqq x \leqq \frac{5}{4}\pi$ の範囲で，曲線 $y = \sin x$ と $y = \cos x$ に囲まれた部分の面積を求めよ。《例題 2.26》

問 3. 曲線 $y = x^3$ と $y = x^2$ で囲まれた部分の面積を求めよ。《例題 2.27》

問 4. 次の定積分を求めよ。$\displaystyle\int_\alpha^\beta (x-\alpha)(x-\beta)dx$　(α, β は定数)

問 5. $n = 0, 1, 2, \cdots$ とする。$I_n = \displaystyle\int_0^{\frac{\pi}{2}} \cos^n x dx$ に対し，$I_{n+2} = \dfrac{n+1}{n+2}I_n$ が成り立つことを示せ。また，$J_n = \displaystyle\int_0^{\frac{\pi}{2}} \sin^n x dx$ に対し，$J_{n+2} = \dfrac{n+1}{n+2}J_n$ が成り立つことを示せ。

問 6. m, n を正の整数とし，$I(m,n) = \displaystyle\int_0^1 x^{m-1}(1-x)^{n-1}dx$ とする。このとき，次の等式 (1), (2) が成り立つことを証明せよ（3.2 節 (5) : 数学的帰納法を参照)。

(1) $I(m,n) = \dfrac{n-1}{m}I(m+1, n-1)$　　(2) $I(m,n) = \dfrac{(m-1)!\,(n-1)!}{(m+n-1)!}$

3 微分の応用

3.1 関数の極限と連続性

本節では，微分積分の基礎となる関数の極限，関数の連続性，連続関数に関する事項を列挙する。これらは，次節以降の前提となるものである。

（1） **関数の極限値**　x が a でない値をとりながら a に限りなく近づくとき，$f(x)$ の値が b に限りなく近づくならば，b を x が a に近づくときの $f(x)$ の**極限値**といい

$$\lim_{x \to a} f(x) = b \qquad \text{または} \qquad x \to a \text{ のとき } f(x) \to b$$

と表す。

関数の極限値について，次の性質が成り立つ。

定理 3.1　(関数の極限値の性質)

[1]　(a) $\lim_{x \to a} c = c$ (図 **3.1** (a)),　　(b) $\lim_{x \to a} x = a$ (図 3.1 (b))

[2]　(a) $\lim_{x \to a} \{kf(x) + lg(x)\} = k \lim_{x \to a} f(x) + l \lim_{x \to a} g(x)$　　(ただし，k, l は定数)

(b) $\lim_{x \to a} f(x)g(x) = \left\{ \lim_{x \to a} f(x) \right\} \left\{ \lim_{x \to a} g(x) \right\}$

(c) $\lim_{x \to a} \dfrac{f(x)}{g(x)} = \dfrac{\lim_{x \to a} f(x)}{\lim_{x \to a} g(x)}$　　(ただし，$g(x) \neq 0$, $\lim_{x \to a} g(x) \neq 0$)

(d) $\lim_{x \to a} |f(x)| = \left| \lim_{x \to a} f(x) \right|$

[3]　x が a の近くでつねに $f(x) \leqq g(x)$ ならば，$\lim_{x \to a} f(x) \leqq \lim_{x \to a} g(x)$

[4]　x が a の近くでつねに $f(x) \leqq h(x) \leqq g(x)$ であり，$\lim_{x \to a} f(x) = \lim_{x \to a} g(x)$ であれば，$\lim_{x \to a} f(x) = \lim_{x \to a} h(x) = \lim_{x \to a} g(x)$　　(**はさみうちの原理**)

証明　(ε-δ 法) 上の極限値の定義は「限りなく近づく」の意味が不明瞭なので，より精密な議論に向かない。極限の定義を次々により明確に言い換えてみよう。「$|x - a| \to 0$ のとき $|f(x) - b| \to 0$」,「$|x - a| \to 0$ のとき ε がどんなに小さい正の数であっても，$|f(x) - b| < \varepsilon$ が成り立つ」,「任意の正の数 ε に対し，ε に対応してある正の数 δ を定めると，$0 < |x - a| < \delta$

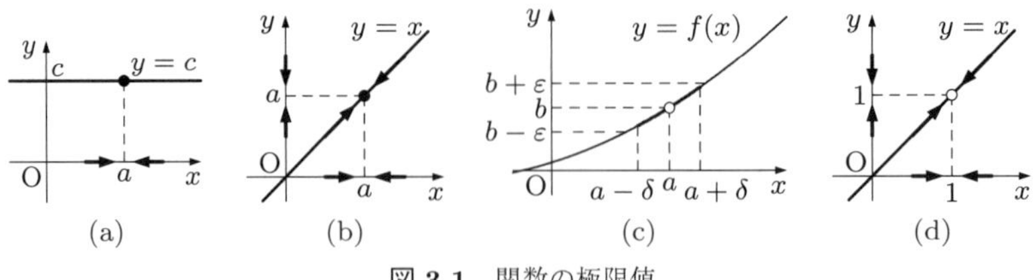

図 3.1　関数の極限値

であるすべての x に対し $|f(x)-b|<\varepsilon$ が成り立つ」(図 3.1 (c))。最後の表現に基づく極限の議論を **ε-δ 法**という。

[2](a) の証明：$\lim_{x\to a} f(x)=\alpha$, $\lim_{x\to a} g(x)=\beta$ と置く。任意の正の数 ε に対し，ある正の数 δ を定めて，$0<|x-a|<\delta$ であるすべての x に対し

$$|\{kf(x)+lg(x)\}-(k\alpha+l\beta)|<\varepsilon$$

が成り立つことを示せばよい。$\varepsilon_1=\varepsilon/(|k|+|l|)$ と置く。仮定より，正の数 ε_1 に対してある正の数 δ_1, δ_2 を定めると

$$0<|x-a|<\delta_1 \text{ であるとき} \quad |f(x)-\alpha|<\varepsilon_1 \tag{3.1}$$

$$0<|x-a|<\delta_2 \text{ であるとき} \quad |g(x)-\beta|<\varepsilon_1 \tag{3.2}$$

が成り立つ。$\delta=\min(\delta_1,\delta_2)$ とすれば，$0<|x-a|<\delta$ のとき式 (3.1)，(3.2) がともに成り立ち

$$\begin{aligned}|\{kf(x)+lg(x)\}-(k\alpha+l\beta)| &= |k\{f(x)-\alpha\}+l\{g(x)-\beta\}| \\ &\leqq |k||f(x)-\alpha|+|l||g(x)-\beta|<(|k|+|l|)\varepsilon_1=\varepsilon\end{aligned}$$

[4] の証明：任意の正の数 ε に対して，上と同様に考えて δ を定めると，$0<|x-a|<\delta$ のとき

$$\alpha-\varepsilon<f(x)<\alpha+\varepsilon, \qquad \alpha-\varepsilon<g(x)<\alpha+\varepsilon$$

が共に成り立つ。このとき

$$\alpha-\varepsilon<f(x)\leqq h(x)\leqq g(x)<\alpha+\varepsilon$$

だから，$|h(x)-\alpha|<\varepsilon$ が成り立つ。

その他の極限については証明省略。　□

解説　(1) 定理 3.1[3] は $f(x)<g(x)$ であっても，定理 3.1[4] は $f(x)<h(x)<g(x)$ であっても成り立つ。例えば，$x\neq 0$ のとき，$1-x^2<1+x^2$ であるが，$\lim_{x\to 0}(1-x^2)=\lim_{x\to 0}(1+x^2)=1$ である。

(2) 極限値はつねに存在するとは限らない。例 3.1～3.5 を参照。

(3) 関数 $f(x)$ が $x=a$ のとき定義されていなくても，極限値 $\lim_{x\to a} f(x)$ が存在することがある。例えば，$f(x)=\begin{cases} x, & x\neq 1 \\ \text{未定義}, & x=1 \end{cases}$ のとき，$\lim_{x\to 1} f(x)=1$ である (図 3.1 (d))。

(2)　無限大と片側極限　　関数 $f(x)$ において，x が a でない値をとりながら a に限りなく近づくとき，$f(x)$ の値が限りなく大きくなるならば，x が a に近づくとき $f(x)$ は**正の無限大に発散する**，または，$f(x)$ の極限は ∞ であるといい

$$\lim_{x \to a} f(x) = \infty \qquad \text{または} \qquad x \to a \text{ のとき } f(x) \to \infty$$

と表す。

また，x が a でない値をとりながら a に限りなく近づくとき，$f(x)$ の値が負で，その絶対値が限りなく大きくなるならば，x が a に近づくとき $f(x)$ は**負の無限大に発散する**，または，$f(x)$ の極限は $-\infty$ であるといい

$$\lim_{x \to a} f(x) = -\infty \qquad \text{または} \qquad x \to a \text{ のとき } f(x) \to -\infty$$

と表す。

例 3.1　$\displaystyle \lim_{x \to 0} \frac{1}{x^2} = \infty, \qquad \lim_{x \to 0} \left(-\frac{1}{x^2}\right) = -\infty$　　(図 **3.2** (a))

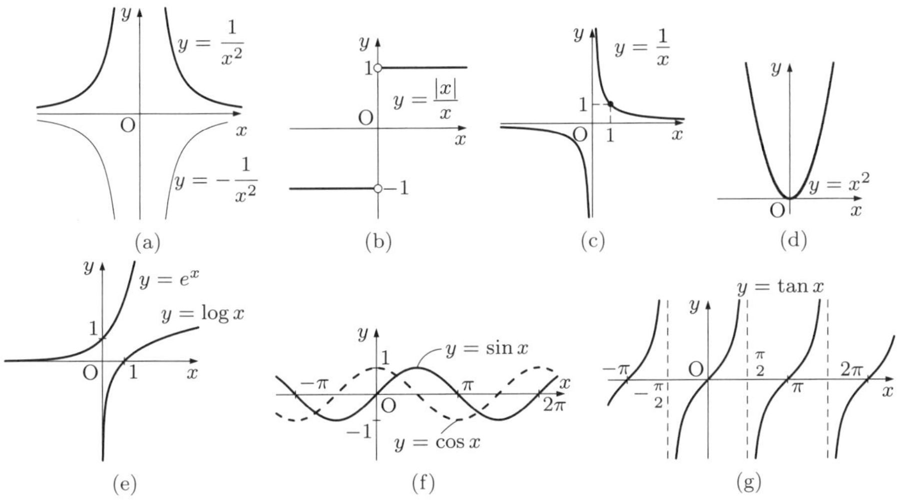

図 3.2　いろいろな関数のグラフ

なお，関数の極限が ∞ または $-\infty$ であるとき，これを極限値とはいわない。

次に，片側からの極限を考えよう。x が a より大きい値をとりながら a に限りなく近づくとき，$x \to a+0$ と表す。x が a より小さい値をとりながら a に限りなく近づくとき，$x \to a-0$ と表す。$x \to a+0$，$x \to a-0$ のときの $f(x)$ の極限をそれぞれ x が a に近づくときの**右側極限**，**左側極限**といい，$\displaystyle \lim_{x \to a+0} f(x)$，$\displaystyle \lim_{x \to a-0} f(x)$ と表す。$a = 0$ のときは，「$0+0$」を「$+0$」，「$0-0$」を「-0」と記す。

一般に，$\displaystyle \lim_{x \to a} f(x)$ が存在するためには，$\displaystyle \lim_{x \to a+0} f(x)$，$\displaystyle \lim_{x \to a-0} f(x)$ がともに存在し，それらが等しくなければならない。

例 3.2　関数 $f(x) = \dfrac{|x|}{x}$ について，$\displaystyle \lim_{x \to +0} f(x) = 1$，$\displaystyle \lim_{x \to -0} f(x) = -1$ となり，$\displaystyle \lim_{x \to 0} f(x)$ は存在しない (図 3.2 (b))。

右側極限，左側極限が ∞ や $-\infty$ になる場合には，$\lim_{x \to a+0} f(x) = \infty$，$\lim_{x \to a-0} f(x) = -\infty$ のように表す。

例 3.3　$\lim_{x \to +0} \frac{1}{x} = \infty$，$\lim_{x \to -0} \frac{1}{x} = -\infty$　（図 3.2 (c)）

また，x が限りなく大きくなるとき，$f(x)$ の値が b に限りなく近づくならば，b を x が限りなく大きくなるときの $f(x)$ の極限値といい

$$\lim_{x \to \infty} f(x) = b \quad \text{または} \quad x \to \infty \text{ のとき } f(x) \to b$$

と表す。また，x が負で，その絶対値が限りなく大きくなるとき，$x \to -\infty$ と表し，同様に考える。なお，定理 3.1 は，$x \to a$ を $x \to \infty$ や $x \to -\infty$ で置き換えても成り立つ。

例 3.4　$\lim_{x \to \infty} \frac{1}{x} = 0$，　$\lim_{x \to -\infty} \frac{1}{x} = 0$　（図 3.2 (c)）

$\lim_{x \to \infty} x^2 = \infty$，　$\lim_{x \to -\infty} x^2 = \infty$　（図 3.2 (d)）

$\lim_{x \to \infty} e^x = \infty$，　$\lim_{x \to -\infty} e^x = 0$　（図 3.2 (e)）

$\lim_{x \to +0} \log x = -\infty$，　$\lim_{x \to \infty} \log x = \infty$　（図 3.2 (e)）

例 3.5　$x \to \infty$，$x \to -\infty$ のとき $\sin x$，$\cos x$ の極限はない。（図 3.2 (f)）

$x \to \frac{\pi}{2} + 0$ のとき $\tan x \to -\infty$，$x \to \frac{\pi}{2} - 0$ のとき $\tan x \to \infty$ である。

$x \to \frac{\pi}{2}$ のときの $\tan x$ の極限はない。（図 3.2 (g)）

（3） 関数の最大値・最小値　関数の値域に最大の値があるとき，これをその関数の**最大値**という。また，関数の値域に最小の値があるとき，これをその関数の**最小値**という。

例 3.6　(1) 関数 $y = x^2$ は，区間 $[-1, 2]$ で最大値 4，最小値 0 をとる（**図 3.3** (a)）。

(2) 関数 $y = \frac{1}{x}$ は，区間 $(0, 1)$ に最大値も最小値ももたない（図 3.3 (b)）。$f(x) > 1$ である。1 は関数の値域に含まれないので最小値ではない。

(3) 関数 $y = \tan x$ は $\left(-\frac{\pi}{2}, \frac{\pi}{2}\right)$ で最大値も最小値もとらない（図 3.2 (g)）。

（4） 連 続 関 数　微分および積分の計算や理論において関数が連続[†]であるという前提が大きな役割を果たしている。定義域のすべての x の値で連続であるとき，$f(x)$ は**連続関数**であるという。閉区間の端については，その区間内から端に近づいたときの極限を考える。

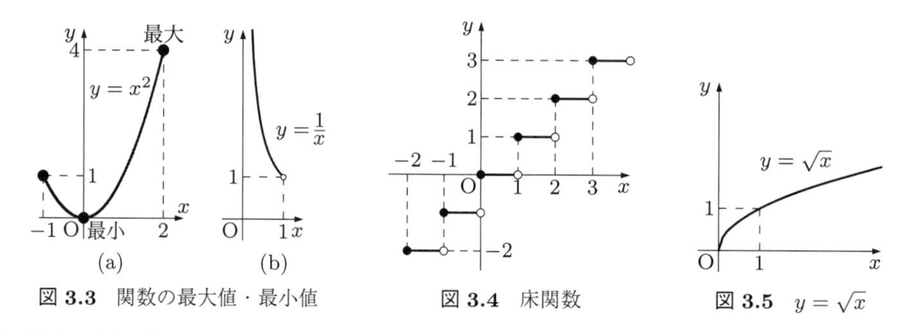

図 3.3　関数の最大値・最小値　　**図 3.4**　床関数　　**図 3.5**　$y = \sqrt{x}$

[†] 連続の定義は，定義 1.8 (p.17) で述べた。連続でない関数としてはディリクレの関数（例 1.5, p.2）ような関数を思い出せばよい。

例 3.7　関数 $f(x)=\dfrac{1}{x}$ は $x=0$ で不連続である (図 3.1 (c))。$x=0$ で関数が定義されていない。定義域では連続である。

例 3.8　実数 x に対して x を超えない最大の整数を $[x]$ で表す。この記号 [ ] を**ガウス記号**という。関数 $f(x)=[x]$ は，x が整数となるところで不連続である (**図 3.4**)。

例 3.9　$f(x)=\sqrt{x}$ は $x \geqq 0$ で連続である。$x=0$ では右側極限のみを考える (**図 3.5**)。

連続関数の重要な性質を二つあげる。証明は実数の性質について深い考察を必要とするので省略する。**図 3.6**, **図 3.7** から直観的に認められると思う。

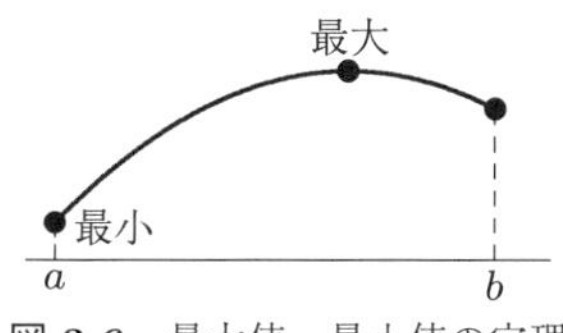

図 3.6　最大値・最小値の定理

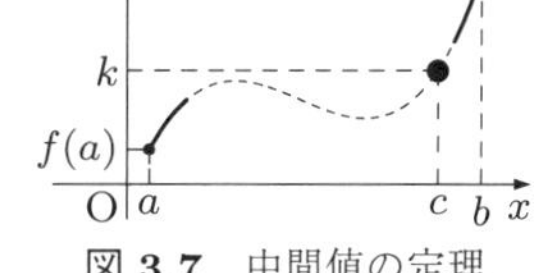

図 3.7　中間値の定理

定理 3.2　(最大値・最小値の定理)　関数 $f(x)$ が閉区間 $[a,b]$ で連続であるとき，$f(x)$ は $[a,b]$ で最大値および最小値をとる。

定理 3.3　(中間値の定理)　関数 $f(x)$ が閉区間 $[a,b]$ で連続であるとき，$f(a) \neq f(b)$ ならば，$f(a)$ と $f(b)$ の間の任意の値 k に対して，$f(c)=k$ を満たす $c\,(a<c<b)$ が存在する。

解説　(1) 最大値・最小値の定理は，開区間であれば成立しない (例 3.6 (2), (3))。
(2) a と b の中間値とは，ちょうど中央の値 $\dfrac{a+b}{2}$ を示すのではなく，$a<c<b$（または $b<c<a$）を満たすある数を意味する。

また，次の定理 3.4 は極限の判定の証明などで用いられる (**図 3.8**, 証明省略)。

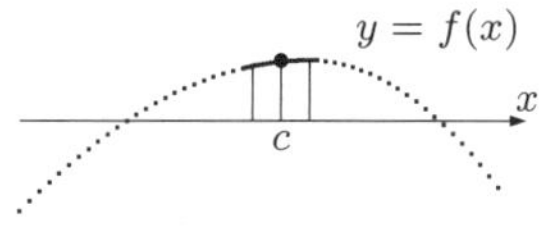

図 3.8　近くで同符号

定理 3.4　(近くで同符号)　関数 $f(x)$ が $x=c$ で連続で $f(c)>0$ であれば，$x=c$ の十分近くの x について $f(x)>0$ となる。

微分積分で扱う普通の関数は，その定義域で連続関数である。

定理 3.5　(連続関数)

[1]　有理関数は，その定義域で連続である。

[2]　連続関数の有理式で表される関数は，その定義域で連続である。

[3]　無理関数は，その定義域で連続である。

[4]　三角関数，逆三角関数は，その定義域で連続である。

[5]　指数関数，対数関数，べき関数は，その定義域で連続である。

証明　[1],[2] は定理 3.1[1],[2] からわかる。例えば，1 次関数 $f(x) = px + q$ (p, q は定数) について

$$\lim_{x\to a} f(x) = \lim_{x\to a}(px+q) \underset{\text{定理 3.1[2](a)}}{=} p\lim_{x\to a} x + q \underset{\text{定理 3.1[1](b)}}{=} pa + q = f(a)$$

[4] $\cos x$ について，和積公式 (表 1.2, p.12) より，$h \neq 0$ のとき，小さい h に対して

$$|\cos(a+h) - \cos a| = \left|-2\sin\left(a+\frac{h}{2}\right)\sin\frac{h}{2}\right| = 2\left|\sin\left(a+\frac{h}{2}\right)\right|\left|\sin\frac{h}{2}\right| < 2\cdot 1\cdot\left|\frac{h}{2}\right| = |h|$$

($\because$ 式 (1.5) (p.29) で見たように，絶対値が 0 に近い x について $x \neq 0$ のとき $|\sin x| < |x|$。)
これから，$|h| \to 0$ のとき $|\cos(a+h) - \cos a| \to 0$ となる。つまり $\cos x$ は $x = a$ で連続であることがわかる (a は定義域の任意の数)。

その他は，証明省略。　□

解説　定理 3.5 で「その定義域で」の意味は，例えば $y = \dfrac{1}{x}$ について「未定義の点 $x = 0$ を除いて」という意味である。

中間値の定理は，方程式の実数解の存在を示す根拠となる。

例題 3.1　方程式 $x^3 - 2x^2 - 3x + 1 = 0$ は区間 $(0, 1)$ に実数解を持つことを示せ。

【解答】　$f(x) = x^3 - 2x^2 - 3x + 1$ と置いて，方程式 $f(x) = 0$ が区間 $(0, 1)$ に実数解を持つことを示せばよい。

$f(x)$ は閉区間 $[0, 1]$ で連続である ($\because$ 関数 $f(x)$ は有理関数だから定理 3.5[1] よりわかる)。また，$f(0) = 1 > 0$，$f(1) = -3 < 0$ であるから，中間値の定理より，$f(0)$ と $f(1)$ の間の値 0 に対して，$f(c) = 0$ を満たす c ($0 < c < 1$) が存在する。すなわち，方程式 $f(x) = 0$ は区間 $(0, 1)$ に実数解を持つ。　◇

問　　題

問 1.　次の関数の与えられた区間での最大値，最小値があれば，それを求めよ。《例 3.6》

(1)　$y = x^2 - 2x$,　区間 $0 \leqq x \leqq 3$　　(2)　$y = x + 1$,　区間 $0 < x < 3$

(3)　$y = \sin x$,　区間 $0 \leqq x \leqq \pi$　　(4)　$y = \cos x$,　区間 $0 < x < \pi$

問 2. 次の方程式が与えられた区間に実数解を持つことを示せ (中間値の定理を用いる)。《例題 3.1》

(1) $x - \cos x = 0$,　区間 $0 < x < \dfrac{\pi}{2}$　(2) $3^x - 7x = 0$,　区間 $2 < x < 3$

問 3. 次の関数は $x = 0$ で連続か。また，次の関数は $x = 1$ で連続か。《例 3.7〜3.9》

(1) $f(x) = x|x|$　(2) $f(x) = x[x]$

問 4. 関数 $f(x) = px^2 + qx + r$　(p, q, r は定数) が連続関数であることを示せ。《定理 3.5 の証明》

3.2 数 列 と 級 数

本節では，微分積分の基礎となる重要な概念である数列や級数に関する事項を列挙する。

(1) 数　列　例えば　$1, 2, 3, \cdots, n, \cdots$　や　$1, \dfrac{1}{2}, \dfrac{1}{3}, \cdots, \dfrac{1}{n}, \cdots$　のように数を一列に並べたものを**数列**という。数列を作っている各数を数列の**項**という。数列の項は，最初の項から順に，初項 (または第 1 項)，第 2 項，第 3 項，$\cdots$，第 n 項，$\cdots$ という。これを一般的に表すには，$a_1, a_2, a_3, \cdots, a_n, \cdots$ と書く。あるいは $\{a_n\}$ と略記する。a_n が n の式で表されるとき，これを数列の**一般項**という。数列の中で，項の個数が有限である数列を**有限数列**といい，その項の個数を**項数**という。

例 3.10　数列 $\{a_n\}$ の一般項が $a_n = 2n + 3$ で与えられるとき，$a_1 = 5$, $a_2 = 7$, $a_3 = 9$, $a_4 = 11, \cdots$ である。また，数列 $3, 9, 27, 81, \cdots$ の一般項は $a_n = 3^n$ となる。

(2) 等 差 数 列　各項に一定の数 d を加えると次の項が得られる数列を**等差数列**という。d をこの等差数列の**公差**という。このとき隣り合う 2 項 a_n, a_{n+1} には $a_{n+1} = a_n + d$ の関係が成り立つ。さらに，初項 a，公差 d の等差数列の一般項は $a_n = a + (n-1)d$ と表される。

例 3.11　数列 9, 12, 15, 18, 21, $\cdots$ は，初項 9，公差 3 の等差数列であり，その一般項は $a_n = 9 + (n-1) \cdot 3 = 3n + 6$ である。

1 から n までの自然数の数列 $1, 2, 3, \cdots, n-1, n$ (初項 1 で公差 1 の等差数列) の和 S_n を考えよう。

$$\begin{array}{rcccccccccccc}
 & S_n = & 1 & + & 2 & + & 3 & + \cdots + & (n-1) & + & n \\
+) & S_n = & n & + & (n-1) & + & (n-2) & + \cdots + & 2 & + & 1 \\
\hline
 & 2S_n = & (n+1) & + & (n+1) & + & (n+1) & + \cdots + & (n+1) & + & (n+1)
\end{array}$$

これから，$2S_n = n(n+1)$ となる。両辺を 2 で割って次の公式を得る。

$$1 + 2 + 3 + \cdots + n = \frac{1}{2}n\,(n+1) \tag{3.3}$$

例 3.12　1 から 100 までの自然数の和は，$\dfrac{1}{2} \times 100 \times 101 = 5\,050$ のように求められる。

（3） 等 比 数 列　各項に一定の数 r を掛けると次の項が得られる数列を**等比数列**という。r をこの等比数列の**公比**という。このとき隣り合う2項 a_n, a_{n+1} には $a_{n+1} = a_n r$ の関係が成り立つ。さらに，初項 a，公比 r の等差数列の一般項は $a_n = ar^{n-1}$ と表される。

例 3.13　数列 1，2，4，8，16，$\cdots$ は，初項 1，公比 2 の等比数列であり，その一般項は $a_n = 1 \cdot 2^{n-1} = 2^{n-1}$ である。

初項 a，公比 r，等比数列の初項から第 n 項までの和 S_n を求めよう。

$$
\begin{array}{rrl}
 & S_n = & a + ar + ar^2 + \cdots + ar^{n-1} \\
-) & rS_n = & \quad\ \ ar + ar^2 + ar^3 + \cdots + ar^n \\
\hline
 & (1-r)S_n = & a \qquad\qquad\qquad\qquad\qquad\quad - ar^n
\end{array}
$$

これから，次式を得る。

$$S_n = \frac{a(1-r^n)}{1-r} = \frac{a(r^n-1)}{r-1}$$

例 3.14　初項 3，公比 2 の等比数列について，初項から第 n 項までの和 S_n は

$$S_n = \frac{3(2^n-1)}{2-1} = 3 \cdot 2^n - 3$$

である。第 10 項までの和 S_{10} は，$S_{10} = 3 \cdot 2^{10} - 3 = 3\,069$ である。

（4） 漸 化 式　数列 $\{a_n\}$ が次の二つの条件を満たしているとする。

$$[1]\ a_1 = 1, \qquad [2]\ a_{n+1} = a_n + n \qquad (n = 1, 2, 3, \cdots)$$

n を $1, 2, 3, \cdots$ とすると，[1]，[2] より，$a_2 = a_1 + 1 = 1 + 1 = 2$, $a_3 = a_2 + 2 = 2 + 2 = 4$, $a_4 = a_3 + 3 = 4 + 3 = 7, \cdots$ となり，順次 $a_2, a_3, a_4, \cdots$ がただ一通りに定まる。つまり，数列 $\{a_n\}$ は上の二つの条件 [1]，[2] によって定められる。

条件 [2] のように数列の各項を，その前の項から順にただ一通りに定める規則を示す式を**漸化式**（ぜんかしき）という。

等差数列と等比数列は，すでに示したように，次の条件で定められる。

初項 a，公差 d の等差数列：$a_1 = a$, $a_{n+1} = a_n + d$

初項 a，公比 r の等比数列：$a_1 = a$, $a_{n+1} = a_n r$

例題 3.2　$a_1 = 1$, $a_{n+1} = 2a_n + 3$ で定められる数列の 一般項を求めよ。

【解答】　$a_{n+1} = 2a_n + 3$ の両辺から，$p = -3$ を引くと $a_{n+1} + 3 = 2(a_n + 3)$ となる。ここで，p は a_{n+1} および a_n を p とおいた方程式 $p = 2p + 3$ の解である。

さらに，$b_n = a_n + 3$ と置くと，$b_{n+1} = 2b_n$ で，$b_1 = a_1 + 3 = 1 + 3 = 4$ となる。数列 $\{b_n\}$ は，初項 4，公比 2 の等比数列である。したがって，数列 $\{b_n\}$ の一般項は，$b_n = 4 \cdot 2^{n-1} = 2^{n+1}$ である。

これから，数列 $\{a_n\}$ の一般項は，$a_n = b_n - 3 = 2^{n+1} - 3$ と求まる。　◇

(5) 数学的帰納法　前項で，数列 $\{a_n\}$ について，初項 a_1 と a_n から a_{n+1} を求める規則 (漸化式) から，すべての自然数 n に対して a_n を定めることができた。

同じように，自然数 n に対する命題を証明するときに，その命題が

[1] $n = 1$ のときに成り立つこと

[2] $n = k$ のときに成り立つことを仮定して $n = k + 1$ のときに成り立つこと

を示す。この手順で証明することを**数学的帰納法**という。

例題 3.3　$1 + 2 + 3 + \cdots + n = \dfrac{n(n+1)}{2}$ が成り立つことを示せ。

【解答】　式 (3.3) で既出であるが，ここでは数学的帰納法により示そう。

[1]　$n = 1$ のとき，左辺=1。右辺= $\dfrac{1(1+1)}{2} = 1$。よって，与式は成立する。

[2]　$n = k$ のとき与式成立と仮定する。すると

$$1 + 2 + 3 + \cdots + k = \frac{k(k+1)}{2}$$

が成り立つ。両辺に $k + 1$ を加えると

$$\begin{aligned} 1 + 2 + 3 + \cdots + k + (k+1) &= \frac{k(k+1)}{2} + (k+1) \\ &= \frac{(k+1)\{(k+1)+1\}}{2} \end{aligned}$$

これは，$n = k + 1$ について与式が成立することを意味している。

[1]，[2] よりすべての自然数 n についての与式が成立することが示せた。　◇

例題 3.4　n を自然数，h を正の実数として，$(1+h)^n \geqq 1+nh$ が成り立つことを示せ。

【解答】　[1] $n = 1$ のとき，左辺 $= 1 + h$，右辺 $= 1 + h$ より，与式は成立する。

[2] $n = k$ のとき，$(1+h)^k \geqq 1 + kh$ が成立すると仮定すると

$$(1+h)^{k+1} \geqq (1+kh)(1+h) = 1 + (k+1)h + kh^2 > 1 + (k+1)h$$

これは，$n = k + 1$ について与式が成立することを意味している。　◇

例題 3.5　定理 1.17「n が正の整数のとき，$(x^n)' = nx^{n-1}$」を示せ。

【解答】　[1] $n = 1$ のとき，左辺 $= (x)' = 1$(定理 1.13)。右辺 $= 1x^{1-1} = 1$。よって，与式は成立する。

[2] $n = k$ のとき与式成立と仮定する。すると，次式が成り立つ。

$$(x^k)' = kx^{k-1} \tag{3.4}$$

一方，積の微分法 (定理 1.16) から

$$(x^{k+1})' = (x \cdot x^k)' = (x)'x^k + x(x^k)' = x^k + x(x^k)'$$

これに，式 (3.4) を適用して

$$(x^{k+1})' = x^k + x \cdot kx^{k-1} = (k+1)x^{(k+1)-1}$$

これは，$n = k+1$ について与式が成立することを意味している。

[1]，[2] よりすべての自然数 n についての与式が成立することが示せた。 ◇

(6) 和 の 公 式　数列の和を記号 Σ を用いて，次のように表す。

$$\sum_{k=1}^{n} a_k = a_1 + a_2 + a_3 + \cdots + a_n$$

次が成り立つ。

定理 3.6 (和の公式)

[1] $\displaystyle\sum_{k=1}^{n} 1 = \underbrace{1 + 1 + \cdots + 1}_{n\text{ 個}} = n$

[2] $\displaystyle\sum_{k=1}^{n} k = 1 + 2 + 3 + \cdots + n = \frac{1}{2}n(n+1)$

[3] $\displaystyle\sum_{k=1}^{n} k^2 = 1^2 + 2^2 + 3^2 + \cdots + n^2 = \frac{1}{6}n(n+1)(2n+1)$

[4] $\displaystyle\sum_{k=1}^{n} k^3 = 1^3 + 2^3 + 3^3 + \cdots + n^3 = \left\{\frac{1}{2}n(n+1)\right\}^2$

証明　[1] は明らか。[2] は式 (3.3) または例題 3.3 の結果である。[3],[4] についても数学的帰納法で証明することができる。 □

また，次が成り立つ。

定理 3.7 (Σ の性質)　p, q を k に無関係な定数とする。

$$\sum_{k=1}^{n}(pa_k + qb_k) = p\sum_{k=1}^{n} a_k + q\sum_{k=1}^{n} b_k$$

証明　左辺 $= (pa_1 + qb_1) + (pa_2 + qb_2) + (pa_3 + qb_3) + \cdots + (pa_n + qb_n)$

$= p(a_1 + a_2 + a_3 + \cdots + a_n) + q(b_1 + b_2 + b_3 + \cdots + b_n) =$ 右辺 □

これらの公式を利用すると，さまざまな数列の和が求められる。

例 3.15

$$\sum_{k=1}^{n}(k^2 + 3k - 4) = \sum_{k=1}^{n} k^2 + 3\sum_{k=1}^{n} k - 4\sum_{k=1}^{n} 1$$

$$
\begin{aligned}
&= \frac{1}{6}n(n+1)(2n+1)+3\cdot\frac{1}{2}n(n+1)-4\cdot n\\
&= \frac{1}{6}n\left\{(n+1)(2n+1)+9(n+1)-24\right\}\\
&= \frac{1}{6}n(2n^2+12n-14)=\frac{1}{3}n(n^2+6n-7)=\frac{1}{3}n(n-1)(n+7)
\end{aligned}
$$

例 3.16　(等差数列の和) 初項 a，公差 d の等差数列 $a_n=a+(n-1)d$ について

$$
\begin{aligned}
\sum_{k=1}^{n}a_k &= \sum_{k=1}^{n}\{a+(k-1)d\}=a\sum_{k=1}^{n}1+\left\{\sum_{k=1}^{n}k-\sum_{k=1}^{n}1\right\}d\\
&= na+\left\{\frac{n(n+1)}{2}-n\right\}d=\frac{1}{2}n\left\{2a+(n-1)d\right\}
\end{aligned}
$$

例 3.17　初項 9，公差 3 の等差数列について，初項から第 n 項までの和 S_n は，$S_n=\frac{1}{2}n\{18+3(n-1)\}=\frac{1}{2}n(3n+15)$ である。第 10 項までの和 S_{10} は，$S_{10}=\frac{1}{2}\cdot 10(3\cdot 10+15)=225$ である。

(7)　数列の極限　　項が限りなく続く数列を**無限数列**という。以下，特に断らない限り数列といえば無限数列を意味するものとする。例を以下に示す。

数列 ①：$1,\frac{1}{2},\frac{1}{3},\frac{1}{4},\cdots,\frac{1}{n},\cdots$

数列 ②：$1,1,1,1,\cdots,1,\cdots$

数列 ③：$1,4,9,16,\cdots,n^2,\cdots$

数列 ④：$1,-2,-5,-8,\cdots,4-3n,\cdots$

数列 ⑤：$1,-1,1,-1,\cdots,(-1)^{n-1},\cdots$

無限数列では，n が大きくなるにつれて，第 n 項がどのようになっていくかを考えることが重要である。一般に，数列 $\{a_n\}$ において，n を限りなく大きくするとき，a_n が一定の値 α に近づくならば，$\{a_n\}$ は α に**収束**するといい[†1]

$$
\lim_{n\to\infty}a_n=\alpha,\qquad n\to\infty \text{ のとき } a_n\to\alpha,\qquad \text{または } a_n\to\alpha\ (n\to\infty)
$$

のように表す。値 α を数列 $\{a_n\}$ の極限または**極限値**という。

例えば，数列 ① では，「$n\to\infty$ のとき $\frac{1}{n}\to 0$」である[†2]。数列 ② は 1 に収束すると考える。すなわち $\lim_{n\to\infty}1=1$ である。数列 ③〜⑤ のように数列が収束しないとき，数列は**発散**するという。

数列 ③ では，n を限りなく大きくすると，a_n は限りなく大きくなる。このような場合 $\{a_n\}$ は**正の無限大に発散する**，または，$\{a_n\}$ の極限は ∞ であるといい

$$
\lim_{n\to\infty}a_n=\infty,\qquad n\to\infty \text{ のとき } a_n\to\infty,\qquad \text{または } a_n\to\infty\ (n\to\infty)
$$

[†1] 詳しく言えば，正の数 ε が任意に与えられたとき，それに対応して適当な正の整数 N を定めると，$n\geqq N$ であるすべての n に対し $|a_n-\alpha|<\varepsilon$ が成り立つとき，数列 $\{a_n\}$ は α に**収束**するという。

[†2] $N>\frac{1}{\varepsilon}$ となる N を選べば，$n\geqq N$ であるすべての n に対し $\left|\frac{1}{n}-0\right|<\varepsilon$ が成り立つ。

と表す。

数列 ④ では，n が大きくなると a_n は負の数となり絶対値は限りなく大きくなる。このような場合 $\{a_n\}$ は**負の無限大に発散する**，または，$\{a_n\}$ の極限は $-\infty$ であるといい

$$\lim_{n\to\infty} a_n = -\infty, \qquad n\to\infty \text{ のとき } a_n \to -\infty, \qquad \text{または } a_n \to -\infty\ (n\to\infty)$$

と表す。

例 3.18　数列 ③ の様子を $\lim_{n\to\infty} n^2 = \infty$，数列 ④ の様子を $\lim_{n\to\infty}(4-3n) = -\infty$ などと書く。

数列 ⑤ では，項は一定の値に近づかず，正の無限大にも負の無限大にも発散しない。数列 ⑤ の極限はない。

数列の極限値について次が成り立つ。

定理 3.8　(数列の極限値の性質)　$\lim_{n\to\infty} a_n = \alpha$，$\lim_{n\to\infty} b_n = \beta$ のとき

[1]　$\lim_{n\to\infty}\{ka_n + lb_n\} = k\alpha + l\beta$　　(ただし，k, l は定数)

[2]　$\lim_{n\to\infty} a_n b_n = \alpha\beta$

[3]　$\lim_{n\to\infty} \dfrac{a_n}{b_n} = \dfrac{\alpha}{\beta}$　　$(b_n \neq 0,\ \beta \neq 0)$

[4]　つねに，$a_n \leqq c_n \leqq b_n$ でかつ $\alpha = \beta$ であれば数列 $\{c_n\}$ も収束して，$\lim_{n\to\infty} c_n = \alpha$
(はさみうちの原理)

例 3.19　上の定理を用いて，数列の極限値を調べよう。

$$(1)\quad \lim_{n\to\infty}\frac{2n+3}{3n-4} = \lim_{n\to\infty}\frac{2+\dfrac{3}{n}}{3-\dfrac{4}{n}} = \frac{2}{3} \qquad (2)\quad \lim_{n\to\infty}\frac{2n^2+n}{n^3} = \lim_{n\to\infty}\left(\frac{2}{n}+\frac{1}{n^2}\right) = 0$$

例 3.20　$0 < r < 1$ とする。$n\to\infty$ のとき $r^n \to 0$ は重要である (**等比数列**) †。

(8)　級　　数　$a_1, a_2, a_3, \cdots$ を与えられた数列とし

$$a_1 + a_2 + a_3 + \cdots + a_n + \cdots$$

の形の式を**無限級数**または単に**級数**といい，$\sum_{n=1}^{\infty} a_n$ で表す。a_n を級数 $\sum_{n=1}^{\infty} a_n$ の第 n 項または**項**，$s_n = a_1 + a_2 + \cdots + a_n$ を第 n 項までの**部分和**という。

部分和の列 $s_1, s_2, s_3, \cdots$ が極限値 s に収束するとき，級数 $\sum_{n=1}^{\infty} a_n$ は**収束**するといい，s を無限級数の**和**といって

---

† h を正の数として，$r = \dfrac{1}{1+h}$ と置く。例題 3.4 の結果より，$0 < r^n = \dfrac{1}{(1+h)^n} \leqq \dfrac{1}{1+nh} < \dfrac{1}{h}\cdot\dfrac{1}{n}$ が成り立つ。$\dfrac{1}{n} \to 0$ から，はさみうちの原理よりわかる。

$$\sum_{n=1}^{\infty} a_n = s$$

と表す。部分和の列 $s_1, s_2, s_3, \cdots$ が収束しないとき，この級数は**発散**するという。

例 3.21 等比級数

$$\sum_{n=0}^{\infty} r^n = 1 + r + r^2 + \cdots + r^n + \cdots$$

は，$|r| < 1$ のとき $\dfrac{1}{1-r}$ に収束し（∵例 3.13，例 3.20），$|r| \geqq 1$ のとき発散する。

例 3.22 $1 + \dfrac{1}{2} + \dfrac{1}{4} + \cdots + \dfrac{1}{2^{n-1}} + \cdots = \dfrac{1}{1 - \dfrac{1}{2}} = 2$ である。

問　　　　題

問 1. 次の等差数列の一般項を求めよ。また，初項から第 n 項までの和を求めよ。《例 3.11，例 3.16》

(1) 初項 7，公差 5　(2) 初項 10，公差 -3　(3) 初項 3，公差 0

問 2. 次の等比数列の一般項を求めよ。また，初項から第 n 項までの和を求めよ。《例 3.13，例 3.14》

(1) 初項 2，公比 3　(2) 初項 5，公比 -2　(3) 初項 1，公比 $\dfrac{2}{3}$

問 3. 次の和を求めよ。《例 3.15》

(1) $\displaystyle\sum_{k=1}^{n}(3k+2)$　(2) $1 + 3 + 5 + \cdots + (2n-1)$

(3) $\displaystyle\sum_{k=1}^{n}(3k^2+7k-4)$　(4) $1^2 \cdot 2 + 2^2 \cdot 3 + 3^2 \cdot 4 + \cdots + n^2(n+1)$

問 4. 次の条件によって定まる数列 $\{a_n\}$ の一般項を求めよ。《例題 3.2》

(1) $a_1 = 4,\ a_{n+1} = a_n - 3$　(2) $a_1 = 3,\ a_{n+1} = 5a_n$

(3) $a_1 = 2,\ a_{n+1} = 4a_n + 3$

問 5. 次の極限値を求めよ。《例 3.19》

(1) $\displaystyle\lim_{n\to\infty} \frac{3n-4}{5n+6}$　(2) $\displaystyle\lim_{n\to\infty} \frac{5n+6}{3n^2+4}$　(3) $\displaystyle\lim_{n\to\infty} \left(\frac{2}{3}\right)^n$　(4) $\displaystyle\lim_{n\to\infty} \left(\frac{3}{2}\right)^n$

問 6. 次の等比級数の和を求めよ。《例 3.21，例 3.22》

(1) $1 + \dfrac{1}{3} + \dfrac{1}{9} + \cdots$　(2) $1 - \dfrac{3}{4} + \dfrac{9}{16} - \cdots$　(3) $0.9 + 0.09 + 0.009 + \cdots$

問 7. 定理 3.6 の和の公式 [3], [4] を数学的帰納法で証明せよ。《例題 3.3》

3.3 高 次 導 関 数

本節では，関数の変化の様子を詳細に調べたり，関数を近似したりする際に必要となる高次導関数を学ぶ。

(1) 高次導関数　関数 $y=f(x)$ の導関数 $y'=f'(x)$ は x の関数である。ここで，$f'(x)$ がさらに微分可能であれば $f'(x)$ の導関数を考えることができる。そのとき $f'(x)$ の導関数を $f(x)$ の第2次導関数といい，y'', $f''(x)$, $\dfrac{d^2y}{dx^2}$, $\dfrac{d^2}{dx^2}f(x)$ などで表す。さらに，$f''(x)$ が微分可能であれば，$f''(x)$ の導関数を $f(x)$ の第3次導関数といい，y''', $f'''(x)$, $\dfrac{d^3y}{dx^3}$, $\dfrac{d^3}{dx^3}f(x)$ などで表す。同様にして，関数 $y=f(x)$ を n 回微分して得られる関数を $f(x)$ の第 n 次導関数といい，$y^{(n)}$, $f^{(n)}(x)$, $\dfrac{d^ny}{dx^n}$, $\dfrac{d^n}{dx^n}f(x)$ などで表す。$f(x)$ の第 n 次導関数が存在するとき，$f(x)$ は n 回微分可能であるという。なお，$f^{(0)}(x)$ は $f(x)$ を表すものとする。第2次以上の導関数をまとめて，**高次導関数**という。

解説　(1) n が3程度までのとき，$f^{(1)}(x), f^{(2)}(x), f^{(3)}(x)$ と $f'(x)$, $f''(x)$, $f'''(x)$ はともに用いられる。
(2) $\dfrac{d^2y}{dx^2}=\dfrac{d}{dx}\left(\dfrac{d}{dx}y\right)$ の意味である。指数の位置に注意せよ。

例 3.23　$f(x)=x^2$ とすると，$f'(x)=2x$, $f''(x)=2$ であり，$n=3,4,5,\cdots$ に対して $f^{(n)}(x)=0$ である。

例題 3.6　次の関数の第 n 次導関数を求めよ。

(1) $y=(ax+b)^\alpha$　　$(a,\ b,\ \alpha$ は定数)　　(2) $f(x)=\sin x$

【解答】　(1) y を $y=u^\alpha$ と $u=ax+b$ の合成関数と考えて，合成関数の微分法より

$$y'=\alpha u^{\alpha-1}\cdot u'=\alpha a(ax+b)^{\alpha-1}$$

である。同様にして

$$y''=\alpha(\alpha-1)a^2(ax+b)^{\alpha-2},\qquad y^{(3)}=\alpha(\alpha-1)(\alpha-2)a^3(ax+b)^{\alpha-3},\quad \cdots,$$
$$y^{(n)}=\alpha(\alpha-1)(\alpha-2)\cdots(\alpha-n+1)a^n(ax+b)^{\alpha-n}$$

数学的帰納法で正しいことを示す。$n=1$ のとき成立することは明らか。$n=k$ で成り立つとして，もう1回微分すると

$$y^{(k+1)}=\alpha(\alpha-1)(\alpha-2)\cdots(\alpha-k+1)\{\alpha-(k+1)+1\}a^{k+1}(ax+b)^{\alpha-(k+1)}$$

$n=k+1$ のとき成り立つ。

(2) $f'(x)=\cos x$, $f''(x)=-\sin x$, $f'''(x)=-\cos x$, $f^{(4)}(x)=\sin x$, $\cdots$ であるが，これらをまとめて扱うためには，$\cos\theta=\sin\left(\theta+\dfrac{\pi}{2}\right)$ の関係 (定理 1.11, p.11) を用いて，次のようにするとよい。

$$f'(x)=\cos x=\sin\left(x+\frac{\pi}{2}\right),$$
$$f''(x)=\cos\left(x+\frac{\pi}{2}\right)=\sin\left(x+\frac{\pi}{2}+\frac{\pi}{2}\right)=\sin\left(x+\frac{2\pi}{2}\right),\quad\cdots,$$
$$f^{(n)}(x)=\sin\left(x+\frac{n}{2}\pi\right)$$

数学的帰納法で正しいことを示す。$n=1$ のとき成立することは明らか。$n=k$ で成り立つ

として，もう1回微分すると

$$f^{(k+1)}(x) = \cos\left(x + \frac{k}{2}\pi\right) = \sin\left(x + \frac{k}{2}\pi + \frac{1}{2}\pi\right) = \sin\left(x + \frac{k+1}{2}\pi\right)$$

$n = k+1$ のとき成り立つ。 ◇

解説　もし α が正の整数であれば，例題 3.6 (1) は次のようになる (階乗！は次の (2) を参照)。

$$\{(ax+b)^\alpha\}^{(n)} = \begin{cases} \dfrac{\alpha!}{(\alpha-n)!}a^n(ax+b)^{\alpha-n} & (n = 1, \cdots, \alpha \text{ のとき}) \\ 0 & (n = \alpha+1, \cdots \text{ のとき}) \end{cases}$$

(2)　組　合　せ　　1から n までの正の整数の積を n の**階乗**といい，$n!$ で表す。すなわち $n! = n(n-1)(n-2)\cdots 3\cdot 2\cdot 1$ と定める。さらに $0! = 1$ と定める。

n 個のものから k 個とった**組合せ**の総数は，${}_n\mathrm{C}_k$ で表し，次のようになる。

$${}_n\mathrm{C}_k = \frac{\overbrace{n(n-1)(n-2)\cdots(n-k+1)}^{k\text{ 個}}}{k(k-1)(k-2)\cdots 3\cdot 2\cdot 1} = \frac{n!}{k!(n-k)!}$$

このとき，次の関係が成り立つ。

$${}_n\mathrm{C}_n = 1, \qquad {}_n\mathrm{C}_0 = 1, \qquad {}_n\mathrm{C}_k = {}_n\mathrm{C}_{n-k}, \qquad {}_n\mathrm{C}_k + {}_n\mathrm{C}_{k-1} = {}_{n+1}\mathrm{C}_k \tag{3.5}$$

解説　最後の式のみ証明を示す。

$$\begin{aligned} {}_n\mathrm{C}_k + {}_n\mathrm{C}_{k-1} &= \frac{n!}{k!(n-k)!} + \frac{n!}{(k-1)!(n-k+1)!} = \frac{n!\,(n-k+1)}{k!\,(n-k+1)!} + \frac{n!k}{k!\,(n-k+1)!} \\ &= \frac{n!\,\{(n-k+1)+k\}}{k!\,(n-k+1)!} = \frac{n!\,(n+1)}{k!\,(n-k+1)!} = \frac{(n+1)!}{k!\,\{(n+1)-k\}!} = {}_{n+1}\mathrm{C}_k \end{aligned}$$

(3)　ライプニッツの公式　　積の微分法 (定理 1.16, p.18) を第 n 次導関数に拡張した**ライプニッツの公式**と呼ばれる式が成り立つ。

定理 3.9　(ライプニッツの公式)　$f(x)$, $g(x)$ を n 回微分可能な関数とするとき

$$\{f(x)g(x)\}^{(n)} = \sum_{k=0}^{n} {}_n\mathrm{C}_k\, f^{(n-k)}(x)g^{(k)}(x)$$

証明　数学的帰納法による。

$n = 1$ のとき，左辺 $= \{f(x)g(x)\}'$ である。また

$$\text{右辺} = {}_1\mathrm{C}_0 f'(x)g(x) + {}_1\mathrm{C}_1 f(x)g'(x) = f'(x)g(x) + f(x)g'(x)$$

である。これは積の微分法に等しいので，与式成立する。

次に，$n = l$ のとき与式成立すると仮定して，つまり

$$\{f(x)g(x)\}^{(l)} = \sum_{k=0}^{l} {}_l\mathrm{C}_k\, f^{(l-k)}(x)g^{(k)}(x)$$

が成立すると仮定して，$n = l+1$ のときに成立することを示す。両辺を x について微分すると

$$\{f(x)g(x)\}^{(l+1)} = \sum_{k=0}^{l} {}_l\mathrm{C}_k \left\{f^{(l-k+1)}(x)g^{(k)}(x) + f^{(l-k)}(x)g^{(k+1)}(x)\right\}$$
$$= \sum_{k=0}^{l} {}_l\mathrm{C}_k f^{(l-k+1)}(x)g^{(k)}(x) + \sum_{k=0}^{l} {}_l\mathrm{C}_k\, f^{(l-k)}(x)g^{(k+1)}(x)$$

となる。右辺第 2 項で $k+1=k'$ と置いて，式 (3.5) の関係を用いると

$$\{f(x)g(x)\}^{(l+1)}$$
$$= \sum_{k=0}^{l} {}_l\mathrm{C}_k f^{(l-k+1)}(x)g^{(k)}(x) + \sum_{k'=1}^{l+1} {}_l\mathrm{C}_{k'-1}\, f^{(l-k'+1)}(x)g^{(k')}(x)$$
$$= \underbrace{{}_l\mathrm{C}_0}_{=1} f^{(l+1)}(x)g^{(0)}(x) + \sum_{k=1}^{l} \{{}_l\mathrm{C}_k + {}_l\mathrm{C}_{k-1}\} f^{(l-k+1)}(x)g^{(k)}(x) + \underbrace{{}_l\mathrm{C}_l}_{=1} f^{(0)}(x)g^{(l+1)}(x)$$
$$= \overbrace{{}_{l+1}\mathrm{C}_0}^{=1} f^{(l+1)}(x)g^{(0)}(x) + \sum_{k=1}^{l} {}_{l+1}\mathrm{C}_k\, f^{(l+1-k)}(x)g^{(k)}(x) + \overbrace{{}_{l+1}\mathrm{C}_{l+1}}^{=1}\, f^{(0)}(x)g^{(l+1)}(x)$$
$$= \sum_{k=0}^{l+1} {}_{l+1}\mathrm{C}_k\, f^{(l+1-k)}(x)g^{(k)}(x)$$

となる。以上より，$n=l+1$ のときに成立することが示せた。 □

解説　ライプニッツの公式を $n=1,2,3,4,\cdots$ に対して具体的に書いてみると，**図 3.9** のようになる。これらの係数を列挙した三角形を**パスカルの三角形**という。この生成規則は式 (3.5) の最後の式に基づいている。

$$\begin{aligned}(fg)' &= f'g + fg',\\ (fg)'' &= f''g + 2f'g' + fg'',\\ (fg)^{(3)} &= f^{(3)}g + 3f''g' + 3f'g'' + fg^{(3)},\\ (fg)^{(4)} &= f^{(4)}g + 4f^{(3)}g' + 6f''g'' + 4f'g^{(3)} + fg^{(4)}\end{aligned}$$

			1		1			
		1		2		1		
	1		3		3		1	
1		4		6		4		1

			${}_1\mathrm{C}_0$		${}_1\mathrm{C}_1$			
		${}_2\mathrm{C}_0$		${}_2\mathrm{C}_1$		${}_2\mathrm{C}_2$		
	${}_3\mathrm{C}_0$		${}_3\mathrm{C}_1$		${}_3\mathrm{C}_2$		${}_3\mathrm{C}_3$	
${}_4\mathrm{C}_0$		${}_4\mathrm{C}_1$		${}_4\mathrm{C}_2$		${}_4\mathrm{C}_3$		${}_4\mathrm{C}_4$

図 3.9　パスカルの三角形

例題 3.7　$y=x^2e^x$ の第 n 次導関数を求めよ。

【解答】　大きい n について高次導関数が 0 になる部分を $g(x)$ とみるとわかりやすい。

$n=0,1,2,\cdots$ に対して $(e^x)^{(n)}=e^x$ および $(x^2)'=2x$, $(x^2)''=2$, $(x^2)^{(3)}=0$, $\cdots$ より，ライプニッツの公式を用いて

$$\begin{aligned}(x^2e^x)^{(n)} &= {}_n\mathrm{C}_0(e^x)^{(n)}(x^2)^{(0)} + {}_n\mathrm{C}_1(e^x)^{(n-1)}(x^2)^{(1)} + {}_n\mathrm{C}_2(e^x)^{(n-2)}(x^2)^{(2)}\\ &\quad + {}_n\mathrm{C}_3(e^x)^{(n-3)}(x^2)^{(3)} + \cdots\\ &= e^xx^2 + ne^x\cdot 2x + \frac{n(n-1)}{2}e^x\cdot 2 + \frac{n(n-1)(n-2)}{6}e^x\cdot 0 + \cdots\\ &= e^x\{x^2 + 2nx + n(n-1)\}\end{aligned}$$

◇

問　　　　題

問 1. 次の関数の第 1 次導関数，第 2 次導関数，第 3 次導関数を求めよ。

(1) $y = x^3$　(2) $y = x^4 + 3x^2 + 1$　(3) $y = (2x+3)^5$

(4) $y = \dfrac{1}{x^2}$　(5) $y = \sqrt{x}$　(6) $y = e^x \sin x$　(7) $y = \sin^{-1} x$

(8) $y = \log_2 x$　(9) $y = xe^x$　(10) $y = xe^{-x}$

問 2. 次の関数の第 n 次導関数を求めよ。《例題 3.6》

(1) $y = a^x$　(a は定数)　(2) $y = \cos x$　(3) $y = x^n$

問 3. 等式 $\{\log(x+a)\}^{(n)} = (-1)^{n-1}\dfrac{(n-1)!}{(x+a)^n}$ を証明せよ。

問 4. 次の関数の第 n 次導関数を求めよ。《例題 3.7》

(1) $y = x\sin x$　(2) $y = \dfrac{x}{x+1}$　(3) $y = x^2 \sin x$

3.4 平均値の定理

本節では関数の増減を調べる際の根拠となる平均値の定理について学ぶ。

(1) 極　　値　極値については，1.7 節 (p.36) で定義していた。

定理 3.10 (極値に関する定理)　関数 $f(x)$ は $x = a$ で微分可能とする。$f(x)$ が $x = a$ で極値をとるならば $f'(a) = 0$ である。

証明　直観的には点 $(a, f(a))$ における接線を考えるとよいが，ここでは極限の性質より証明しよう。$f(a)$ を極大値とすると，$x = a$ を含むある開区間で $x \neq a$ ならば $f(x) < f(a)$ である [†]。

$$x-a>0 \text{ のとき } \frac{f(x)-f(a)}{x-a} < 0 \text{ だから } \lim_{x\to a+0}\frac{f(x)-f(a)}{x-a} \leqq 0$$

$$x-a<0 \text{ のとき } \frac{f(x)-f(a)}{x-a} > 0 \text{ だから } \lim_{x\to a-0}\frac{f(x)-f(a)}{x-a} \geqq 0$$

(定理 3.1 [3] より等号が必要)

$f(x)$ が $x = a$ で微分可能だから，二つの片側極限値は一致することになる。よって

$$f'(a) = \lim_{x\to a}\frac{f(x)-f(a)}{x-a} = \lim_{x\to a-0}\frac{f(x)-f(a)}{x-a} = \lim_{x\to a+0}\frac{f(x)-f(a)}{x-a} = 0$$

となる。$f(a)$ が極小値の場合も同様。　□

解説　この定理は極値の候補を求めるのに役立つ。しかし，逆に $f'(a) = 0$ であっても $f(a)$ が極値

† $x = a$ を含むある開区間で $f(x) \leqq f(a)$ とすれば $f(a)$ は広義の極値という。定理 3.10 は広義の極値についても成り立つ。

であるかはわからない。すなわち，定理 3.10 の逆は成り立たない。例えば，$f(x) = x^3$ は $f'(0) = 0$ であるが，$x = 0$ で極値をとらない (**図 3.10**)。

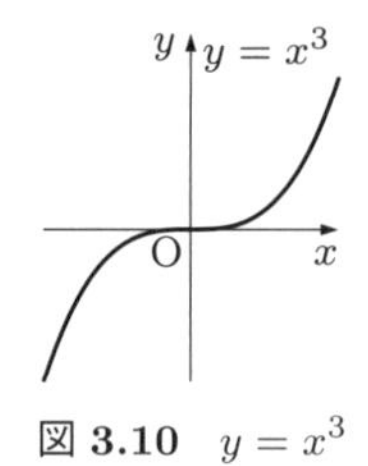

図 3.10　$y = x^3$

(2)　平均値の定理　　最大値・最小値の定理 (定理 3.2, p.65) から，ロルの定理，平均値の定理，コーシーの平均値の定理を示す。

定理 3.11　(ロルの定理)　関数 $f(x)$ が閉区間 $[a, b]$ で連続で，開区間 (a, b) で微分可能で，$f(a) = f(b)$ ならば

$$f'(c) = 0 \qquad (a < c < b)$$

となる c が存在する (**図 3.11**)。

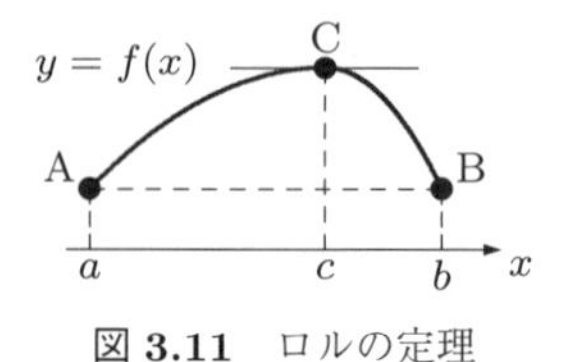

図 3.11　ロルの定理

証明　$f(x)$ が定数関数のときは明らか。$f(x)$ が定数関数でないときは，最大値・最小値の定理より $f(x)$ は区間 $[a, b]$ で最大値と最小値をとり，それらは異なる値になる。したがって，$x = c$ $(a < c < b)$ で最大値または最小値をとる。$f(c)$ は極値なので，定理 3.10 より，$f'(c) = 0$ となる。□

解説　$x = a, x = b$ についても $f(x)$ は微分可能であってよい。その仮定は証明では不要。

定理 3.12　(平均値の定理)　関数 $f(x)$ が閉区間 $[a, b]$ で連続で，開区間 (a, b) で微分可能ならば

$$\frac{f(b) - f(a)}{b - a} = f'(c) \qquad (a < c < b)$$

となる c が存在する (**図 3.12**)。

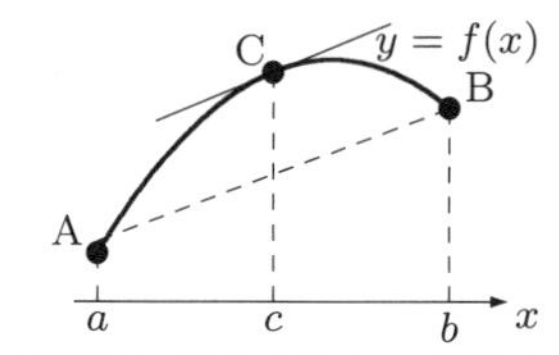

図形的に解釈すると，直線 AB の傾きに等しい微分係数を持つ点 C が中間に存在する。

図 3.12　平均値の定理

証明　$g(x) = f(x) - \dfrac{f(b) - f(a)}{b - a}x$　と置くと，$g(a) = g(b)$ が成り立つ[†]。$g(x)$ は閉区間 $[a, b]$ で連続で，開区間 (a, b) で微分可能である。よって，ロルの定理より

$$g'(c) = f'(c) - \frac{f(b) - f(a)}{b - a} = 0 \qquad (a < c < b)$$

となる c が存在する。すなわち，$\dfrac{f(b) - f(a)}{b - a} = f'(c)$ となる c が存在する。□

例 3.24　$f(x) = x^2$ を区間 $[1, 2]$ について考えると，$\dfrac{f(2) - f(1)}{2 - 1} = 2^2 - 1^2 = 3$，$f'(x) = 2x$

---

† $g(a) = f(a) - \dfrac{f(b) - f(a)}{b - a}a = \dfrac{bf(a) - af(b)}{b - a}$，$g(b) = f(b) - \dfrac{f(b) - f(a)}{b - a}b = \dfrac{bf(a) - af(b)}{b - a}$

だから，$f'(c)=2c=3$ を解くと，確かに $c=\dfrac{3}{2}$ が求まる。一方，$f(x)=|x|$ は $x=0$ で微分可能でなく (∵例 1.16)，区間 $[-1,1]$ では平均値の定理は成り立たない。実際 $\dfrac{f(1)-f(-1)}{1-(-1)}=0=f'(c)$ を満たす c は存在しない。

解説　(1) 平均値の定理は，c が存在するということを保証するが，c の具体的な求め方は示していない。
(2) 平均値の定理は次のように書き換えると，$a=b$ のときでも成り立つ。

$$f(b)=f(a)+(b-a)f'(c) \qquad (a<c<b)$$

また，$0<\theta<1$ なる θ を使って $c=a+\theta(b-a)$ と表すことも多い。

$$f(b)=f(a)+(b-a)f'(a+\theta(b-a)) \qquad (0<\theta<1)$$

これは $b<a$ のときでも不都合を生じない。

平均値の定理の応用例として，不等式への応用を示す。

例題 3.8　$a>0$ のとき，不等式 $\dfrac{1}{a+1}<\log(a+1)-\log a<\dfrac{1}{a}$ が成り立つことを示せ。

【解答】　関数 $f(x)=\log x$ は区間 $[a,a+1]$ $(a>0)$ で連続で，区間 $(a,a+1)$ で微分可能である。また，$f'(x)=\dfrac{1}{x}$ である。よって，平均値の定理を適用すると

$$\frac{\log(a+1)-\log a}{(a+1)-a}=\frac{1}{c} \qquad (a<c<a+1)$$

となる c が存在する。二つの式を組み合わせると求める式を得る。　◇

定理 3.13　(コーシーの平均値の定理)　関数 $f(x),g(x)$ が閉区間 $[a,b]$ で連続で，開区間 (a,b) で微分可能で，$g(a)\neq g(b)$，$a<x<b$ で $g'(x)\neq 0$ であれば

$$\frac{f(b)-f(a)}{g(b)-g(a)}=\frac{f'(c)}{g'(c)} \qquad (a<c<b)$$

となる c が存在する (**図 3.13**)。

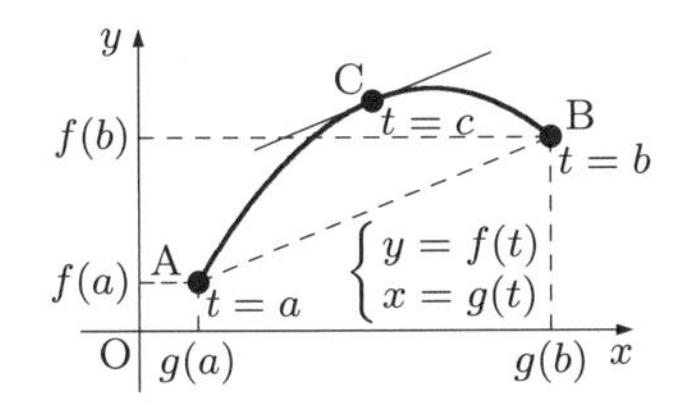

図形的に解釈すると，媒介変数表示された曲線について，直線 AB の傾きに等しい微分係数を持つ点 C が点 A，B の間に存在する。媒介変数で表された関数の導関数は $\dfrac{dy}{dx}=\dfrac{f'(t)}{g'(t)}$ で求められる。

図 3.13　コーシーの平均値の定理

証明　$F(x) = \{g(b) - g(a)\}f(x) - \{f(b) - f(a)\}g(x)$ と置くと，$F(a) = F(b)$ が成り立つ[†]。$F(x)$ は閉区間 $[a, b]$ で連続で，開区間 (a, b) で微分可能である。よって，ロルの定理 (定理 3.11) より

$$F'(c) = \{g(b) - g(a)\}f'(c) - \{f(b) - f(a)\}g'(c) = 0 \qquad (a < c < b)$$

となる c が存在する。すなわち，$\dfrac{f(b) - f(a)}{g(b) - g(a)} = \dfrac{f'(c)}{g'(c)}$ となる c が存在する。 □

(3)　ロピタルの定理　関数の商の極限 $\displaystyle\lim_{x\to a}\frac{f(x)}{g(x)}$, $\displaystyle\lim_{x\to\pm\infty}\frac{f(x)}{g(x)}$ は，その分子，分母の極限がともに 0 になるとき $\dfrac{0}{0}$ 形の不定形であるといい，ともに ∞ または $-\infty$ になるとき $\dfrac{\infty}{\infty}$ 形の不定形であるという。**不定形の極限**を求めるには，**ロピタルの定理**が有用である。

定理 3.14 (ロピタルの定理)　関数 $f(x), g(x)$ が $x = a$ を含むある区間で連続で，$x \neq a$ で微分可能，$g(x) \neq 0$，$g'(x) \neq 0$ とする。$f(a) = g(a) = 0$ のとき，$\displaystyle\lim_{x\to a}\frac{f'(x)}{g'(x)}$ が存在すれば

$$\lim_{x\to a}\frac{f(x)}{g(x)} = \lim_{x\to a}\frac{f'(x)}{g'(x)}$$

証明　$x \to a+0$ の場合を考える。コーシーの平均値の定理より，$\dfrac{f(x) - 0}{g(x) - 0} = \dfrac{f'(c)}{g'(c)}$ $(a < c < x)$ となる c が存在する。ここで，$x \to a$ のとき $c \to a$ となる。両辺に $\displaystyle\lim_{x\to a}$ をとって，$\displaystyle\lim_{x\to a}\frac{f(x)}{g(x)} = \lim_{x\to a}\frac{f'(c)}{g'(c)} = \lim_{c\to a}\frac{f'(c)}{g'(c)}$。右辺で $c = x$ と置くと求める式を得る。$x \to a - 0$ の場合も同様。 □

解説　(1) もし，$\displaystyle\lim_{x\to a}\frac{f'(x)}{g'(x)} = \pm\infty$ のときは，$\displaystyle\lim_{x\to a}\frac{f(x)}{g(x)} = \pm\infty$(複号同順) となる。

(2) $\displaystyle\lim_{x\to a}\frac{f'(x)}{g'(x)}$ が不定形の場合，その極限値についてはなんともいえない。ロピタルの定理を繰り返し適用してみるとよい。

(3) ロピタルの定理は不定形でないときは適用できない。例えば，$x \to 0$ のとき $\dfrac{x^2 + 2}{x + 1} \to 2$ であるが，$\dfrac{(x^2 + 2)'}{(x + 1)'} = \dfrac{2x}{1} \to 0$。

例題 3.9　次の極限値を求めよ。　(1) $\displaystyle\lim_{x\to 0}\frac{1 - \cos x}{x}$　　(2) $\displaystyle\lim_{x\to 0}\frac{x - \sin x}{x^3}$

【解答】　(1), (2) ともに，$\dfrac{0}{0}$ 形の不定形である。

(1) ロピタルの定理を用いて，与式 $\displaystyle= \lim_{x\to 0}\frac{(1 - \cos x)'}{(x)'} = \lim_{x\to 0}\frac{\sin x}{1} = 0$ を得る。

(2) ロピタルの定理を繰り返し適用して

---

† $F(a) = \{g(b) - g(a)\}f(a) - \{f(b) - f(a)\}g(a) = g(b)f(a) - f(b)g(a)$
　$F(b) = \{g(b) - g(a)\}f(b) - \{f(b) - f(a)\}g(b) = -g(a)f(b) + f(a)g(b)$

$$与式 = \lim_{x\to 0}\frac{(x-\sin x)'}{(x^3)'} = \lim_{x\to 0}\frac{1-\cos x}{3x^2} = \lim_{x\to 0}\frac{(1-\cos x)'}{(3x^2)'} = \lim_{x\to 0}\frac{\sin x}{6x} = \lim_{x\to 0}\frac{(\sin x)'}{(6x)'}$$
$$= \lim_{x\to 0}\frac{\cos x}{6} = \frac{1}{6}$$
◇

定理 3.14 は，$\dfrac{0}{0}$ 形の不定形の極限を扱っているが，$\dfrac{\infty}{\infty}$ 形の不定形，すなわち，$\lim_{x\to a} f(x) = \infty$，$\lim_{x\to a} g(x) = \infty$ となるときにも成り立つ。さらに，$x \to a$ を $x \to \infty$，$x \to -\infty$ に置き換えても成り立つ。(証明省略)

例題 3.10　次の極限値を求めよ。　(1) $\lim_{x\to +0} x\log x$　　(2) $\lim_{x\to\infty}\dfrac{x}{e^x}$

【解答】 (1) $\lim_{x\to +0} x\log x = \lim_{x\to +0}\dfrac{\log x}{\frac{1}{x}}$ とみると，$\dfrac{\infty}{\infty}$ 形の不定形となる。

$$与式 = \lim_{x\to +0}\frac{(\log x)'}{\left(\frac{1}{x}\right)'} = \lim_{x\to +0}\frac{\frac{1}{x}}{-\frac{1}{x^2}} = \lim_{x\to +0}(-x) = 0$$

(2) $\dfrac{\infty}{\infty}$ 形の不定形である。与式 $= \lim_{x\to\infty}\dfrac{(x)'}{(e^x)'} = \lim_{x\to\infty}\dfrac{1}{e^x} = 0$ となる。　◇

不定形として，$\dfrac{0}{0}$ 形，$\dfrac{\infty}{\infty}$ 形のほかに，0^0，1^∞，0^∞，∞^0，$\infty - \infty$ などの形がある。

例題 3.11　$\lim_{x\to +0} x^x = 1$ を示せ。

【解答】 $y = x^x$ と置くと $\log y = \log x^x = x\log x$ となる。これから

$$\lim_{x\to +0}\log y = \lim_{x\to +0} x\log x = 0 \qquad (\because 例題 3.10(1))$$

指数関数の連続性 (定理 3.5[5]) より，$x \to +0$ のとき，$y = e^{\log y} \to e^0 = 1$ が得られる。　◇

問　　題

問 1. 次の関数と区間について，平均値の定理の式を満たす c の値を求めよ。《例 3.24》

(1) $f(x) = x^3 - 3x \quad [-2, 3]$　　(2) $f(x) = e^x \quad [0, 1]$

問 2. 以下を示せ。《例題 3.8》

(1) $a < b$ のとき，不等式 $e^a < \dfrac{e^b - e^a}{b - a} < e^b$ が成り立つこと

(2) $0 < a < b < \pi$ のとき，不等式 $\cos b < \dfrac{\sin b - \sin a}{b - a} < \cos a$ が成り立つこと

問 3. 次の極限値を求めよ。《例題 3.9》

(1) $\lim_{x\to 2}\dfrac{x^3 - 8}{x^2 - x - 2}$　(2) $\lim_{x\to 0}\dfrac{\sqrt{1+x} - 1}{x}$　(3) $\lim_{x\to 0}\dfrac{\tan x - x}{x - \sin x}$

問 4. 次の極限値を求めよ。《例題 3.10》

(1) $\lim_{x\to\infty}\dfrac{\log x}{x}$　(2) $\lim_{x\to\infty}\dfrac{(\log x)^2}{x}$　(3) $\lim_{x\to\infty}\dfrac{x^2}{e^x}$　(4) $\lim_{x\to\infty}\dfrac{x^3}{e^x}$

問 5. 次の極限値を求めよ。《例題 3.11》

(1) $\lim_{x\to +0} x^{\frac{1}{x}}$　(2) $\lim_{x\to\infty} x^{\frac{1}{x}}$　(3) $\lim_{x\to 0}(1 + x^2)^{\frac{1}{x}}$　(4) $\lim_{x\to 0}\left(\dfrac{1}{\sin x} - \dfrac{1}{x}\right)$

3.5 関数への応用

1.7 節で，関数の増減と極値 (**図 3.14**) を調べ，関数のグラフの概形をかく方法を示しているが，本節では，平均値の定理を基に再び論じる。また，曲線の概形を利用して，最大値，最小値を求めたり，方程式の解の個数を調べる。

(1) 関数の増減と極値　以下の二つの定理 3.15, 3.16 は，定理 1.30 (p.36) と定理 1.31 (p.36) をより精密に記述したものである。接線のイメージだけに留まらず，平均値の定理を用いて証明しよう。各点ごとの微分係数をつないで区間でとらえることになる。

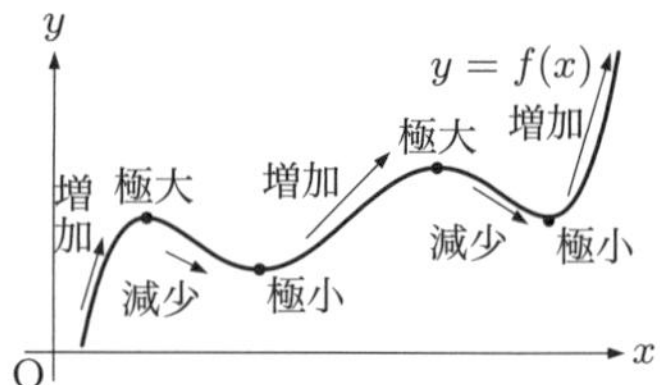

図 3.14　関数の増減と極値

定理 3.15　($f'(x)$ の符号と関数の増減)　関数 $f(x)$ が閉区間 $[a,b]$ で連続，開区間 (a,b) で微分可能とする。

(i) 開区間 (a,b) においてつねに $f'(x)>0$ ならば $f(x)$ は閉区間 $[a,b]$ で単調増加する。

(ii) 開区間 (a,b) においてつねに $f'(x)<0$ ならば $f(x)$ は閉区間 $[a,b]$ で単調減少する。

(iii) 開区間 (a,b) においてつねに $f'(x)=0$ ならば $f(x)$ は閉区間 $[a,b]$ で定数である。

証明　閉区間 $[a,b]$ に任意に u,v をとり，$a \leqq u < v \leqq b$ とする。平均値の定理より $f(v)-f(u)=(v-u)f'(c)$, $u<c<v$ となる c が存在する。(i) 区間 (a,b) で $f'(x)>0$ だから $f'(c)>0$。よって，$f(v)-f(u)>0$。(ii) も同様。(iii) $f'(c)=0$ より，$f(v)-f(u)=0$。　□

$f(x)$ が $x=a$ で微分可能で $f(a)$ が極値ならば $f'(a)=0$ であった (定理 3.10, p.77)。$f'(a)=0$ となる点が実際に極値かどうかを判定するには，次の定理 (あるいは定理 3.19) を利用する。

定理 3.16　(極値の判定 I)　$x=a$ の近くで微分可能な関数 $f(x)$ について

(i) $x<a$ で $f'(x)>0$，$a<x$ で $f'(x)<0$ ならば $f(a)$ は極大値となる。

(ii) $x<a$ で $f'(x)<0$，$a<x$ で $f'(x)>0$ ならば $f(a)$ は極小値となる。

証明　平均値の定理より $f(x)-f(a)=f'(c)(x-a)$ で，$x<c<a$ または $a<c<x$ となる c が存在する。(i) を示す。$x<c<a$ のとき $f'(c)>0$ で，$f(x)-f(a)<0$。$a<c<x$ のとき $f'(c)<0$ で，$f(x)-f(a)<0$。これから $f(a)$ は極大値となる。(ii) も同様。　□

(2) 最大値と最小値　閉区間 $[a,b]$ で連続な関数 $f(x)$ は，その閉区間で最大値および

最小値をもつ (定理 3.2, p.65)。その最大値・最小値を求めるには，区間 (a,b) おける極大値・極小値と区間の端における関数の値 $f(a)$，$f(b)$ とを比較して，最大・最小のものをとればよい。

例題 3.12　関数 $f(x)=x-2\sin x$ の区間 $0 \leqq x \leqq 2\pi$ における最大値と最小値を求めよ。

【解答】　$f'(x)=1-2\cos x$ なので，区間 $0 \leqq x \leqq 2\pi$ における $f'(x)=0$ の解は，$\cos x=\dfrac{1}{2}$ より $x=\dfrac{\pi}{3}$，$x=\dfrac{5}{3}\pi$ である。これより，関数 $f(x)$ の増減表は次のようになる。グラフを図 **3.15** に示す。

x	0	$\cdots$	$\dfrac{\pi}{3}$	$\cdots$	$\dfrac{5}{3}\pi$	$\cdots$	2π
$f'(x)$	$-$	$-$	0	$+$	0	$-$	$-$
$f(x)$	0	$\searrow$	$\dfrac{\pi}{3}-\sqrt{3}$	$\nearrow$	$\dfrac{5}{3}\pi+\sqrt{3}$	$\searrow$	2π

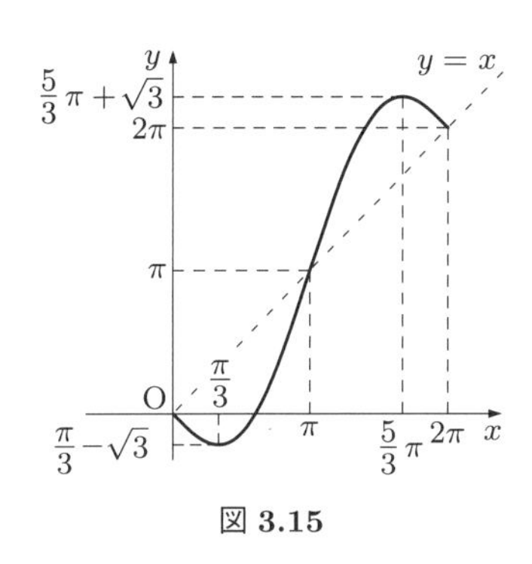

図 **3.15**

$f(x)$ は，$x=\dfrac{\pi}{3}$ のとき極小値 $\dfrac{\pi}{3}-\sqrt{3}$，$x=\dfrac{5}{3}\pi$ のとき極大値 $\dfrac{5}{3}\pi+\sqrt{3}$ をとる。これらの値と区間の端の関数値 $f(0)=0$，$f(2\pi)=2\pi$ を比較して，最大値は $x=\dfrac{5}{3}\pi$ のとき $\dfrac{5}{3}\pi+\sqrt{3}$，最小値は $x=\dfrac{\pi}{3}$ のとき $\dfrac{\pi}{3}-\sqrt{3}$ である。　◇

(3)　方程式の実数解の個数　　k が定数のとき，$f(x)=k$ の異なる実数解の個数を調べるには，$y=f(x)$ のグラフと $y=k$ のグラフ (x 軸に平行) の共有点の個数を調べればよい。

例題 3.13　k は定数とする。方程式 $\dfrac{e^x}{x}=k$ の異なる実数解の個数を調べよ。

【解答】　$f(x)=\dfrac{e^x}{x}$ と置くと，定義域は $x \neq 0$ である。

$f'(x)=\dfrac{(x-1)e^x}{x^2}$ より，$f'(x)=0$ の解は $x=1$ である。

また，$\displaystyle\lim_{x\to\infty}\frac{e^x}{x}=\infty$，$\displaystyle\lim_{x\to-\infty}\frac{e^x}{x}=0$ である。これから，$f(x)$ の増減表は次のようになる。

x	$(-\infty)\ \cdots$	0	$\cdots$	1	$\cdots\ (\infty)$
$f'(x)$	$-$		$-$	0	$+$
$f(x)$	$(0)\ \searrow\ (-\infty)$		$(\infty)\ \searrow$	e	$\nearrow\ (\infty)$

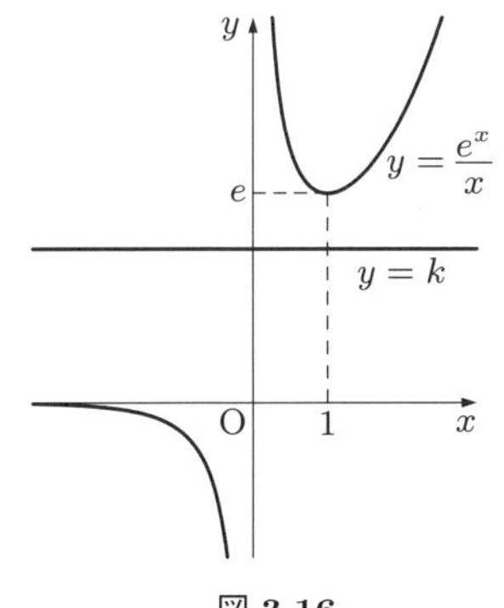

図 **3.16**

$y=f(x)$ のグラフ (図 **3.16**) と直線 $y=k$ の共有点を考えると，求める実数解の個数は次のようになる。

$0 \leqq k < e$ のとき 0 個，$k<0$ または $k=e$ のとき 1 個，$k>e$ のとき 2 個。　◇

解説　共有点の個数はグラフを見ることによって認識できるが，それは中間値の定理 (定理 3.3, p.65) と関数の単調増加 (単調減少) の性質によって保証されている。

問　　　題

問 1.　次の関数について，括弧内に示された区間における最大値と最小値を求めよ。《例題 3.12》

(1)　$f(x) = x + \sqrt{1-x^2} \quad (-1 \leqq x \leqq 1)$　　(2)　$f(x) = x\sqrt{1-x^2} \quad (-1 \leqq x \leqq 1)$

(3)　$f(x) = \sin x(1+\cos x) \quad (0 \leqq x \leqq \pi)$　　(4)　$f(x) = e^{-x}\sin x \quad (0 \leqq x \leqq 2\pi)$

(5)　$f(x) = 3\sin x + \sin 3x \quad (0 \leqq x \leqq 2\pi)$　　(6)　$f(x) = x + \sqrt{2}\cos x \quad (0 \leqq x \leqq 2\pi)$

問 2.　$x > 0$ のとき，$\log x \leqq x - 1$ が成り立つことを示せ。

問 3.　k は定数とする。次の方程式の実数解の個数を調べよ。《例題 3.13》

(1)　$x^4 + \dfrac{4}{3}x^3 - 4x^2 = k$　　(2)　$x^5 - 5x = k$　　(3)　$\dfrac{x}{x^2+1} = k$　　(4)　$\dfrac{x+1}{x^2+1} = k$

3.6　曲線の凹凸と方程式の近似解法

本節では，関数の増減と極値に加えて，曲線の凹凸や変曲点 (図 **3.17**) を調べ，より詳しく関数のグラフの概形をかく方法を学ぶ。また，方程式の近似解を求める。最後に，微分と速度・加速度の関係をみておく。

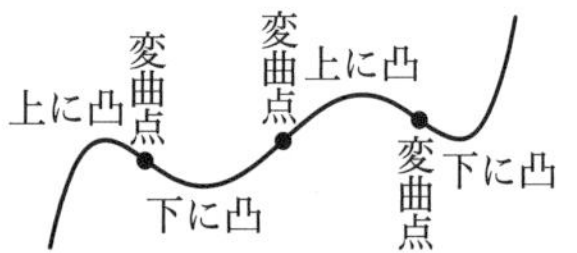

図 3.17　曲線の凹凸と変曲点

(1)　曲線の凹凸　　ある区間で曲線 $y = f(x)$ が下に膨らんでいるとき**下に凸**，上に膨らんでいるとき**上に凸**であるという。これを数式で表しておこう。曲線 $y = f(x)$ 上に点 $\mathrm{U}(u, f(u))$, $\mathrm{V}(v, f(v))$, $\mathrm{W}(w, f(w))$ を $u < v < w$ となるようにとる (図 **3.18**)。つねに直線 UW の下方に点 V がくるとき下に凸であり，直線 UW の上方に点 V がくるとき上に凸である。直線 UW の方程式は

$$y = \frac{f(w)-f(u)}{w-u}(x-u) + f(u)$$

であるから，下に凸とは，つねに

$$f(v) < \frac{f(w)-f(u)}{w-u}(v-u) + f(u)$$

であることをいう。これを書き換えると

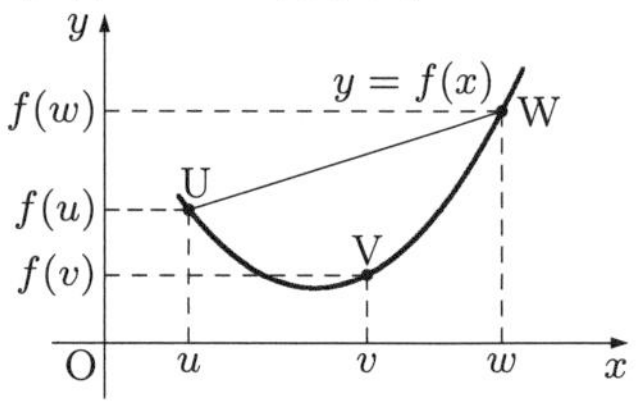

図 3.18　下に凸

$$\frac{f(v)-f(u)}{v-u} < \frac{f(w)-f(u)}{w-u} \quad \text{および} \quad \frac{f(v)-f(u)}{v-u} < \frac{f(w)-f(v)}{w-v} \tag{3.6}$$

が得られる†。

† 式 (3.6) 第 2 式の導出：第 1 式の両辺から $\dfrac{f(v)-f(u)}{w-u}$ を引いて

$$\frac{f(v)-f(u)}{v-u} - \frac{f(v)-f(u)}{w-u} < \frac{f(w)-f(v)}{w-u}, \quad \frac{\{f(v)-f(u)\}(w-v)}{(v-u)(w-u)} < \frac{f(w)-f(v)}{w-u}$$

両辺に，$\dfrac{w-u}{w-v}$ を乗じると式 (3.6) 第 2 式を得る。

定理 3.17 （第 2 次導関数と曲線の凹凸） 関数 $f(x)$ をある区間で 2 回微分可能とする。曲線 $y = f(x)$ は，ある区間でつねに $f''(x) > 0$ であれば，その区間で下に凸であり，ある区間でつねに $f''(x) < 0$ であれば，その区間で上に凸である。

証明 直観的には，曲線 $y = f(x)$ の点 $(a, f(a))$ における接線の傾きは $f'(a)$ で表される。$f'(x)$ の増減は $f''(x)$ の値の符号によってわかる。例えば，$f''(x) > 0$ であれば，$f'(x)$ は増加する。すなわち曲線 $y = f(x)$ の各点における接線の傾きは増加し，下に凸となる（**図 3.19**）。

図 3.19 凹凸と接線

前節では，導関数の符号と関数の増減の関係は平均値の定理から証明できることを見た。第 2 次導関数と曲線の凹凸との関係をより精密に取り扱うには，次節で述べるテイラーの定理の $n = 2$ の場合を用いることになる。

テイラーの定理によると，関数 $f(x)$ が $x = a$ を含むある区間で 2 回微分可能ならば

$$f(x) = f(a) + f'(a)(x-a) + \frac{f''(c)}{2!}(x-a)^2 \qquad (c \text{ は } a \text{ と } x \text{ の間の数}) \tag{3.7}$$

となる c が存在する。

これを用いて下に凸を示す。ある区間に u, v, w $(u < v < w)$ をとる。$n = 2$ の場合のテイラーの定理より，ある c, d に対し

$$f(u) = f(v) + f'(v)(u-v) + \frac{1}{2}f''(c)(u-v)^2 \qquad (u < c < v)$$
$$f(w) = f(v) + f'(v)(w-v) + \frac{1}{2}f''(d)(w-v)^2 \qquad (v < d < w)$$

が成り立つ。これから

$$\frac{f(v)-f(u)}{v-u} = f'(v) + \frac{1}{2}f''(c)(u-v) \qquad (u < c < v)$$
$$\frac{f(w)-f(v)}{w-v} = f'(v) + \frac{1}{2}f''(d)(w-v) \qquad (v < d < w)$$

となる。第 2 式より第 1 式を引くと，ある区間でつねに $f''(x) > 0$ であるので

$$\frac{f(w)-f(v)}{w-v} - \frac{f(v)-f(u)}{v-u} = \frac{1}{2}f''(d)(w-v) + \frac{1}{2}f''(c)(v-u) > 0$$

となる。よって，式 (3.6) 第 2 式が成立する。 □

例 3.25 曲線 $y = x^3$ の凹凸を考える。$f(x) = x^3$ と置くと，$f'(x) = 3x^2$，$f''(x) = 6x$ である。$x < 0$ の区間ではつねに $f''(x) < 0$ だから上に凸，$x > 0$ の区間ではつねに $f''(x) > 0$ だから下に凸である（**図 3.20**）。

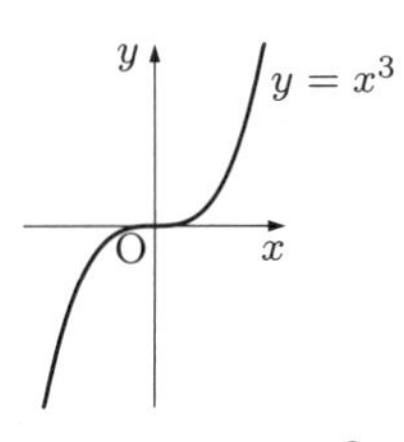

図 3.20 $y = x^3$

また，次が成り立つ。

定理 3.18 (曲線と接線)　$f(x)$ が $x=a$ を含むある区間でつねに $f''(x)>0$(下に凸，定理 3.17) とすると，$x=a$ における曲線 $y=f(x)$ の接線は接点を除いてその曲線の下方にある (図 **3.21**)。すなわち，その区間の a,x $(a\neq x)$ について，次式が成り立つ。

$$f(x) > f'(a)(x-a)+f(a) \qquad (3.8)$$

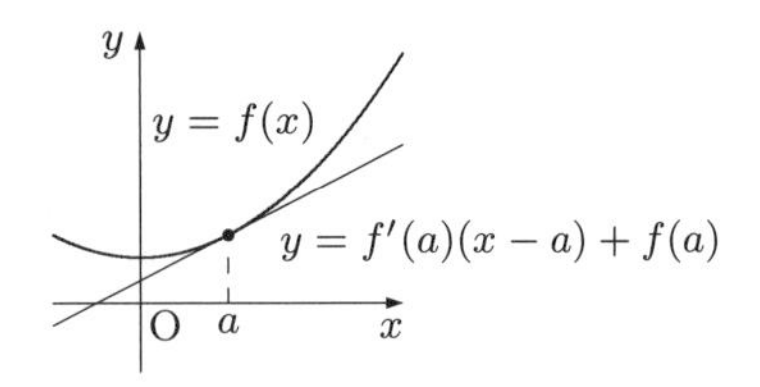

図 **3.21**　曲線と接線

証明　$n=2$ の場合のテイラーの定理 (式 (3.7)) より

$$f(x)=f(a)+f'(a)(x-a)+\frac{1}{2}f''(c)(x-a)^2 \qquad (c\ \text{は}\ a\ \text{と}\ x\ \text{の間の数})$$

が成り立つ。これを用いて，式 (3.8) の 左辺 − 右辺 $=\dfrac{1}{2}f''(c)(x-a)^2>0$　□

(2) 変曲点　曲線 $y=x^3$(例 3.25) においては原点 O で曲線の凹凸が入れ替わった。このように，曲線 $y=f(x)$ 上の点 $\mathrm{P}(a,f(a))$ を境目として凹凸が入れ替わるとき点 P を**変曲点**という。関数 $f''(x)$ が $x=a$ で連続のとき，$f''(a)=0$ となる $x=a$ の前後で $f''(x)$ の符号が変われば点 $(a,f(a))$ は変曲点である。

解説　$f(x)=x^4$ における原点のように，$f''(a)=0$ であっても点 $(a,f(a))$ が曲線 $y=f(x)$ の変曲点であるとは限らない (図 **3.22**)。

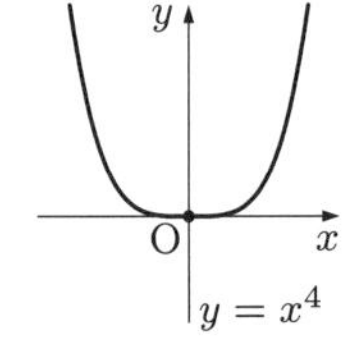

図 **3.22**　$y=x^4$

極値の判定に第 2 次導関数を用いる方法もある。定理 3.16 と比較せよ。

定理 3.19 (極値の判定 II)　$x=a$ を含むある区間で $f''(x)$ は連続で，$f'(a)=0$ とする。このとき

(i) $f''(a)<0$ ならば $f(a)$ は極大値となる。

(ii) $f''(a)>0$ ならば $f(a)$ は極小値となる。

証明　極大を示す。テイラーの定理より，$x=a$ を含むある区間で

$$f(x)=f(a)+f'(a)(x-a)+\frac{f''(c)}{2}(x-a)^2 \qquad (c\ \text{は}\ a\ \text{と}\ x\ \text{の間の数})$$

が成り立つ。$f'(a)=0$ より

$$f(x)-f(a)=\frac{f''(c)}{2}(x-a)^2$$

$f''(a)<0$ で $f''(x)$ が $x=a$ で連続であるから，a に十分近い x に対して，$f''(c)<0$ となる (定理 3.4)。このとき，$x\neq a$ であれば $f(x)<f(a)$。極小も同様。　□

(3) 曲線の追跡　曲線 $y=f(x)$(関数 $y=f(x)$ のグラフ) の概形をかくときは，次の (1)〜(4) を調べればよい。

(1) 増減と極値：$f'(x)$ を求める。$f'(x)=0$ を解く。$f'(x)$ の符号の変化を調べる。

(2) 凹凸と変曲点：$f''(x)$ を求める。$f''(x)=0$ を解く。$f''(x)$ の符号の変化を調べる。

(3) 座標軸などとの共有点：x 軸との交点は $f(x)=0$ の解，y 軸との交点は $f(0)$ である。

(4) $x\to\pm\infty$ における挙動：不定形にはロピタルの定理を利用する。

例題 3.14　次の関数に対して，関数の増減と極値，関数のグラフの凹凸，および変曲点を調べて，関数のグラフをかけ。

(1)† $y=x^4-4x^3$　　(2) $y=\dfrac{x^2}{x-1}$　　(3) $y=e^{-x^2}$

【解答】 (1) $y'=4x^3-12x^2=4x^2(x-3)$, $y''=12x^2-24x=12x(x-2)$ である。よって，$y'=0$ の実数解は $x=0$(重解), 3，$y''=0$ の実数解は $x=0,2$ となる。y',y'' の符号を調べて，y の増減，グラフの凹凸は，次のようになる。

x	$\cdots$	0	$\cdots$	2	$\cdots$	3	$\cdots$
y'	$-$	0	$-$	$-$	$-$	0	$+$
y''	$+$	0	$-$	0	$+$	$+$	$+$
y	↘	0 (変曲点)	↘	-16 (変曲点)	↘	-27 (極小)	↗

ここで矢印の意味は**表 3.1** のとおりである。

以上より，グラフは**図 3.23** のようになる。

表 3.1　矢印の意味

y'	$+$	$+$	$-$	$-$
y''	$+$	$-$	$+$	$-$
矢印	↗	↗	↘	↘
意味	増加 下に凸	増加 上に凸	減少 下に凸	減少 上に凸

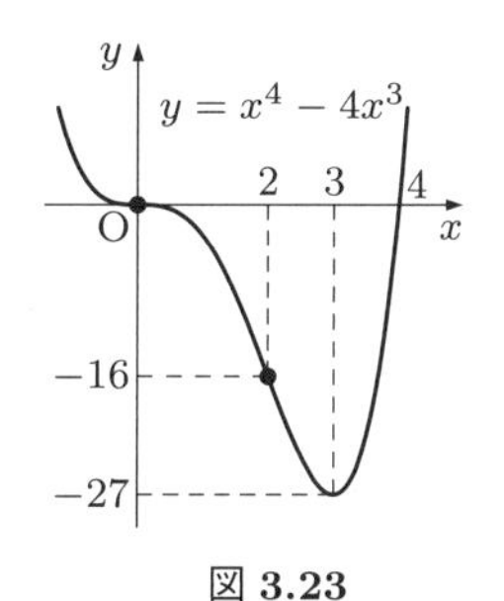

図 3.23

(2) この関数の定義域は実数全体である。

$$
\begin{aligned}
y &= x+1+\frac{1}{x-1}\\
y' &= 1-\frac{1}{(x-1)^2}=\frac{(x-1)^2-1}{(x-1)^2}=\frac{x(x-2)}{(x-1)^2}\\
y'' &= \frac{2}{(x-1)^3}
\end{aligned}
$$

---

† 例題 1.24 (p.37) ですでにこのグラフの概形をかいている。関数のグラフの凹凸および変曲点を調べることが本例題の趣旨である。

これから，y の増減，グラフの凹凸は次のようになる。

x	$\cdots$	0	$\cdots$	1	$\cdots$	2	$\cdots$
y'	$+$	0	$-$	／	$-$	0	$+$
y''	$-$	$-$	$-$	／	$+$	$+$	$+$
y	↗	0 (極大)	↘	／	↘	4 (極小)	↗

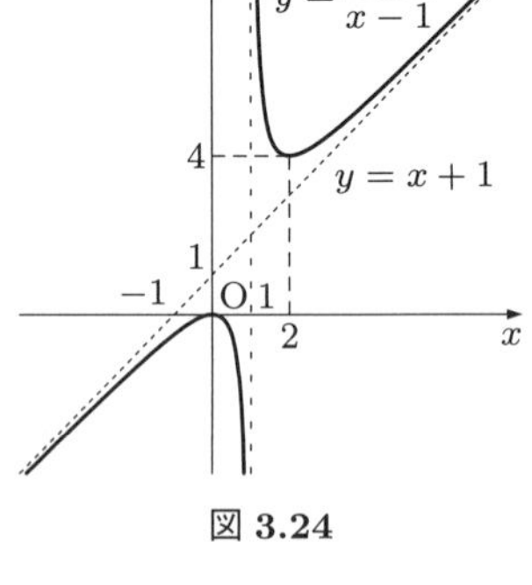

図 **3.24**

さらに，$\displaystyle\lim_{x\to\pm\infty}\{y-(x+1)\}=0$ であるから直線 $y=x+1$ はこの曲線の漸近線になる。

以上より，グラフは図 **3.24** のようになる。

(3) この関数の定義域は実数全体である。

$$y' = -2xe^{-x^2}$$

$$y'' = -2\left\{e^{-x^2}+x\,(-2x)\,e^{-x^2}\right\} = 2\left(2x^2-1\right)e^{-x^2} = 4\left(x^2-\frac{1}{2}\right)e^{-x^2}$$

$$= 4\left(x+\frac{1}{\sqrt{2}}\right)\left(x-\frac{1}{\sqrt{2}}\right)e^{-x^2}$$

また，$\displaystyle\lim_{x\to\pm\infty} e^{-x^2}=0$ である。これから，y の増減，グラフの凹凸は次のようになる (つねに $e^{-x^2}>0$ である)。

x	$(-\infty)$ $\cdots$	$-\dfrac{1}{\sqrt{2}}$	$\cdots$	0	$\cdots$	$\dfrac{1}{\sqrt{2}}$	$\cdots$ (∞)
y'	$+$	$+$	$+$	0	$-$	$-$	$-$
y''	$+$	0	$-$	$-$	$-$	0	$+$
y	(0) ↗	$\dfrac{1}{\sqrt{e}}$	↗	1	↘	$\dfrac{1}{\sqrt{e}}$	↘ (0)

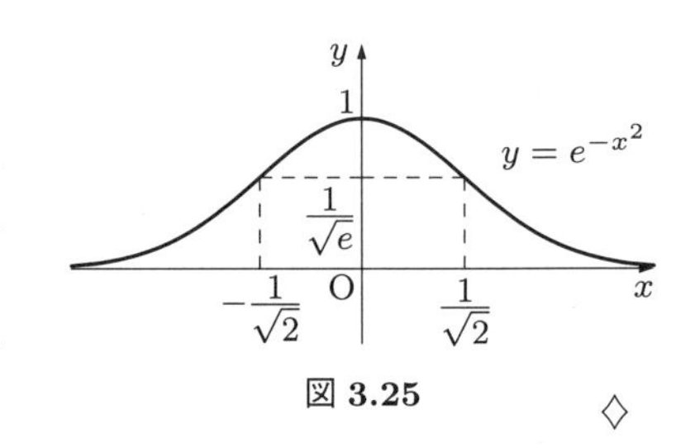

図 **3.25**

以上より，グラフは図 **3.25** のようになる。　◇

解説　例題 3.14(3) の関数はガウス分布 (正規分布) の基礎となり，統計等の分野で利用される。

(4)　方程式の近似解法 (ニュートン法)　方程式の実数解を近似的に求めるには次のニュートン法が役立つ。

定理 3.20　(ニュートン法)　$f(x)$ を閉区間 $[a,b]$ で 2 回微分可能で，$f(a)<0$，$f(b)>0$ であり，$f'(x)>0$，$f''(x)>0$ とする。このとき，$f(x)=0$ は区間 (a,b) にただ一つの解 α をもち

$$c_1=b, \qquad c_{n+1}=c_n-\frac{f(c_n)}{f'(c_n)} \qquad (n=1,2,3,\cdots) \tag{3.9}$$

と定めると，$c_1,c_2,c_3,\cdots$ は単調に減少しながら α に近づく (収束する)。

証明　$f(x)$ は微分可能だから連続で $f(a)<0$，$f(b)>0$ であるから，中間値の定理より，$f(x)=0$ は開区間 (a,b) に解 α をもつ。$f'(x)>0$ より $f(x)$ は単調増加だから，解はただ一

つに決まる。

ここで，点 $(c_n, f(c_n))$ における接線の方程式は

$$y - f(c_n) = f'(c_n)(x - c_n)$$

で与えられる。この接線と x 軸との交点の x 座標 $x = c_{n+1}$ は式 (3.9) で与えられる。また，$f''(x) > 0$ より $y = f(x)$ は下に凸であるから，$f(c_{n+1}) > 0$ となる (定理 3.18)。

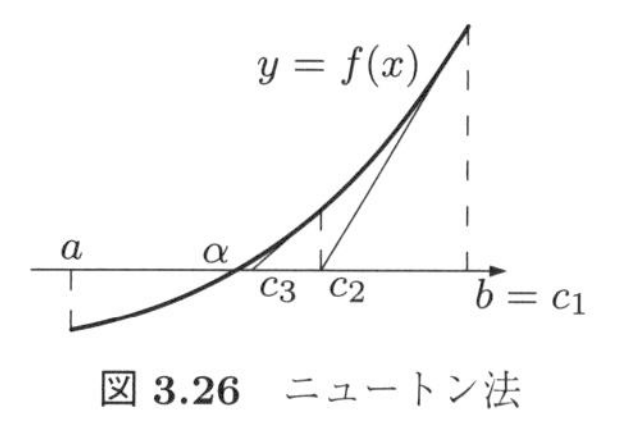

図 3.26　ニュートン法

これから，$\alpha < c_{n+1} < c_n$ となり，繰り返すと $\alpha < \cdots < c_3 < c_2 < c_1$ を得る[†1] (**図 3.26**)。

$n \to \infty$ のとき $c_n \to \beta$ とおいて，式 (3.9) の両辺の $n \to \infty$ の極限をとると $\beta = \beta - \dfrac{f(\beta)}{f'(\beta)}$。よって，$f(\beta) = 0$，すなわち β は $f(x) = 0$ の解 α であることがわかる。 □

例題 3.15　$f(x) = x^2 - 2$ に対して，$a = 1$, $b = 2$ にニュートン近似の第 4 項まで計算して，$f(x) = 0$ の近似解すなわち $\sqrt{2}$ の近似値を求めよ。

【解答】　$f(1) = -1 < 0$，$f(2) = 2 > 0$，$f'(x) = 2x > 0$ $(1 \leqq x \leqq 2)$，$f''(x) = 2 > 0$ より条件を満たす。そこで

$$c_1 = 2, \qquad c_{n+1} = c_n - \frac{f(c_n)}{f'(c_n)} = c_n - \frac{c_n^2 - 2}{2c_n} = \frac{c_n^2 + 2}{2c_n}$$

の式を用いて

$$c_2 = \frac{2^2 + 2}{2 \cdot 2} = \frac{3}{2} = 1.5, \qquad c_3 = \frac{\left(\dfrac{3}{2}\right)^2 + 2}{2 \cdot \dfrac{3}{2}} = \frac{17}{12} \fallingdotseq 1.417$$

$$c_4 = \frac{\left(\dfrac{17}{12}\right)^2 + 2}{2 \cdot \dfrac{17}{12}} = \frac{577}{408} \fallingdotseq 1.414\,21\underline{5\,686}$$

◇

解説　この計算で $\sqrt{2}$ の値[†2] が小数点以下 5 桁まで得られている。下線部は不正確である。

(5)　速度と加速度★　数直線上を運動する点 P の，時刻 t における座標 x は t の関数である (**図 3.27**)。この関数を $x = f(t)$ とすると，t の増分 Δt に対する $f(t)$ の平均変化率 $\dfrac{\Delta x}{\Delta t} = \dfrac{f(t + \Delta t) - f(t)}{\Delta t}$ は，時刻が t から $t + \Delta t$ に変わる間の P の平均速度を表す。この平均速度の $\Delta t \to 0$ としたときの極限値

$$v = \frac{dx}{dt} = \lim_{\Delta t \to 0} \frac{f(t + \Delta t) - f(t)}{\Delta t} = f'(t)$$

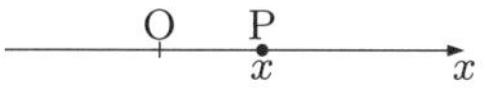

O　P
x　x

図 3.27　数直線を運動する点

を時刻 t における点 P の**速度**という。また，速度 v の絶対値 $|v|$ を，時刻 t における点 P の**速さ**という。

[†1] c_n は単調減少で有界だから収束する。証明省略。

[†2] 参考：$\sqrt{2} = 1.414\,213\,562 \cdots$

また，時刻 t における点 P の速度 v が，t の関数 $v = g(t)$ で表されるとき，v の t に対する変化率を考え，$\alpha = \dfrac{dv}{dt} = g'(t)$ を時刻 t における点 P の**加速度**という。また，$|\alpha|$ を**加速度の大きさ**という。

例題 3.16　初速度 v_0 でボールを真上に投げ上げたとき (**図 3.28**)，時刻 t でのボールの高さを x とすると，$x = v_0 t - \dfrac{1}{2}gt^2$ と表される。ただし，g は定数である†。時刻 t におけるこのボールの速度 v と加速度 α を求めよ。

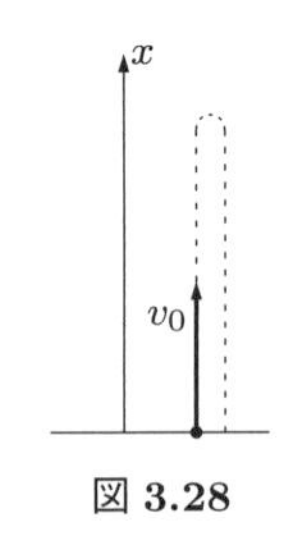

図 3.28

【解答】　$v = \dfrac{dx}{dt} = v_0 - gt$〔m/s〕，　　$\alpha = \dfrac{dv}{dt} = -g$〔m/s^2〕　◇

次に平面上を運動する点 P について考えよう (**図 3.29**)。点 P の時刻 t における座標を (x, y) とすると，x, y は t の関数となる。このとき，$\boldsymbol{v} = \left(\dfrac{dx}{dt}, \dfrac{dy}{dt}\right)$ を時刻 t における点 P の**速度**という。また，速度 $\boldsymbol{v}$ の絶対値 $|\boldsymbol{v}|$ を時刻 t における点 P の**速さ**という。また，時刻 t における点 P の速度 $\boldsymbol{v}$ の各成分が t の関数で表されるとき，それらの t に対する変化率を考え，$\boldsymbol{\alpha} = \left(\dfrac{d^2x}{dt^2}, \dfrac{d^2y}{dt^2}\right)$ を時刻 t における点 P の**加速度**という。また，$|\boldsymbol{\alpha}|$ を**加速度の大きさ**という。

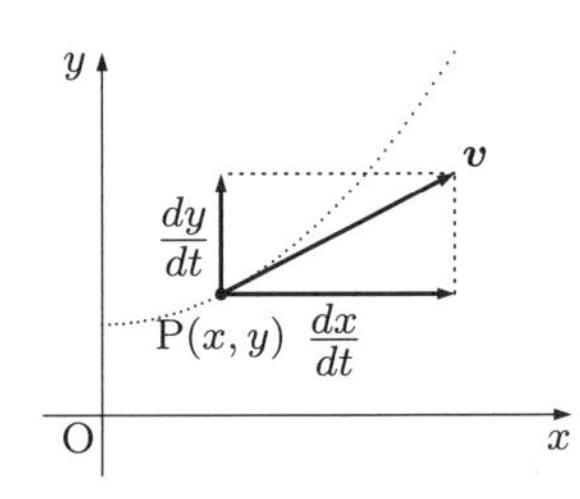

図 3.29　平面上を運動する点

例題 3.17　座標平面上を運動する点 P の時刻 t における座標が

$$x = a(t - \sin t), \quad y = a(1 - \cos t) \qquad (a > 0)$$

で表されるとき (**図 3.30**)，点 P の速度と加速度を求めよ。

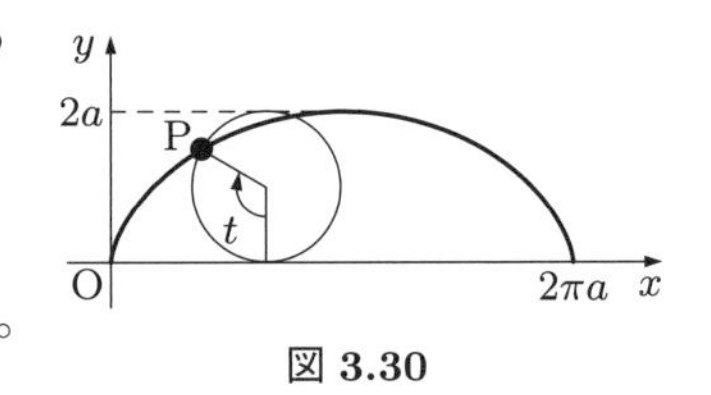

図 3.30

【解答】　$\boldsymbol{v} = \left(\dfrac{dx}{dt}, \dfrac{dy}{dt}\right) = (a(1 - \cos t), a\sin t)$，$\boldsymbol{\alpha} = \left(\dfrac{d^2x}{dt^2}, \dfrac{d^2y}{dt^2}\right) = (a\sin t, a\cos t)$　◇

問　　題

問 1.　次の関数について，増減，凹凸，極値，変曲点などを調べて，そのグラフの概形をかけ。《例題 3.14》

(1)　$y = x^3 - 6x^2 + 9x - 3$　　(2)　$y = -x^3 + x^2 + x - 1$　　(3)　$y = x^4 - 2x^2 + 1$

(4)　$y = x^4 - 2x^3 + 2x$　　(5)　$y = (x - 1)e^x$　　(6)　$y = x^2 e^{-x}$

---

†　g は重力加速度という定数で，$g \simeq 9.8$〔m/s^2〕である。

(7) $y = x + \dfrac{1}{x}$ (8) $y = \dfrac{x^3}{x-1}$ (9) $y = x\log x$ (10) $y = \log(1+x^2)$

(11) $y = \sin^2 x \quad (0 \leqq x \leqq \pi)$ (12) $y = xe^{-\frac{x^2}{2}} \quad (x \geqq 0)$ (レイリー分布)

問 2. $f(x) = x^2 - 3$ に対して，$a = 1, b = 2$ にニュートン近似の第 4 項まで計算して，$f(x) = 0$ の近似解すなわち $\sqrt{3}$ の近似値を求めよ。《例題 3.15》(参考：$\sqrt{3} = 1.732\,050\,807\cdots$)

問 3. 水面上 9m の高さの岸壁の上から，綱で船を引き寄せる (図 **3.31**)。毎秒 2m の割合で綱をたぐるとき，綱の長さが 15m になった時の船の速さはいくらか。《例題 3.16》

問 4. 原点 O から物体 P を角 α をなす方向に v_0 の速さで投げたとき (図 **3.32**)，P の時刻 t における位置 (x, y) は，$x = v_0 t\cos\alpha$, $y = v_0 t\sin\alpha - \dfrac{1}{2}gt^2$ と表される。$t = 1$ のときの速度と加速度を求めよ。《例題 3.17》

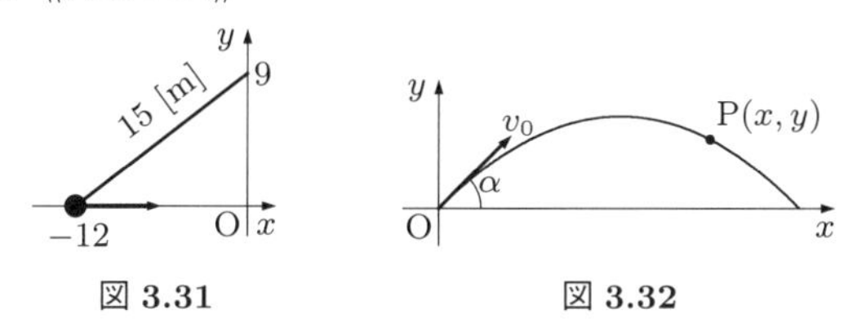

図 **3.31** 図 **3.32**

3.7 テイラーの定理

本節では，関数を多項式で近似する方法を学ぶ。

(1) テイラーの定理 x の $n-1$ 次の多項式で表される関数

$$f(x) = A_0 + A_1(x-a) + A_2(x-a)^2 + \cdots + A_{n-1}(x-a)^{n-1} \tag{3.10}$$

について，係数 $A_0, A_1, \cdots, A_{n-1}$ と $x = a$ における $f(x)$ の高次導関数の値との関係を調べよう。

式 (3.10) で $x = a$ を代入すると，$A_0 = f(a)$ がわかる。式 (3.10) を x について微分すると

$$f'(x) = A_1 + 2A_2(x-a) + \cdots + (n-1)A_{n-1}(x-a)^{n-2}$$

となる。これに $x = a$ を代入すると，$A_1 = f'(a)$ がわかる。もう一度微分すると

$$f''(x) = 2A_2 + \cdots + (n-1)(n-2)A_{n-1}(x-a)^{n-3}$$

となる。これに $x = a$ を代入すると，$f''(a) = 2A_2$ すなわち $A_2 = \dfrac{f''(a)}{2}$ がわかる。同様に繰り返していくと，次の関係を得る。

$$A_3 = \frac{f^{(3)}(a)}{3!},\ A_4 = \frac{f^{(4)}(a)}{4!},\ \cdots,\ A_{n-1} = \frac{f^{(n-1)}(a)}{(n-1)!}$$

これらを式 (3.10) に当てはめて次式を得る。

$$f(x) = f(a) + f'(a)(x-a) + \frac{f''(a)}{2}(x-a)^2 + \cdots + \frac{f^{(n-1)}(a)}{(n-1)!}(x-a)^{n-1} \tag{3.11}$$

式 (3.11) は関数 $f(x)$ が x の $n-1$ 次の多項式で表される関数であるときは完全に正しい。

一般には，次のテイラーの定理が知られている。

定理 3.21　(テイラーの定理)　関数 $f(x)$ が $x=a$ を含むある区間で n 回微分可能ならば

$$f(x)=f(a)+f'(a)(x-a)+\frac{f''(a)}{2!}(x-a)^2+\cdots+\frac{f^{(n-1)}(a)}{(n-1)!}(x-a)^{n-1}+R_n$$

と表される[†1]。ここで，R_n は**剰余項**といい

$$R_n=\frac{f^{(n)}(c)}{n!}(x-a)^n \qquad \text{(ラグランジュの剰余項)}$$

の形をとり，a と x の間の数 c が存在する。

証明　以下は $x>a$ としているが，$x<a$ の場合も同様である。

$$F(x)=f(x)-\left\{f(a)+f'(a)(x-a)+\frac{f''(a)}{2!}(x-a)^2+\cdots+\frac{f^{(n-1)}(a)}{(n-1)!}(x-a)^{n-1}\right\}$$
$$G(x)=(x-a)^n$$

と置く。関数 $F(x),G(x);F'(x),G'(x);\cdots;F^{(n-1)}(x),G^{(n-1)}(x)$ をコーシーの平均値の定理(定理 3.13) に適用すると

$$\frac{F(x)-F(a)}{G(x)-G(a)}=\frac{F'(c_1)}{G'(c_1)} \qquad (a<c_1<x);$$
$$\frac{F'(c_1)-F'(a)}{G'(c_1)-G'(a)}=\frac{F''(c_2)}{G''(c_2)} \qquad (a<c_2<c_1);$$
$$\cdots;\frac{F^{(n-1)}(c_{n-1})-F^{(n-1)}(a)}{G^{(n-1)}(c_{n-1})-G^{(n-1)}(a)}=\frac{F^{(n)}(c_n)}{G^{(n)}(c_n)} \qquad (a<c_n<c_{n-1})$$

となる $c_1,c_2,\cdots,c_n$ が存在する。ここで，計算するとわかるように $F(a)=F'(a)=\cdots=F^{(n-1)}(a)=0,\ G(a)=G'(a)=\cdots=G^{(n-1)}(a)=0$ であるから[†2]

$$\frac{F(x)}{G(x)}=\frac{F'(c_1)}{G'(c_1)}=\cdots=\frac{F^{(n)}(c_n)}{G^{(n)}(c_n)} \qquad (a<c_n<\cdots<c_1<x)$$

を得る。上の式で $c_n=c$ と置き，$F^{(n)}(x)=f^{(n)}(x),\ G^{(n)}(x)=n!$ を代入して

$$\frac{f(x)-\left\{f(a)+f'(a)(x-a)+\dfrac{f''(a)}{2!}(x-a)^2+\cdots+\dfrac{f^{(n-1)}(a)}{(n-1)!}(x-a)^{n-1}\right\}}{(x-a)^n}=\frac{f^{(n)}(c)}{n!}$$

[†1] 和の記号 Σ を用いて表すと

$$f(x)=\sum_{k=0}^{n-1}\frac{f^{(k)}(a)}{k!}(x-a)^k+R_n$$

[†2] 例題 3.6(1) で α に n を，a に 1 を，b に $-a$ を代入すれば次式を得る。

$$\{(x-a)^n\}^{(k)}=\begin{cases}\dfrac{n!(x-a)^{n-k}}{(n-k)!} & (k=1,\cdots,n)\\ 0 & (k=n+1,\cdots)\end{cases}$$

となる c が存在する。これより証明したい式を得る。 □

解説 (1) 特に $n=1, n=2$ のとき，テイラーの定理は以下の式となる。

$$f(x) = f(a) + f'(c)(x-a)$$

$$f(x) = f(a) + f'(a)(x-a) + \frac{f''(c)}{2!}(b-a)^2$$

第1式は平均値の定理であり，第2式は式 (3.7) (p.85) で示していた。テイラーの定理は平均値の定理の拡張になっていることがわかる。

(2) 剰余項の他の表現も知られている。例えば，$R_n = \dfrac{f^{(n)}(c)}{(n-1)!}(b-a)(b-c)^{n-1}$ をコーシーの剰余項という (導出省略)。

(2) マクローリンの定理　テイラーの定理で特に $a=0$ の場合を**マクローリンの定理**という。テイラーの定理 (定理 3.21) で $a=0$ と置くと次を得る。

定理 3.22 (マクローリンの定理)　関数 $f(x)$ が $x=0$ を含む区間で，n 回微分可能ならば，次式を満たす θ $(0<\theta<1)$ が存在する †。

$$f(x) = f(0) + f'(0)x + \frac{f''(0)}{2!}x^2 + \cdots + \frac{f^{(n-1)}(0)}{(n-1)!}x^{n-1} + R_n$$

$$R_n = \frac{f^{(n)}(\theta x)}{n!}x^n \quad \text{(ラグランジュの剰余項)}$$

解説　マクローリンの定理は，$x=0$ での高次導関数の値から，関数 $f(x)$ を多項式として構成する方法 (**有限マクローリン展開**という) を与えている。右辺で R_n を除いた式は $f(x)$ の近似式になり，R_n はその誤差である。

例 3.26　e^x, $\sin x$, $\cos x$, $\log(1+x)$, $(1+x)^\alpha$ (α は実数) にマクローリンの定理を適用し，有限マクローリン展開しよう。

(1) $f(x)=e^x$ のとき，$f^{(k)}(x)=e^x$，$f^{(k)}(0)=1$ $(k=0,1,2,\cdots)$ だから

$$\left.\begin{aligned} e^x &= 1 + x + \frac{x^2}{2!} + \cdots + \frac{x^{n-1}}{(n-1)!} + R_n \\ R_n &= \frac{e^{\theta x}x^n}{n!} \qquad (0<\theta<1) \end{aligned}\right\} \tag{3.12}$$

(2) $f(x)=\sin x$ のとき，$f^{(k)}(x) = \sin\left(x+\dfrac{k\pi}{2}\right)$ $(k=0,1,2,\cdots)$ であるが (例題 3.6

† $c=\theta x$ と置いている。p.79 の解説も参照。また，和の記号を使うと，$f(x) = \displaystyle\sum_{k=0}^{n-1}\frac{f^{(k)}(0)}{k!}x^k + R_n$ のように表される。

(2))，$l=0,1,2\cdots$ として，$f^{(k)}(0)=\begin{cases} 0 & (k=2l) \\ (-1)^l & (k=2l+1) \end{cases}$ と表すことができる。これから

$$\sin x = 0+\frac{1}{1!}x+\frac{0}{2!}x^2+\frac{(-1)}{3!}x^3+\cdots+\frac{(-1)^{m-1}}{(2m-1)!}x^{2m-1}+0+R_{2m+1}$$
$$=x-\frac{x^3}{3!}+\frac{x^5}{5!}-\cdots+\frac{(-1)^{m-1}x^{2m-1}}{(2m-1)!}+R_{2m+1}$$
$$R_{2m+1}=\frac{\sin\left(\theta x+\frac{2m+1}{2}\pi\right)}{(2m+1)!}x^{2m+1}=\frac{(-1)^m\cos\theta x}{(2m+1)!}x^{2m+1}\qquad(0<\theta<1)$$

(3) $f(x)=\cos x$ のとき，$f^{(k)}(x)=\cos\left(x+\dfrac{k\pi}{2}\right)$ $(k=0,1,2,\cdots)$ であるが，$l=0,1,2\cdots$ として，$f^{(k)}(0)=\begin{cases} (-1)^l & (k=2l) \\ 0 & (k=2l+1) \end{cases}$ と表すことができる。これから

$$\cos x = 1-\frac{x^2}{2!}+\frac{x^4}{4!}+\cdots+\frac{(-1)^{m-1}}{(2m-2)!}x^{2m-2}+R_{2m}$$
$$R_{2m}=\frac{\cos(\theta x+m\pi)}{(2m)!}x^{2m}=\frac{(-1)^m\cos\theta x}{(2m)!}x^{2m}\qquad(0<\theta<1)$$

(4) $f(x)=\log(1+x)$ のとき, $f^{(k)}(x)=(-1)^{k-1}(k-1)!(1+x)^{-k}$, $f^{(k)}(0)=(-1)^{k-1}(k-1)!$ $(k=1,2,3,\cdots)$ だから ($\because$ $\{\log(1+x)\}^{(n)}$ は 3.3 節の問 3. の結果で $a=1$ とする。)

$$\log(1+x)=x-\frac{x^2}{2}+\frac{x^3}{3}-\cdots+\frac{(-1)^{n-2}x^{n-1}}{n-1}+R_n$$
$$R_n=\frac{(-1)^{n-1}}{n}\cdot\frac{x^n}{(1+\theta x)^n}\qquad(0<\theta<1)$$

(5) $f(x)=(1+x)^\alpha$ のとき，$f^{(k)}(x)=\alpha(\alpha-1)\cdots(\alpha-k+1)(1+x)^{\alpha-k}$，$f^{(k)}(0)=\alpha(\alpha-1)\cdots(\alpha-k+1)$ $(k=1,2,3,\cdots)$ だから ($\because$ $\{(1+x)^\alpha\}^{(n)}$ は例題 3.6(1) で $a=b=1$ とする。)

$$(1+x)^\alpha=1+\binom{\alpha}{1}x+\binom{\alpha}{2}x^2+\binom{\alpha}{3}x^3+\cdots+\binom{\alpha}{n-1}x^{n-1}+R_n$$
$$R_n=\binom{\alpha}{n}(1+\theta x)^{\alpha-n}x^n\qquad(0<\theta<1)$$

ここで，$\dbinom{\alpha}{k}=\dfrac{\alpha(\alpha-1)\cdots(\alpha-k+1)}{k!}$ $(k=1,2,3,\cdots)$ を意味する。

解説　$\dbinom{\alpha}{k}$ は α が有理数のときに定義されているが，α が自然数のときは ${}_\alpha\mathrm{C}_k$ に一致する。

(3) 近似値の計算　関数 $f(x)$ の有限マクローリン展開における第 $n-1$ 項までの和を用いると $f(x)$ の近似値が計算できる。

例 3.27　$y=\sin x$ とその有限マクローリン展開を用いた近似の様子を図 **3.33** に示す。項数を増やすと関数の近似の精度が上がる様子がわかる。

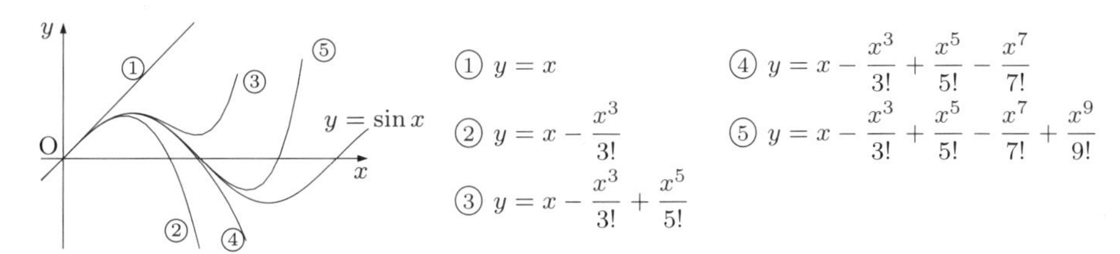

図 3.33　$\sin x$ の近似

例題 3.18　自然対数の底 e の値について，有限マクローリン展開において第 5 項まで用いた近似値を求め，また誤差を評価せよ。$e<3$ は既知とする (p.96 参照)。

【解答】　式 (3.12) で $n=6$ とすると

$$e^x=1+x+\frac{x^2}{2}+\frac{x^3}{6}+\frac{x^4}{24}+\frac{x^5}{120}+R_6, \qquad R_6=\frac{e^{\theta x}}{720}x^6 \qquad (0<\theta<1)$$

$x=1$ を代入して

$$e=1+1+\frac{1}{2}+\frac{1}{6}+\frac{1}{24}+\frac{1}{120}+R_6, \qquad R_6=\frac{e^{\theta}}{720}$$

剰余項以外の部分を計算して，近似値

$$e \fallingdotseq 1+1+\frac{1}{2}+\frac{1}{6}+\frac{1}{24}+\frac{1}{120}=\frac{163}{60}\fallingdotseq 2.716\,667$$

を得る [†]。一方，剰余項の大きさは上での近似値の誤差を与える。$0<\theta<1$ と $e<3$ より

$$|R_6|=\frac{|e^{\theta}|}{720}<\frac{3}{720}=\frac{1}{240}\fallingdotseq 0.004\,167$$

より，上の近似値の誤差は 0.004 167 より小さいことがわかる。　◇

(4) べき級数展開★　関数 $f(x)$ が $x=0$ を含む区間で無限回微分可能とする。このとき，マクローリンの定理 (定理 3.22) において $\lim_{n\to\infty} R_n(x)=0$ ならば，関数 $f(x)$ は次のように表すことができる。

$$f(x)=\sum_{k=0}^{\infty}\frac{f^{(k)}(0)}{k!}x^k=f(0)+f'(0)x+\frac{f''(0)}{2!}x^2+\cdots+\frac{f^{(n)}(0)}{n!}x^n+\cdots$$

† 自然対数の底 e の値は，2.718 281 828⋯ である。

これを**マクローリン展開**という †。ここで右辺の形

$$\sum_{n=0}^{\infty} a_n x^n = a_0 + a_1 x + a_2 x^2 + \cdots + a_n x^n + \cdots$$

を**べき級数**あるいは**整級数**という。

重要なべき級数とそれが収束する x の範囲を挙げる (導出省略)。

定理 3.23　(重要なべき級数展開)

(1)　$e^x = 1 + x + \dfrac{x^2}{2!} + \dfrac{x^3}{3!} + \cdots + \dfrac{x^n}{n!} + \cdots$　(任意の x)

(2)　$\sin x = x - \dfrac{x^3}{3!} + \dfrac{x^5}{5!} - \cdots + \dfrac{(-1)^m}{(2m+1)!} x^{2m+1} + \cdots$　(任意の x)

(3)　$\cos x = 1 - \dfrac{x^2}{2!} + \dfrac{x^4}{4!} - \cdots + \dfrac{(-1)^m}{(2m)!} x^{2m} + \cdots$　(任意の x)

(4)　$\log(1+x) = x - \dfrac{x^2}{2} + \dfrac{x^3}{3} - \cdots + (-1)^{n-1} \dfrac{x^n}{n} + \cdots$　$(-1 < x \leqq 1)$

(5)　$\tan^{-1} x = x - \dfrac{x^3}{3} + \dfrac{x^5}{5} - \cdots + (-1)^m \dfrac{x^{2m+1}}{2m+1} + \cdots$　$(-1 \leqq x \leqq 1)$

(6)　$(1+x)^\alpha = 1 + \dbinom{\alpha}{1} x + \dbinom{\alpha}{2} x^2 + \cdots + \dbinom{\alpha}{n} x^n + \cdots$　$(-1 < x < 1)$

(一般化した**二項定理**)

解説　べき級数展開に関連する事項について付記しておく。

(1) ($e < 3$ の証明)　定理 3.23(1) に $x = 1$ を代入すると

$$e = 1 + 1 + \frac{1}{2!} + \frac{1}{3!} + \frac{1}{4!} + \cdots$$

を得る。ここで

$$\frac{1}{3!} = \frac{1}{3 \cdot 2} < \frac{1}{2^2},\ \frac{1}{4!} = \frac{1}{4 \cdot 3 \cdot 2} < \frac{1}{2^3}, \cdots$$

要するに

$$\frac{1}{k!} < \frac{1}{2^{k-1}} \qquad (k = 3, 4, \cdots)$$

が成り立つから

$$e < 1 + \left(1 + \frac{1}{2} + \frac{1}{2^2} + \frac{1}{2^3} + \cdots\right)$$

---

† 一般には

$$f(x) = \sum_{k=0}^{\infty} \frac{f^{(k)}(a)}{k!}(x-a)^k = f(a) + f'(a)(x-a) + \frac{f''(a)}{2!}(x-a)^2 + \cdots$$

のような展開が考えられる。これを $f(x)$ の $x = a$ における**テイラー展開**という。

である。括弧内は 2 に収束する (∵ 例 3.22, p.73) ので，$e < 1 + 2 = 3$ がわかる。

(2) 定理 3.23(1) で変数 x の定義域を複素数へ拡張し，$x = i\theta$ と置いてみると

$$e^{i\theta} = 1 + i\theta + \frac{(i\theta)^2}{2!} + \frac{(i\theta)^3}{3!} + \cdots = 1 + i\theta - \frac{\theta^2}{2!} - \frac{i\theta^3}{3!} + \cdots$$
$$= \left(1 - \frac{\theta^2}{2!} + \cdots\right) + i\left(\theta - \frac{\theta^3}{3!} + \cdots\right)$$

右辺を定理 3.23 (2), (3) と比較すると

$$e^{i\theta} = \cos\theta + i\sin\theta$$

という指数関数と三角関数を関係づける式 (**オイラーの関係式**) を得る。これは信号解析などでよく利用される。

(3) 定理 3.23(5) で $x = 1$ を代入すると，次式 (**ライプニッツの公式**) を得る。

$$\frac{\pi}{4} = 1 - \frac{1}{3} + \frac{1}{5} - \cdots + (-1)^n \frac{1}{2n+1} + \cdots \tag{3.13}$$

これは π の近似値を求める公式となるが，正確な値を求めるには非常に多くの項を必要とする。

そこで次の**マチンの公式**が知られている。

$$\frac{\pi}{4} = 4\left(\frac{1}{5} - \frac{1}{3\cdot 5^3} + \frac{1}{5\cdot 5^5} - \cdots\right) - \left(\frac{1}{239} - \frac{1}{3\cdot 239^3} + \frac{1}{5\cdot 239^5} - \cdots\right) \tag{3.14}$$

この式は，次のようにして得られる。$\tan\alpha = \dfrac{1}{5}$ のとき，2 倍角の公式より

$$\tan 2\alpha = \frac{2\tan\alpha}{1 - \tan^2\alpha} = \frac{\frac{2}{5}}{1 - \left(\frac{1}{5}\right)^2} = \frac{5}{12}, \quad \tan 4\alpha = \frac{2\tan 2\alpha}{1 - \tan^2 2\alpha} = \frac{\frac{5}{6}}{1 - \left(\frac{5}{12}\right)^2} = \frac{120}{119}$$

である。これから，加法定理を用いて

$$\tan\left(4\alpha - \frac{\pi}{4}\right) = \frac{\tan 4\alpha - \tan\frac{\pi}{4}}{1 + \tan 4\alpha \cdot \tan\frac{\pi}{4}} = \frac{\frac{120}{119} - 1}{1 + \frac{120}{119}} = \frac{1}{239}$$

よって，$4\alpha - \dfrac{\pi}{4} = \tan^{-1}\dfrac{1}{239}$，つまり $\dfrac{\pi}{4} = 4\tan^{-1}\dfrac{1}{5} - \tan^{-1}\dfrac{1}{239}$ を得る。これに，定理 3.23 (5) を適用する。

円周率の近似値は，式 (3.14) では括弧内の各 3 項を用いて $\pi \fallingdotseq 3.141\,621$ を得るが，式 (3.13) では 第 100 項 まで用いても $\pi \fallingdotseq 3.132$ しか得られない。円周率の真値は，$\pi = 3.141\,592\,653\cdots$ である。

問　　　題

問 1. 次の関数 $f(x)$ に $n = 4$ の場合のマクローリンの定理を適用せよ。ラグランジュの剰余項 R_4 も求めよ。《例 3.26》

(1) $f(x) = e^{2x}$　　(2) $f(x) = \dfrac{1}{1-x}$　　(3) $f(x) = a^x \quad (a > 0)$

問 2. 以下を行え。《例題 3.18》

(1) $|x| < 1$ のとき，$\sqrt{1+x} = 1 + \dfrac{1}{2}x - \dfrac{1}{8}x^2 + \dfrac{1}{16}(1+\theta x)^{-\frac{5}{2}}x^3 \ (0 < \theta < 1)$ と表されることを示せ。

(2)　近似式 $\sqrt{1+x} \fallingdotseq 1+\dfrac{1}{2}x-\dfrac{1}{8}x^2$ を用いて，$\sqrt{1.1}$ の近似値を求めよ。

(3)　(2) の近似値の誤差を評価せよ。　　(参考：$\sqrt{1.1}=1.048\,808\,848\cdots$)

問 3.　以下を行え。《例題 3.18》

(1)　$|x|<1$ のとき

$$\log\left(\frac{1+x}{1-x}\right)=2x+\frac{2}{3}x^3+\frac{2}{5}x^5+R_7,\qquad R_7=\frac{1}{7}\left\{\left(\frac{x}{1+\theta x}\right)^7+\left(\frac{x}{1-\theta x}\right)^7\right\}$$

$(0<\theta<1)$ と表されることを示せ。

(2)　近似式 $\log\left(\dfrac{1+x}{1-x}\right)\fallingdotseq 2x+\dfrac{2}{3}x^3+\dfrac{2}{5}x^5$ を用いて，$\log 2$ の近似値を求めよ。

(3)　(2) の近似値の誤差を評価せよ。　　(参考：$\log 2=0.693\,147\,180\cdots$)

問 4.　次の値の近似値を有限マクローリン展開において x^5 の項まで計算して求めよ。また，誤差も簡単に評価せよ。《例題 3.18》

(1)　$\sqrt{e}$　　(2)　$\sin\dfrac{1}{10}$

(参考:$\sqrt{e}=1.648\,721\,270\cdots$, $\sin 0.1=0.099\,833\,416\,646\cdots$)

3.8　2 変数関数と偏微分

これまで 1 変数関数を考えていた。本節からは，2 変数関数とその微分について学ぶ。

(1)　2 変数関数とそのグラフ　　二つの変数 x, y の両方の値を決めると，それらの値に対応して z の値がただ一つ定まる関係があるとき，z は x と y の**関数**であるという。これを $z=f(x,y)$ と表す (**図 3.34**)。x と y を**独立変数**，z を**従属変数**という。x, y のとりうる範囲をこの関数の**定義域**といい，x, y が定義域のすべての範囲を動くとき，z のとりうる範囲をこの関数の**値域**という。

1 変数関数　　**2 変数関数**

$y \longleftarrow \boxed{f} \longleftarrow x$　　$z \longleftarrow \boxed{f} \longleftarrow x, y$

$y=f(x)$　　$z=f(x,y)$

図 3.34　2 変数関数

関数の様子を視覚的にとらえることは重要である。二つの変数 x, y の両方の値を決めることは，xy 座標平面上の点 (x,y) を決めることに対応する。1 変数関数の定義域としては開区間や閉区間を考えた。これに対応して，2 変数関数における定義域は xy 平面の点の集合となる。通常，定義域として**領域**や**閉領域**を考えることが多い。領域は各点がつながっていて境界を含まない集合をいい，領域に境界を含めた集合を閉領域という。閉領域の例を**図 3.35** に示す。

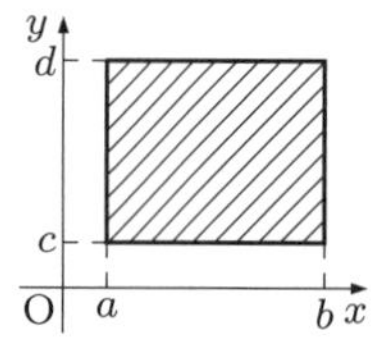

(a)　$\{(x,y)|a \leqq x \leqq b,\ c \leqq y \leqq d\}$

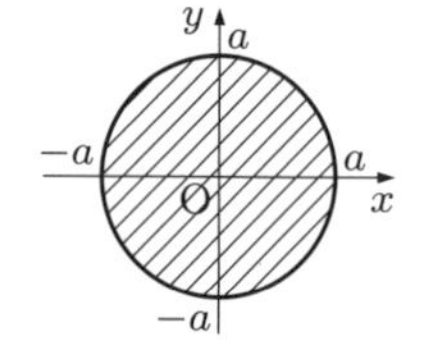

(b)　$\{(x,y)|x^2+y^2 \leqq a^2\}$

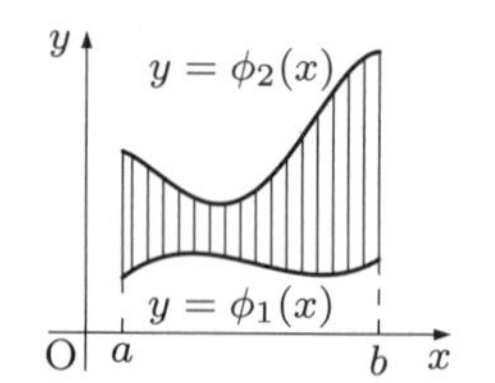

(c)　$\{(x,y)|a \leqq x \leqq b,\ \phi_1(x) \leqq y \leqq \phi_2(x)\}$

図 3.35　閉領域の例

図 3.36 のように原点で互いに直交する三つの数直線を定めると，三つの実数の組 (a, b, c) と点 P を対応させることができる。この組 (a, b, c) を点 P の**座標**といい，三つの数直線を**座標軸**という。座標軸が定められた空間を**座標空間**という。変数 x, y が定義域全体を動くとき，座標空間内に点 $(x, y, f(x, y))$ の全体をかいてできる図形を**関数** $f(x, y)$ **のグラフ**または**曲面** $z = f(x, y)$ という。

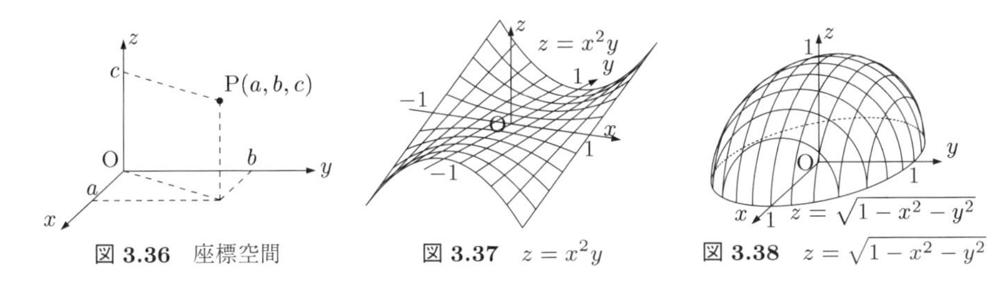

図 **3.36**　座標空間　　図 **3.37**　$z = x^2y$　　図 **3.38**　$z = \sqrt{1 - x^2 - y^2}$

例 3.28　次の二つは 2 変数関数である。これらのグラフを図 **3.37**, 図 **3.38** に示す。

(1) $f(x, y) = x^2y$　　(2) $z = \sqrt{1 - x^2 - y^2}$

(2)　2 変数関数の極限と連続性　　点 (x, y) が点 (a, b) に限りなく近づくとき，経路によらず，2 変数関数 $f(x, y)$ の値が l に限りなく近づくならば，l を点 (x, y) が点 (a, b) に近づくときの**極限値**といい

$$\lim_{(x,y)\to(a,b)} f(x, y) = l \quad \text{または} \quad (x, y) \to (a, b) \text{ のとき } f(x, y) \to l$$

と表す。

解説　$(x, y) \to (a, b)$ とは $\sqrt{(x-a)^2 + (y-b)^2} \to 0$ の意味である。1 変数の場合は x を a に近づけるとき右または左から近づける場合を考えたが，2 変数の場合には点 (x, y) の点 (a, b) への近づき方は無数にある (図 **3.39**)。

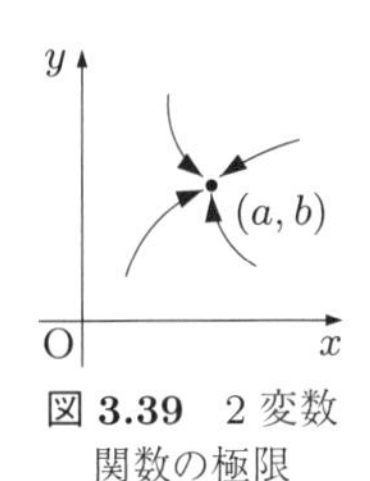

図 **3.39**　2 変数関数の極限

2 変数関数 $f(x, y)$ は $\displaystyle\lim_{(x,y)\to(a,b)} f(x, y) = f(a, b)$ のとき，点 (a, b) で**連続**であるという。ある閉領域 (または領域)D のすべての点で連続であるとき，2 変数関数 $f(x, y)$ は D で連続であるという。

解説　(1) 連続関数の性質は，1 変数の場合と同じように成り立つ。すなわち関数 $f(x, y)$ が閉領域 D で連続であるとき

[1] $f(x, y)$ は閉領域 D で最大値および最小値をとる (最大値・最小値の定理)。

[2] 閉領域 D に含まれる任意の 2 点 (a_1, a_2),(b_1, b_2) について，$f(a_1, a_2) \neq f(b_1, b_2)$ ならば，$f(a_1, a_2)$ と $f(b_1, b_2)$ の間の任意の値 k に対して，$f(c_1, c_2) = k$ を満たす点 (c_1, c_2) が D に存在する (中間値の定理)。

(2) ある関数が連続とは，そのグラフである曲面が陥没や亀裂のない曲面になっていることと受け止められる。

(3) 1 変数の場合と同じように，連続関数の和差積商，合成，逆関数で得られる関数はその定義域で連続である。例えば次の関数は定義域で連続である。

$$x^2 - xy^2 + y^3, \quad \sin\frac{y}{x^2}, \quad \sqrt{xy}e^{3x}, \quad \log(x^2+y^2), \quad \cos^{-1}(xy)$$

(3) 偏微分と偏導関数　2 変数関数 $z = f(x, y)$ を微分することを考えよう。

関数 $z = f(x, y)$ において，一つの独立変数 x のみを変数とみなし，y の値を b に固定すると，$f(x, b)$ は x のみの関数と考えることができる。$f(x, b)$ が $x = a$ で微分可能のとき，すなわち，極限値

$$\lim_{h \to 0} \frac{f(a+h, b) - f(a, b)}{h}$$

が存在するとき，$f(x, y)$ は点 (a, b) で x について**偏微分可能**であるという。そのときの極限値を点 (a, b) における $f(x, y)$ の x に関する**偏微分係数**という。$f(x, y)$ が定義域の各点 (x, y) で x について偏微分可能であるとき $f(x, y)$ は x について偏微分可能であるという。このとき，各点 (x, y) に対して点 (x, y) における $f(x, y)$ の x に関する偏微分係数を対応させる関数を $z = f(x, y)$ の x に関する**偏導関数**といい z_x，$\dfrac{\partial z}{\partial x}$，$\dfrac{\partial}{\partial x} f(x, y)$，$f_x(x, y)$，$D_x f(x, y)$ などの記号で表す†。

同様に，x と y の立場を入れ替えることにより，y に関する偏微分可能性，偏微分係数，偏導関数が定義される。

定義 3.1　(偏導関数)

$$f_x(x, y) = \lim_{h \to 0} \frac{f(x+h, y) - f(x, y)}{h}$$

$$f_y(x, y) = \lim_{k \to 0} \frac{f(x, y+k) - f(x, y)}{k}$$

$f(x, y)$ が x と y について偏微分可能であるとき，$f(x, y)$ は偏微分可能であるという。$f(x, y)$ の偏導関数を求めることを $f(x, y)$ を (x または y で) **偏微分する**という。

$z = f(x, y)$ の偏導関数 $f_x(x, y)$，$f_y(x, y)$ が偏微分可能であるとき，$f_x(x, y)$，$f_y(x, y)$ のそれぞれをさらに偏微分して得られる偏導関数

$$\frac{\partial}{\partial x} f_x(x, y), \qquad \frac{\partial}{\partial y} f_x(x, y), \qquad \frac{\partial}{\partial x} f_y(x, y), \qquad \frac{\partial}{\partial y} f_y(x, y)$$

† ∂ はデル，ラウンドディーと呼ばれる。

を $f(x,y)$ の第 2 次偏導関数という。これらは，それぞれ

$$\frac{\partial^2}{\partial x^2}f(x,y), \quad \frac{\partial^2}{\partial y\partial x}f(x,y), \quad \frac{\partial^2}{\partial x\partial y}f(x,y), \quad \frac{\partial^2}{\partial y^2}f(x,y)$$

$$f_{xx}(x,y), \quad f_{xy}(x,y), \quad f_{yx}(x,y), \quad f_{yy}(x,y)$$

$$z_{xx}, \quad z_{xy}, \quad z_{yx}, \quad z_{yy}$$

などの記号で表す。

第 2 次偏導関数がさらに偏微分可能であれば，それぞれをさらに偏微分して第 3 次偏導関数が得られる。繰り返して，高次の偏導関数を考えることができる。

注意　(1) 2 変数関数の偏導関数は 2 種類，第 2 次偏導関数は 4 種類，第 3 次偏導関数は 8 種類ある。
(2) 偏微分の順序に注意せよ。$\dfrac{\partial^2 f}{\partial y\partial x} = f_{xy}$ は x, y の順に偏微分する。$\dfrac{\partial^2 f}{\partial y\partial x} = \dfrac{\partial}{\partial y}\left(\dfrac{\partial f}{\partial x}\right)$，$f_{xy} = (f_x)_y$ の意味である。
(3) 三つ以上の変数の関数 $f(x_1, x_2, \cdots, x_n)$ においても，一つの独立変数だけを変数とみなし，他を定数と考えることで同様に，偏微分可能性，偏微分係数，偏微分などが議論できる。
(4) 偏微分可能であっても連続とはいえない。例えば，関数

$$f(x,y) = \begin{cases} \dfrac{2xy}{x^2+y^2} & (x,y) \neq (0,0) \\ 0 & (x,y) = (0,0) \end{cases} \tag{3.15}$$

は点 (0,0) で偏微分可能である。しかし，点 (0,0) で連続でない (図 **3.40**)。$y = mx$ に沿って (0,0) に近づけたとき，次式となる。

$$\lim_{(x,y)\to(0,0)} f(x,y) = \lim_{x\to 0} f(x,mx) = \frac{2m}{m^2+1}$$

例えば，$m = 1$ のとき $\displaystyle\lim_{(x,y)\to(0,0)} f(x,y) = 1$ であるが，$m = -1$ のとき $\displaystyle\lim_{(x,y)\to(0,0)} f(x,y) = -1$ である。近づけ方にかかわらず一定の値に近づかないので，極限値が定まらない。

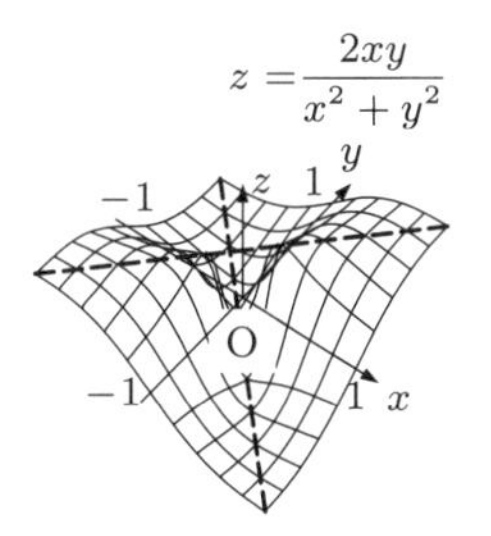

図 3.40　原点で偏微分可能だが不連続な関数

例題 3.19　次の関数の第 1 次および第 2 次偏導関数を求めよ。

(1) $f(x,y) = 3x^2 - xy + 2y^2$　　(2) $f(x,y) = e^x \sin y$

【解答】　(1) x を変数，y を定数とみて微分し，$f_x(x,y) = 6x - y$ となり，y を変数，x を定数とみて微分し，$f_y(x,y) = -x + 4y$ となる。
同様にして，$f_{xx}(x,y) = 6$, $f_{xy}(x,y) = -1$, $f_{yx}(x,y) = -1$, $f_{yy}(x,y) = 4$ となる。

(2) $\dfrac{\partial}{\partial x}f(x,y) = e^x \sin y$，　$\dfrac{\partial}{\partial y}f(x,y) = e^x \cos y$，　$\dfrac{\partial^2}{\partial x^2}f(x,y) = e^x \sin y$

$\dfrac{\partial^2}{\partial y\partial x}f(x,y) = e^x \cos y$，　$\dfrac{\partial^2}{\partial x\partial y}f(x,y) = e^x \cos y$，　$\dfrac{\partial^2}{\partial y^2}f(x,y) = -e^x \sin y$　　◇

例題 3.19 で，$f_{xy}(x,y) = f_{yx}(x,y)$ が成り立っているが，これについて次の定理がある。

定理 3.24 (微分の順序変更)　$f(x,y)$ が C^2 級 † であれば，　$f_{xy}(x,y) = f_{yx}(x,y)$

証明　付録 A.5 節参照。 □

この定理より，微分の順序はさほど気にしなくてよいことがわかる。

(4) 接 平 面★　式 (1.2) で定義された 1 変数関数の微分係数は

$$f(a+h) = f(a) + f'(a)h + \varepsilon h$$

とおいて，$h \to 0$ のとき $\varepsilon \to 0$ になることと同等である。ここで，$a+h = x$ と置くと $f(x) = f(a) + f'(a)(x-a) + \varepsilon h$ となるが，$y = f(a) + f'(a)(x-a)$ は点 $(a, f(a))$ における曲線 $y = f(x)$ の接線を表し，$x = a$ の近くで $y = f(x)$ の近似になっている。

同様に考えて 2 変数関数のとき

$$f(a+h, b+k) = f(a,b) + f_x(a,b)h + f_y(a,b)k + \varepsilon\sqrt{h^2+k^2} \tag{3.16}$$

とおいて，$h \to 0$ かつ $k \to 0$ のとき $\varepsilon \to 0$ になるとき，$f(x,y)$ は点 (a,b) において微分可能または全微分可能という。全微分可能であるとき

$$z = f(a,b) + f_x(a,b)(x-a) + f_y(a,b)(y-b)$$

を点 $(a, b, f(a,b))$ における曲面の $z = f(x,y)$ の**接平面** (図 3.41) といい，$(x,y) = (a,b)$ の近くで曲面 $z = f(x,y)$ の近似式を与える。

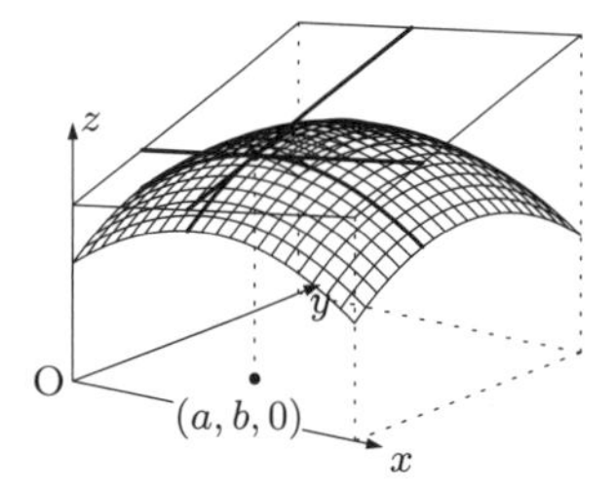

図 3.41　接平面

なお，$f_x(a,b)$ は，点 $(a, b, f(a,b))$ を含む xz 平面に平行な平面で曲面 $z = f(x,y)$ を切断したとき，断面にできる曲線 $z = f(x,b)$ の接線の傾きを意味し，$f_y(a,b)$ は同様に yz 平面に平行な平面で同曲面を切断したとき断面にできる曲線 $z = f(a,y)$ の接線の傾きを意味する。

さて，関数が与えられたときそれが微分可能かが問題であるが，次の定理があり，式で表された関数であればそれほど気にしなくてよいことがわかる。

定理 3.25 (微分可能性)　関数 $f(x,y)$ は点 (a,b) の付近で C^1 級であれば，点 (a,b) で微分可能である。

証明　式 (3.16) で $h \to 0$ かつ $k \to 0$ のとき $\varepsilon \to 0$ を示せばよい。平均値の定理 (定理 3.12, p.78) を適用して

† n 次までのすべての偏導関数を持ち，それらが連続関数となる関数を C^n **級の関数**という。任意の n に対して C^n 級であるとき，C^∞ **級**という。1 変数関数 $f(x)$ に対しても，n 次までの導関数を持ち，それらが連続関数となる関数を C^n **級の関数**という。

$$\varepsilon\sqrt{h^2+k^2} = f(a+h,b+k)-f(a,b+k)+f(a,b+k)-f(a,b)-f_x(a,b)h-f_y(a,b)k$$
$$= \{f_x(a+\theta_1 h,b+k)-f_x(a,b)\}h+\{f_y(a,b+\theta_2 k)-f_y(a,b)\}k$$
$$(0<\theta_1<1,\ 0<\theta_2<1)$$

と表される。これから，$h\to 0$ かつ $k\to 0$ のとき，$f_x(x,y)$，$f_y(x,y)$ が連続であれば

$$|\varepsilon| = |f_x(a+\theta_1 h,b+k)-f_x(a,b)|\frac{|h|}{\sqrt{h^2+k^2}}+|f_y(a,b+\theta_2 k)-f_y(a,b)|\frac{|k|}{\sqrt{h^2+k^2}}$$
$$\leqq |f_x(a+\theta_1 h,b+k)-f_x(a,b)|+|f_y(a,b+\theta_2 k)-f_y(a,b)|\to 0$$

□

(5) 合成関数の偏微分　x,y が t の関数のとき，$z=f(x,y)$ は t の1変数関数となる。z を t について微分しよう。

定理 3.26 (1変数関数となる合成関数の偏微分)　$f(x,y)$ が C^1 級関数，$\phi(t)$, $\psi(t)$ が微分可能のとき，$z=f(\phi(t),\psi(t))=F(t)$ は微分可能となり

$$\frac{dz}{dt}=\frac{\partial z}{\partial x}\frac{dx}{dt}+\frac{\partial z}{\partial y}\frac{dy}{dt}=f_x(\phi(t),\psi(t))\phi'(t)+f_y(\phi(t),\psi(t))\psi'(t)$$

証明　$z=f(x,y)$,　$x=\phi(t)$,　$y=\psi(t)$ と置く。また

$$\Delta x=\phi(t+\Delta t)-\phi(t) \quad \text{つまり} \quad \phi(t+\Delta t)=x+\Delta x,$$
$$\Delta y=\psi(t+\Delta t)-\psi(t) \quad \text{つまり} \quad \psi(t+\Delta t)=y+\Delta y$$

と置く。さらに $\Delta z=F(t+\Delta t)-F(t)$ と置く。これから

$$\Delta z=f(\phi(t+\Delta t),\psi(t+\Delta t))-f(\phi(t),\psi(t))=f(x+\Delta x,y+\Delta y)-f(x,y)$$
$$=\{f(x+\Delta x,y+\Delta y)-f(x,y+\Delta y)\}+\{f(x,y+\Delta y)-f(x,y)\}$$

と表し，平均値の定理を右辺第1項，第2項にそれぞれ適用して[†]

$$\Delta z=f_x(x+\theta_1\Delta x,y+\Delta y)\Delta x+f_y(x,y+\theta_2\Delta y)\Delta y \qquad (0<\theta_1<1,\ 0<\theta_2<1)$$

となる θ_1,θ_2 が存在する。これより

$$\frac{\Delta z}{\Delta t}=f_x(x+\theta_1\Delta x,y+\Delta y)\frac{\Delta x}{\Delta t}+f_y(x,y+\theta_2\Delta y)\frac{\Delta y}{\Delta t}$$

となり，$f_x(x,y)$，$f_y(x,y)$ が連続，$x=\phi(t),y=\psi(t)$ が微分可能だから連続で，$\Delta t\to 0$ のとき $\Delta x\to 0$, $\Delta y\to 0$ となって，

$$\frac{dz}{dt}=f_x(x,y)\frac{dx}{dt}+f_y(x,y)\frac{dy}{dt}$$

□

† 平均値の定理を適用するために，$f(x,y+\Delta y)$ が $[x,x+\Delta x]$ で連続で $(x,x+\Delta x)$ で微分可能，$f(x,y)$ が $[y,y+\Delta y]$ で連続で $(y,y+\Delta y)$ で微分可能が必要である。

例題 3.20　2 変数関数 $f(x,y)$ が C^2 級の関数のとき，$f(x,y)$ と $x=a+ht,\ y=b+kt$ の合成関数

$$F(t)=f(a+ht,b+kt) \qquad (a,b,h,k \text{ は定数})$$

に対して，$F'(t)$ および $F''(t)$ を求めよ。

【解答】　$\dfrac{dx}{dt}=h,\ \dfrac{dy}{dt}=k$ である。これから次式を得る。

$$F'(t)=f_x(a+ht,b+kt)\frac{dx}{dt}+f_y(a+ht,b+kt)\frac{dy}{dt}=hf_x(a+ht,b+kt)+kf_y(a+ht,b+kt)$$

次に $F''(t)=h\dfrac{d}{dt}f_x(a+ht,b+kt)+k\dfrac{d}{dt}f_y(a+ht,b+kt)$ を求める。ここで

$$\begin{aligned}
\frac{d}{dt}f_x(a+ht,b+kt)&=f_{xx}(a+ht,b+kt)\frac{dx}{dt}+f_{xy}(a+ht,b+kt)\frac{dy}{dt}\\
&=hf_{xx}(a+ht,b+kt)+kf_{xy}(a+ht,b+kt)\\
\frac{d}{dt}f_y(a+ht,b+kt)&=f_{yx}(a+ht,b+kt)\frac{dx}{dt}+f_{yy}(a+ht,b+kt)\frac{dy}{dt}\\
&=hf_{yx}(a+ht,b+kt)+kf_{yy}(a+ht,b+kt)
\end{aligned}$$

したがって，定理 3.24 も考慮して，次式を得る。

$$F''(t)=h^2f_{xx}(a+ht,b+kt)+2hkf_{xy}(a+ht,b+kt)+k^2f_{yy}(a+ht,b+kt) \qquad \diamondsuit$$

定理 3.27　(2 変数関数となる合成関数の偏微分)　$f(x,y)$ が C^1 級関数, $\phi(u,v),\psi(u,v)$ が偏微分可能のとき，$z=f(\phi(u,v),\psi(u,v))=F(u,v)$ は偏微分可能となり，次式が成り立つ。

$$\frac{\partial z}{\partial u}=\frac{\partial z}{\partial x}\frac{\partial x}{\partial u}+\frac{\partial z}{\partial y}\frac{\partial y}{\partial u}, \qquad \frac{\partial z}{\partial v}=\frac{\partial z}{\partial x}\frac{\partial x}{\partial v}+\frac{\partial z}{\partial y}\frac{\partial y}{\partial v}$$

証明　定理 3.26 と同様。　□

解説　行列を使うと $\begin{bmatrix}\dfrac{\partial z}{\partial u} & \dfrac{\partial z}{\partial v}\end{bmatrix}=\begin{bmatrix}\dfrac{\partial z}{\partial x} & \dfrac{\partial z}{\partial y}\end{bmatrix}\begin{bmatrix}\dfrac{\partial x}{\partial u} & \dfrac{\partial x}{\partial v}\\ \dfrac{\partial y}{\partial u} & \dfrac{\partial y}{\partial v}\end{bmatrix}$ と書くことができる。

例題 3.21　$z=f(x,y)$ が C^1 級の関数のとき，$x=r\cos\theta,\ y=r\sin\theta$ と置くと，z は r,θ の関数とみることができる。このとき，次式を示せ。

$$(z_x)^2+(z_y)^2=(z_r)^2+\frac{1}{r^2}(z_\theta)^2$$

【解答】　$\dfrac{\partial x}{\partial r}=\cos\theta,\ \dfrac{\partial y}{\partial r}=\sin\theta,\ \dfrac{\partial x}{\partial \theta}=-r\sin\theta,\ \dfrac{\partial y}{\partial \theta}=r\cos\theta$ である。これから

$$z_r = \frac{\partial z}{\partial x}\frac{\partial x}{\partial r} + \frac{\partial z}{\partial y}\frac{\partial y}{\partial r} = z_x \cos\theta + z_y \sin\theta, \quad z_\theta = \frac{\partial z}{\partial x}\frac{\partial x}{\partial \theta} + \frac{\partial z}{\partial y}\frac{\partial y}{\partial \theta} = -z_x r\sin\theta + z_y r\cos\theta$$

よって，右辺 $= (z_x\cos\theta + z_y\sin\theta)^2 + \frac{1}{r^2}(-z_x r\sin\theta + z_y r\cos\theta)^2 = (z_x)^2 + (z_y)^2 =$ 左辺 ◇

問　　　題

問 1. 次の関数の第 1 次および第 2 次の偏導関数を求めよ。《例題 3.19》

(1) $f(x,y) = x^2 - xy + y^2 - 4x - y$　(2) $f(x,y) = x^3 - xy + y^3$

(3) $f(x,y) = (x^2 - 2xy)^2$　(4) $f(x,y) = \sin(x+y)$　(5) $f(x,y) = \sqrt{x^2+y^2}$

(6) $f(x,y) = \log(x^2+y^2)$　(7) $f(x,y) = \dfrac{x-y}{x+y}$　(8) $f(x,y) = \tan^{-1}\dfrac{y}{x}$

問 2. $f(x,y)$ を C^2 級の関数とするとき，合成関数 $f(\sin t, \cos t) = F(t)$ の導関数 $F'(t)$，$F''(t)$ を求めよ。《例題 3.20》

問 3. $z = \tan\dfrac{y}{x}$，$x = \cos t$，$y = \sin t$ のとき，$\dfrac{dz}{dt}$ を求めよ。《例題 3.20》

問 4. $z = f(x,y)$ を C^2 級の関数とし

$$\begin{cases} x = u\cos\alpha + v\sin\alpha \\ y = u\sin\alpha - v\cos\alpha \end{cases}$$

とするとき，以下を行え。《例題 3.21》

(1) z_u, z_v を z_x, z_y を用いて示せ。

(2) $z_u^2 + z_v^2 = z_x^2 + z_y^2$ を示せ。

(3) $z_{uu} + z_{vv} = z_{xx} + z_{yy}$ を示せ。

問 5. $z = f(x,y)$ を C^2 級の関数とし，$x = r\cos\theta$，$y = r\sin\theta$ とするとき，次式を示せ。《例題 3.21》

$$z_{xx} + z_{yy} = z_{rr} + \frac{1}{r}z_r + \frac{1}{r^2}z_{\theta\theta}$$

3.9　2 変数関数の極値

本節では，2 変数関数におけるテイラーの定理について学び，さらに，2 変数関数の微分の応用として，2 変数関数の極大，極小を求める方法を学ぶ。

(1) 2 変数関数のテイラーの定理　テイラーの定理を 2 変数関数に拡張しよう。

定理 3.28 ($n = 1, 2$ の場合のテイラーの定理)

(1) $f(x,y)$ が C^1 級関数のとき

$$f(a+h, b+k) = f(a,b) + \{hf_x(a+\theta h, b+\theta k) + kf_y(a+\theta h, b+\theta k)\}$$

となる θ $(0 < \theta < 1)$ が存在する ($n = 1$ の場合，平均値の定理)。

(2) $f(x,y)$ が C^2 級関数のとき

$$f(a+h,b+k) = f(a,b) + \{hf_x(a,b) + kf_y(a,b)\} + \frac{1}{2}\Big\{h^2 f_{xx}(a+\theta h, b+\theta k) + 2hkf_{xy}(a+\theta h, b+\theta k) + k^2 f_{yy}(a+\theta h, b+\theta k)\Big\}$$

となる θ $(0<\theta<1)$ が存在する ($n=2$ の場合)。

証明　(1) $F(t)=f(a+ht,b+kt)$ をマクローリン展開 (定理 3.22 において $n=1$ の場合) すると

$$F(t)=F(0)+F'(\theta t)t \qquad (0<\theta<1)$$

となる θ が存在する。$t=1$ を代入すると

$$F(1)=F(0)+F'(\theta)$$

となる。$F'(\theta)$ に例題 3.20 の結果を利用すると求める式を得る。

(2) 同様に，$F(t)=f(a+ht,b+kt)$ をマクローリン展開 ($n=2$ の場合) すると

$$F(t)=F(0)+F'(0)t+\frac{F''(\theta t)}{2}t^2 \qquad (0<\theta<1)$$

となる θ が存在する。$t=1$ を代入すると

$$F(1)=F(0)+F'(0)+\frac{F''(\theta)}{2}$$

となる。$F'(0)$, $F'(\theta)$ に例題 3.20 の結果を利用すると求める式を得る。　□

解説　$(a+h,b+k)=(x,y)$ とおいてさらに $(a,b)=(0,0)$ とすると，2 変数のマクローリンの定理を得る。$n=2$ の場合を以下に示す。

$$f(x,y)=f(0,0)+xf_x(0,0)+yf_y(0,0)+\frac{1}{2}\left\{x^2f_{xx}(\theta x,\theta y)+2xyf_{xy}(\theta x,\theta y)+y^2f_{yy}(\theta x,\theta y)\right\}$$

例題 3.22　$f(x,y)=e^x\cos y$ に $n=2$ の場合のマクローリンの定理を適用せよ。

【解答】　$f(x,y)$ の第 1 次および第 2 次偏導関数を求めると

$$f_x(x,y)=e^x\cos y,\quad f_y(x,y)=-e^x\sin y$$

$$f_{xx}(x,y)=e^x\cos y,\quad f_{xy}(x,y)=f_{yx}(x,y)=-e^x\sin y,\quad f_{yy}(x,y)=-e^x\cos y$$

となる。これから

$$f(0,0)=1,\quad f_x(0,0)=1,\quad f_y(0,0)=0,\quad f_{xx}(\theta x,\theta y)=e^{\theta x}\cos(\theta y)$$

$$f_{xy}(\theta x,\theta y)=f_{yx}(\theta x,\theta y)=-e^{\theta x}\sin(\theta y),\quad f_{yy}(\theta x,\theta y)=-e^{\theta x}\cos(\theta y)$$

を得る。これらを用いて，次のように表すことができる。

$$\begin{aligned} e^x\cos y &= 1+x+\frac{1}{2}\Big\{x^2e^{\theta x}\cos(\theta y)-2xye^{\theta x}\sin(\theta y)-y^2e^{\theta x}\cos(\theta y)\Big\} \\ &= 1+x+\frac{1}{2}e^{\theta x}\left\{(x^2-y^2)\cos(\theta y)-2xy\sin(\theta y)\right\} \qquad (0<\theta<1) \end{aligned}$$

◇

(2)　2 変数関数の極大・極小　　2 変数関数の極大・極小の定義は 1 変数関数の場合 (p.36) と同様である。すなわち，点 (a,b) を含むある領域で，$(a,b)\neq(x,y)$ ならば $f(x,y)<f(a,b)$ であるとき $f(x,y)$ は点 (a,b) で極大といい，$f(x,y)>f(a,b)$ であるとき $f(x,y)$ は点 (a,b) で極小といい，二つをあわせて $f(x,y)$ の極値という (図 **3.42**)。

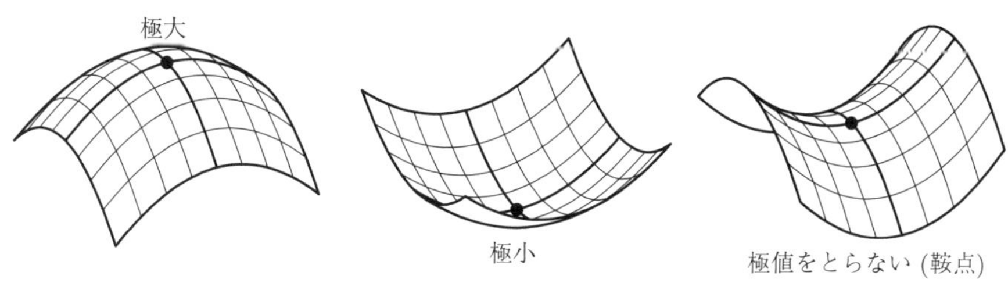

図 3.42　2 変数関数の極値

次の定理は，極値をとる点の候補 (**停留点**) を与える。定理 3.10 (p.77) と比較せよ。

定理 3.29　(極値をとるための必要条件)　偏微分可能な関数 $f(x,y)$ が点 (a,b) で極値をとるならば $f_x(a,b)=0$ かつ $f_y(a,b)=0$ である。

証明　$f(x,b)$ は $x=a$ で極値をとるから，定理 3.10 より $f_x(a,b)=0$ である。同様に，$f(a,y)$ は $y=b$ で極値をとるから，$f_y(a,b)=0$ である。　□

(3)　極値の判定　停留点で実際に極値をとるかどうかを判定するには次の定理を用いる。定理 3.19 (p.86) と比較せよ

定理 3.30　(極値の判定)　C^2 級の関数 $f(x,y)$ が $f_x(a,b)=f_y(a,b)=0$ を満たし，さらに

$$H=f_{xx}(a,b)f_{yy}(a,b)-\{f_{xy}(a,b)\}^2>0$$

とする。このとき

(i) $f_{xx}(a,b)<0$ ならば $f(a,b)$ は極大値となる。

(ii) $f_{xx}(a,b)>0$ ならば $f(a,b)$ は極小値となる。

証明　$f(x,y)$ が C^2 級の関数であるので，$n=2$ の場合のテイラーの定理 (定理 3.28) より，$f_x(a,b)=f_y(a,b)=0$ とすると

$$f(a+h,b+k)-f(a,b)=\frac{1}{2}\Big\{h^2f_{xx}(a+\theta h,b+\theta k)+2hkf_{xy}(a+\theta h,b+\theta k)$$
$$+k^2f_{yy}(a+\theta h,b+\theta k)\Big\}\qquad(0<\theta<1)$$

となる実数 θ が存在する。

次に，$A=f_{xx}(a+\theta h,b+\theta k)$，$B=f_{xy}(a+\theta h,b+\theta k)$，$C=f_{yy}(a+\theta h,b+\theta k)$ と置く。これより

$$f(a+h,b+k)-f(a,b)=\frac{1}{2}\{Ah^2+2Bhk+Ck^2\}$$

と表される。ここで，$f_{xx}(x,y)$, $f_{xy}(x,y)$, $f_{yy}(x,y)$ が連続だから，十分に小さい h, k に対して，A,B,C と $f_{xx}(a,b)$, $f_{xy}(a,b)$, $f_{yy}(a,b)$ の正負は同じになり (定理 3.4，p.65)

$$H = f_{xx}(a,b)f_{yy}(a,b) - \{f_{xy}(a,b)\}^2$$

と $AC - B^2$ の符号は同じになる。

$H > 0$ のとき，$AC - B^2 > 0$ だから，$AC > B^2 \geqq 0$ より，$A \neq 0$ がわかる。式を変形して

$$\begin{aligned} f(a+h,b+k) - f(a,b) &= \frac{1}{2A}\left(A^2h^2 + 2ABhk + ACk^2\right) \\ &= \frac{1}{2A}\left\{(Ah+Bk)^2 + (AC-B^2)k^2\right\} \end{aligned}$$

$AC - B^2 > 0$ だから $\{\quad\}$ 内は正か 0 である。

$A > 0$ であれば，$f(a+h,b+k) - f(a,b) \geqq 0$ となる。等号は $h = k = 0$ のときのみ成立する。したがって $f(a,b)$ は極小値となる。また，$A < 0$ であれば，$f(a+h,b+k) - f(a,b) \leqq 0$ となる。したがって $f(a,b)$ は極大値となる。 □

解説　(1) 行列式 $\begin{vmatrix} a & b \\ c & d \end{vmatrix} = ad - bc$ の表記を用いて，$H = \begin{vmatrix} f_{xx}(a,b) & f_{xy}(a,b) \\ f_{yx}(a,b) & f_{yy}(a,b) \end{vmatrix}$ と書ける。

(2) $H < 0$ のときは極値をとらない。$H = 0$ のときは，極値をとるかどうかすぐには決定できない。(証明は省略)

(3) 閉領域で連続な関数の最大値・最小値を求めるには，条件付極値 (3.9 節 (5)) が参考になる。

例題 3.23　2 変数関数 $f(x,y) = x^3 + 3xy + y^3$ の極値を求めよ。

【解答】　まず，$f_x(x,y) = 0$, $f_y(x,y) = 0$，つまり

$$\begin{cases} 3x^2 + 3y = 0 \\ 3x + 3y^2 = 0 \end{cases}$$

を解いて，極値をとる点の候補を求めよう。第 2 式より $x = -y^2$。これを第 1 式に代入して

$$3y^4 + 3y = 0, \quad 3y(y^3+1) = 0, \quad 3y(y+1)(y^2-y+1) = 0$$

これから，$y = -1, 0$ を得る。第 2 式に代入して，$y = -1$ のとき $x = -1$，$y = 0$ のとき $x = 0$ を得る。したがって，$(x,y) = (-1,-1)$, $(x,y) = (0,0)$ が極値をとる点の候補となる。

また，$f_{xx}(x,y) = 6x$，$f_{xy}(x,y) = 3$，$f_{yy}(x,y) = 6y$ を得る。

次に，候補の 2 点について極値の判定を行う。

(i) $(x,y) = (-1,-1)$ について，

$$H = f_{xx}(-1,-1)f_{yy}(-1,-1) - \{f_{xy}(-1,-1)\}^2 = (-6)\cdot(-6) - 3^2 = 27 > 0$$

および $f_{xx}(-1,-1) = -6 < 0$ より，関数 $f(x,y)$ は点 $(-1,-1)$ で極大値 $f(-1,-1) = -1 + 3 - 1 = 1$ をとる。

(ii) $(x,y) = (0,0)$ について，$H = f_{xx}(0,0)f_{yy}(0,0) - \{f_{xy}(0,0)\}^2 = 0\cdot 0 - 3^2 = -9 < 0$。この方法で極値は未決定となる。しかし，$f(x,0) = x^3$ となるので，関数 $f(x,y)$ は点 $(x,y) = (0,0)$ の近くで $f(0,0) = 0$ より大きい値も小さい値もとり，点 $(0,0)$ では極値をとらない。 ◇

(4)　直線の当てはめ　　異なる 2 点を通る直線はただ一つに決まるが，異なる 3 点を通る直線は一般には存在しない。しかし，実験データから関数を推定したい場合などで，n 個

の点 (x_1, y_1)，(x_2, y_2)，$\cdots$，(x_n, y_n) に直線 $y = ax + b$ を当てはめたいという問題 (図 **3.43**) は重要である。

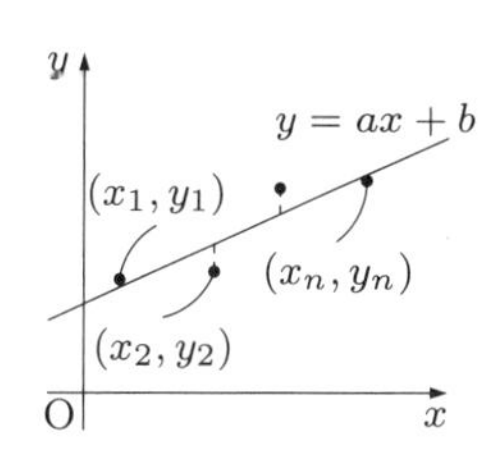

図 **3.43** 直線の当てはめ

この問題を解くために，誤差

$$F(a, b) = \frac{1}{2}\sum_{i=1}^{n}(ax_i + b - y_i)^2$$

を最小にするように係数 a, b を決定する手法がよく用いられる。これを**最小二乗法**という。

ある係数 a, b が誤差 $F(a, b)$ の最小値 (極小値) を与えるとき，定理 3.29 より

$$\frac{\partial F}{\partial a} = \sum_{i=1}^{n} x_i(ax_i + b - y_i) = a\sum_{i=1}^{n} x_i^2 + b\sum_{i=1}^{n} x_i - \sum_{i=1}^{n} x_i y_i = 0$$

$$\frac{\partial F}{\partial b} = \sum_{i=1}^{n}(ax_i + b - y_i) = a\sum_{i=1}^{n} x_i + b\sum_{i=1}^{n} 1 - \sum_{i=1}^{n} y_i = 0$$

が成り立つ。これから，a, b に対する連立一次方程式

$$\begin{bmatrix} \sum_{i=1}^{n} x_i^2 & \sum_{i=1}^{n} x_i \\ \sum_{i=1}^{n} x_i & n \end{bmatrix} \begin{bmatrix} a \\ b \end{bmatrix} = \begin{bmatrix} \sum_{i=1}^{n} x_i y_i \\ \sum_{i=1}^{n} y_i \end{bmatrix} \tag{3.17}$$

を解いて，係数 a, b を求めればよい。

解説　ここで，2 個以上の異なる x_i に対するデータを用いれば

$$\begin{aligned} H &= F_{aa}F_{bb} - \{F_{ab}\}^2 \\ &= n\sum_{i=1}^{n} x_i^2 - \left[\sum_{i=1}^{n} x_i\right]^2 = n\sum_{i=1}^{n} x_i^2 - 2\left[\sum_{i=1}^{n} x_i\right]\left[\sum_{j=1}^{n} x_j\right] + \left[\sum_{j=1}^{n} x_j\right]^2 \\ &= n\sum_{i=1}^{n}\left(x_i^2 - \frac{2}{n}x_i\sum_{j=1}^{n} x_j + \frac{1}{n^2}\left[\sum_{j=1}^{n} x_j\right]^2\right) = n\sum_{i=1}^{n}\left(x_i - \frac{1}{n}\sum_{j=1}^{n} x_j\right)^2 > 0 \end{aligned}$$

かつ $F_{aa} = \sum_{i=1}^{n} x_i^2 > 0$ だから，定理 3.30 より，誤差 $F(a, b)$ は極小値となる。

例題 3.24　4 点 (0.5,1.5)，(1.8,1.6)，(2.7,2.7)，(3.9,2.8) に最小二乗法で直線を当てはめよ。

【解答】　式 (3.17) において，$n = 4$ とする。

$$\sum_{i=1}^{4} x_i^2 = 0.5^2 + 1.8^2 + 2.7^2 + 3.9^2 = 25.99$$

$$\sum_{i=1}^{4} x_i = 0.5 + 1.8 + 2.7 + 3.9 = 8.9$$

$$\sum_{i=1}^{4} x_i y_i = 0.5 \times 1.5 + 1.8 \times 1.6 + 2.7 \times 2.7 + 3.9 \times 2.8 = 21.84$$

$$\sum_{i=1}^{4} y_i = 1.5 + 1.6 + 2.7 + 2.8 = 8.6$$

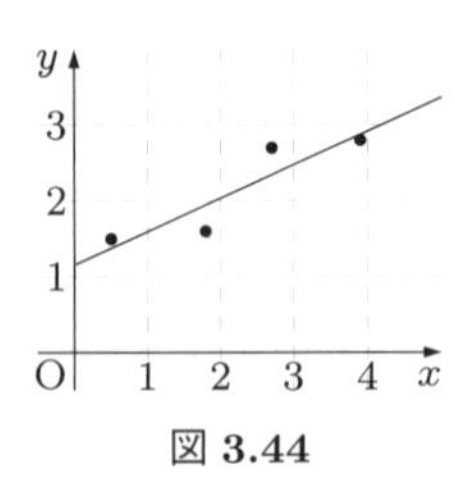

図 3.44

これから，$\begin{bmatrix} 25.99 & 8.9 \\ 8.9 & 4 \end{bmatrix}\begin{bmatrix} a \\ b \end{bmatrix} = \begin{bmatrix} 21.84 \\ 8.6 \end{bmatrix}$ を解いて，$a \fallingdotseq 0.437$, $b \fallingdotseq 1.18$ を得る。よって，当てはめた直線は $y = 0.437x + 1.18$ となる (図 **3.44**)。　◇

(5)　陰関数と条件付極値★　　2 変数関数 $F(x,y)$ に対し，$F(x,y) = 0$ を満たす関数 $y = f(x)$ が存在するとき，この一変数関数 $f(x)$ を $F(x,y) = 0$ によって定まる**陰関数**という。

例 3.29　$y = \pm\sqrt{1-x^2}$ は $x^2 + y^2 - 1 = 0$ によって定まる陰関数である。

このように二つ以上の関数が定まるとき，これらの関数を式 $F(x,y) = 0$ で定義された陰関数の分枝という。

さて，$F(x,y) = 0$ を満たす関数 $y = f(x)$ が存在するかどうかについて問題となる。これについて以下の定理がある。

定理 3.31　(陰関数定理)　$F(x,y)$ が C^1 級関数で，点 (a,b) において $F(a,b) = 0$, $F_y(a,b) \neq 0$ ならば，点 (a,b) の近くで定義された連続関数 $f(x)$ で，恒等的に $F(x, f(x)) = 0$，$b = f(a)$ を満たすものが一意に存在する。また，導関数 $f'(x)$ は次式を満たす。

$$f'(x) = -\frac{F_x(x, f(x))}{F_y(x, f(x))}$$

証明　$F_y(a,b) > 0$ とする ($F_y(a,b) < 0$ であっても同様に証明できる)。$F_y(x,y)$ は連続だから，点 (a,b) を含むある領域 K において $F_y(x,y) > 0$ になる ($\because$ 定理 3.4 と同様。参考図を図 **3.45** に示す)。K 内において $x = a$ を固定して y のみを変化させると，$F(a,y)$ は y に関して単調増加し，しかも $y = b$ のとき 0 になるから，K 内のある点 $\mathrm{A}(a, b_1)$, $b_1 < b$ において $F(a, b_1) < 0$, また $\mathrm{B}(a, b_2)$, $b_2 > b$ において $F(a, b_2) > 0$ である。

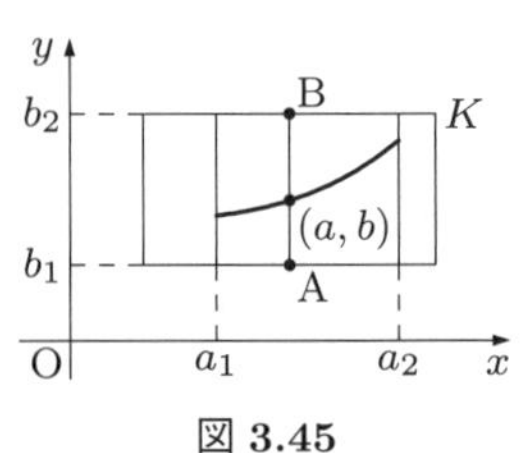

図 3.45

仮定によって $F(x,y)$ は連続で，A において負だから，A を通る横線上の A を含むある区間においてつねに負である。同様にして，B を通る横線上の B を含むある区間においてはつねに正である。

ゆえに a を含むある区間 $a_1 \leq x \leq a_2$(上の二つの区間の共通部分) において $F(x, b_1) < 0$ かつ $F(x, b_2) > 0$。

よってこの区間 $a_1 \leqq x \leqq a_2$ において，x の値を固定して，y を b_1 から b_2 まで変化させると，$F(x, y)$ は y に関して単調増加して，区間 $b_1 < y < b_2$ の中に $F(x, y) = 0$ となる y の値がただ一つある。

このようにして，区間 $a_1 \leqq x \leqq a_2$ における x の任意の値に対して，区間 (b_1, b_2) における y の値が $F(x, y) = 0$ によって確定される。それを $y = f(x)$ とする。

関数 $y = f(x)$ が $x = a$ において連続であることを示そう。任意の正の数 ε をとると，証明前半と同様にして，a を含むある区間 $(a - \delta, a + \delta)$ において $F(x, b + \varepsilon) > 0$，$F(x, b - \varepsilon) < 0$ となる。すなわち，区間 $(a - \delta, a + \delta)$ で $f(a) - \varepsilon < f(x) < f(a) + \varepsilon$ が成り立つ。

次に，以上で定義された連続関数 $f(x)$ に対して $f(x + h) = f(x) + k$ と置く。$F(x, f(x)) = 0$ と $F(x + h, f(x) + k) = 0$ が共に成り立ち，$h \to 0$ のとき $k \to 0$ となる。$F(x, y)$ が C^1 級であるので，定理 3.28(1) を適用して，$0 < \theta < 1$ に対して

$$F(x + h, f(x) + k) - F(x, f(x)) = hF_x(x + \theta h, f(x) + \theta k) + kF_y(x + \theta h, f(x) + \theta k) = 0$$

が成り立つ。これから，$\dfrac{k}{h} = -\dfrac{F_x(x + \theta h, f(x) + \theta k)}{F_y(x + \theta h, f(x) + \theta k)}$ となり，$h \to 0$ をとると $f'(x) = -\dfrac{F_x(x, f(x))}{F_y(x, f(x))}$ を得る。 □

陰関数を用いる例として，変数 x, y が $G(x, y) = 0$ を満たしながら変化するとき，関数 $F(x, y)$ の最大値・最小値を求める問題を考えよう。

これについて，次の定理がよく利用される。

定理 3.32　(ラグランジュの乗数法)　x, y が条件式 $G(x, y) = 0$ を満たしながら変化するとき，関数 $F(x, y)$ が点 (a, b) で極値をとるとする。このとき，$G_y(a, b) \neq 0$ ならば，$F_x(a, b) - \lambda G_x(a, b) = 0$，$F_y(a, b) - \lambda G_y(a, b) = 0$ を満たす数 λ (λ を**ラグランジュ乗数**という) が存在する。

証明　$G_y(a, b) \neq 0$ だから陰関数定理より，点 (a, b) の近くで $G(x, y) = 0$ によって定まる陰関数が存在する。これを $y = g(x)$ と置く。すると，$b = g(a)$ である。$F(x, g(x))$ は $x = a$ で極値をとるので，定理 3.26 を適用して微分すると

$$\frac{d}{dx}F(a, g(a)) = F_x(a, g(a)) + F_y(a, b)g'(a) = 0$$

を得る。定理 3.31 から $g'(a)$ を求めて代入すると

$$F_x(a, b) - F_y(a, b)\frac{G_x(a, b)}{G_y(a, b)} = 0$$

となる。ここで，$\lambda = \dfrac{F_y(a, b)}{G_y(a, b)}$ と置けば，求める式を得る。 □

例題 3.25　条件 $x^2+y^2-1=0$ のもとで，$F(x,y)=x+2y$ の最大値と最小値を求めよ。

【解答】　条件 $x^2+y^2-1=0$ を満たす (x,y) は閉領域となるので，その中で $F(x,y)$ の最大値と最小値が存在する。

$F_x(x,y)=1$，$F_y(x,y)=2$。$G(x,y)=x^2+y^2-1$ と置くと，$G_x(x,y)=2x$，$G_y(x,y)=2y$ を得る。ラグランジュの乗数法より，点 (a,b) で極値をとるとすると，$1-\lambda 2x=0$，$2-\lambda 2y=0$ が成り立つ。これを変形して，$x=1/2\lambda$，$y=1/\lambda$。これを条件に代入すると，$\dfrac{1}{4\lambda^2}+\dfrac{1}{\lambda^2}-1=0$，$5-4\lambda^2=0$，$\lambda^2=5/4$，$\lambda=\pm\sqrt{5}/2$。したがって，$(x,y)=\left(\pm 1/\sqrt{5},\pm 2/\sqrt{5}\right)$ が極値をとる点の候補である。極値の候補点から，最大・最小のものを，最大値・最小値とすればよい。$F\left(1/\sqrt{5},2/\sqrt{5}\right)=\sqrt{5}$，$F\left(-1/\sqrt{5},-2/\sqrt{5}\right)=-\sqrt{5}$。

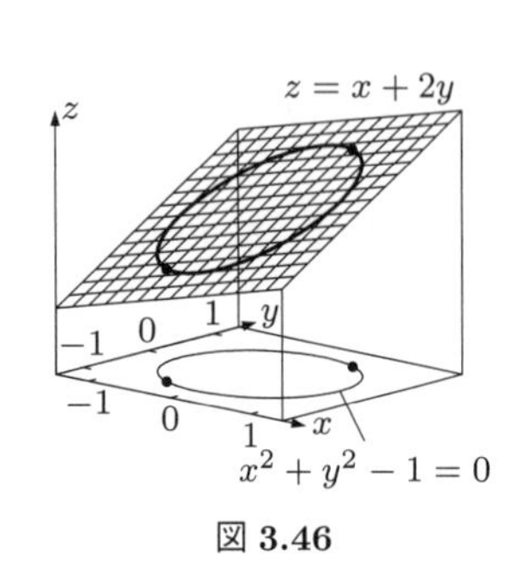

図 3.46

これから，$(x,y)=\left(1/\sqrt{5},2/\sqrt{5}\right)$ のとき最大値 $\sqrt{5}$ をとり，$(x,y)=\left(-1/\sqrt{5},-2/\sqrt{5}\right)$ のとき最小値 $-\sqrt{5}$ をとる。参考図を**図 3.46** に示す。　◇

解説　(1) ラグランジュの乗数法は，最大値と最小値が存在することが明らかであれば，それを求めるのに有用である。

(2) ベクトル $(F_x(a,b),F_y(a,b))$ は関数 $F(x,y)$ の点 (a,b) における勾配方向を意味し，ベクトル $(G_x(a,b),G_y(a,b))$ は曲線 $G(x,y)=0$ の点 (a,b) の法線方向を意味する。もし，極値をとる点では，上の二つのベクトルは同じ向きまたは反対向きをとると解釈することができる。

問　　　題

問 1.　次の 2 変数関数に $n=2$ の場合のマクローリンの定理を適用せよ。《例題 3.22》

(1)　$f(x,y)=e^{x+y}$　　(2)　$f(x,y)=\sin(x+y)$

問 2.　次の 2 変数関数 $f(x,y)$ の極値を求めよ。《例題 3.23》

(1)　$f(x,y)=x^2-xy+y^2-4x-y$　　(2)　$f(x,y)=x^3+y^3-9xy+1$

問 3.　次の点に最小二乗法で直線を当てはめよ。《例題 3.24》

(1)　3 点 (1,1), (2,2), (4,0)　　(2)　5 点 (0.3,4.0), (1.1,5.0), (2.0,7.1), (3.1,9.5), (4.4,11.1)

問 4.　条件 $x^2+y^2-1=0$ のもとで，$F(x,y)=3x^2+4xy+6y^2$ の最大値と最小値を求めよ。《例題 3.25》

4 積分の応用

4.1 微分積分法の基本定理

本節では，2.5節とは異なる手順で積分法を議論しよう。それは，面積を考えて先に定積分を定義し，定積分が原始関数を用いて計算できることを導く。

(1) 区分求積法　長方形の面積を基礎に，曲線で囲まれた部分の面積を考えよう。例として，曲線 $y=x^2$ と x 軸および直線 $x=1$ で囲まれた部分の面積 S を求める。図 **4.1** のように区間 $[0,1]$ を n 等分し，分割した小区間を一辺とする長方形を作る。このとき，求める部分に含まれるように長方形を作った場合の長方形の面積の和を s_n, 求める部分を含むように長方形を作った場合の長方形の面積の和を S_n とする。

$$\begin{aligned}s_n &= \sum_{k=1}^{n}\left(\frac{k-1}{n}\right)^2\frac{1}{n} = \frac{1}{n^3}\sum_{k=1}^{n}\left(k^2-2k+1\right)\\ &= \frac{1}{n^3}\left\{\frac{1}{6}n\,(n+1)\,(2n+1) - 2\cdot\frac{n\,(n+1)}{2} + n\right\}\\ &= \frac{1}{6}\left(1+\frac{1}{n}\right)\left(2+\frac{1}{n}\right) - \frac{1}{n}\left(1+\frac{1}{n}\right) + \frac{1}{n^2} \to \frac{1}{3} \qquad (n\to\infty)\end{aligned}$$

$$\begin{aligned}S_n &= \sum_{k=1}^{n}\left(\frac{k}{n}\right)^2\frac{1}{n} = \frac{1}{n^3}\sum_{k=1}^{n}k^2 = \frac{1}{n^3}\cdot\frac{1}{6}n\,(n+1)\,(2n+1)\\ &= \frac{1}{6}\left(1+\frac{1}{n}\right)\left(2+\frac{1}{n}\right) \to \frac{1}{3} \qquad (n\to\infty)\end{aligned}$$

以上のように分割を細かくしていくと，s_n と S_n はともに $\dfrac{1}{3}$ に近づいていく。したがって，面積 $S=\dfrac{1}{3}$ と認められる。

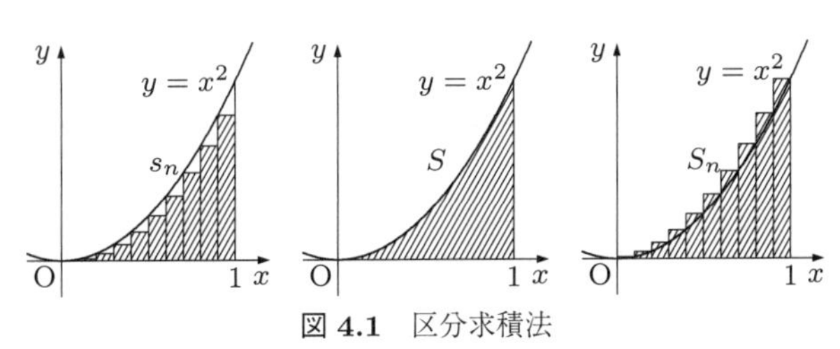

図 **4.1**　区分求積法

(2) 定積分の定義 (リーマン積分)　区分求積法を一般化して定積分を定義しよう。

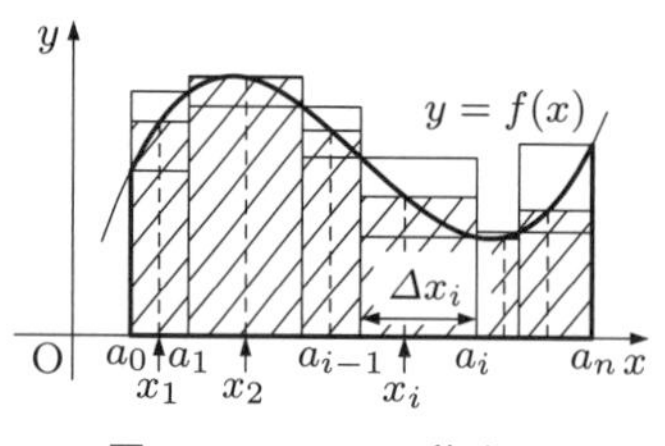

図 4.2　リーマン積分

$f(x)$ を閉区間 $[a,b]$ で連続かつ $f(x) \geqq 0$ とし，曲線 $y = f(x)$ と x 軸および 2 直線 $x = a$，$x = b$ で囲まれた部分の面積を考えよう (**図 4.2**)。区間 $[a,b]$ を $a = a_0 < a_1 < a_2 < \cdots < a_{n-1} < a_n = b$ であるような点により，小閉区間 $[a_0, a_1]$, $[a_1, a_2]$, $\cdots$, $[a_{n-1}, a_n]$ に分割し，各小区間の幅を $\varDelta x_i = a_i - a_{i-1}$ $(i = 1, 2, \cdots, n)$ と置く。各小区間の幅は等しくなくてもよい。ここで $a_{i-1} \leqq x_i \leqq a_i$ $(i = 1, 2, \cdots, n)$ である数 x_i を任意に選ぶ。和

$$\sum_{i=1}^{n} f(x_i)\varDelta x_i = f(x_1)\varDelta x_1 + f(x_2)\varDelta x_2 + \cdots + f(x_n)\varDelta x_n$$

は図 4.2 の斜線部分で示す n 個の長方形の面積の和となる。小区間への分割や x_i のとり方によらず各小区間の幅の最大値 δ を 0 に近づけたときの極限値 $\displaystyle\lim_{\delta\to 0}\left\{\sum_{i=1}^{n} f(x_i)\varDelta x_i\right\}$ が定まるとき，$f(x)$ は区間 $[a,b]$ で**積分可能**といい，定積分を次のように定義する。

定義 4.1　(定積分)

$$\int_a^b f(x)dx = \lim_{\delta\to 0}\left\{\sum_{i=1}^{n} f(x_i)\varDelta x_i\right\}$$

ここで，a を定積分の**下端**，b を**上端**，$[a,b]$ を**積分区間**，$f(x)$ を**被積分関数**，x を**積分変数**という。

これより，定積分は面積を表す量を基に定義されたことになる。$f(x) \geqq 0$ および $a < b$ を仮定したが，そうでない場合においても定積分を定義 4.1 で定義する。

解説　(1) 定積分の記号は，右辺の x_i を代表して x と記し，Σ を $\int$ に，$\varDelta x_i$ を dx に置き換えて得られる。
(2) 定積分は不定積分とはまったく関わりなく定義される。

定義 4.1 の右辺の極限値が定まるかどうかが問題となる。そこで次の定理がある。

定理 4.1　(積分可能性)　関数 $f(x)$ が $[a,b]$ で連続ならば $[a,b]$ で積分可能である。

解説　定理 4.1 の証明は実数の連続性について深い考察を必要とするので省略する。なお，有限個の

点でのみで有限の飛びがある関数も積分可能である。一方，ディリクレ関数 (例 1.5, p.2) は積分可能でない。どんなに細い小閉区間にも，0 と 1 の両方の値を含む。

以後特に断らない限り，被積分関数は連続な関数を扱う。

区間 $[a, b]$ にわたる定積分が定義 4.1 により，区間 $[a, b]$ において曲線 $y = f(x)$ と x 軸で囲まれた部分の面積と定義されたことから，原始関数を経由せず定義 4.1 から直接定理 2.13 (p.54) を確認することができる。

(3) 微分積分法の基本定理　定積分を定義どおり計算することは困難を伴うので，原始関数を用いて計算できることをみよう。概略は定理 2.14 で説明済みである。

定理 4.2　(不定積分と原始関数)　ある区間に定点 a と任意の x をとり

$$S(x) = \int_a^x f(t)dt \tag{4.1}$$

と置く (**図 4.3**)。関数 $f(x)$ がその区間で連続であれば $S(x)$ は連続になり，$S'(x) = f(x)$ が成り立つ。

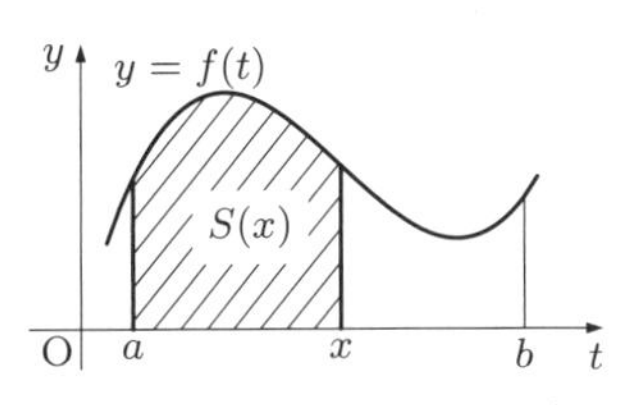

図 4.3　不定積分と原始関数

証明　$h > 0$ とする。最大値・最小値の定理 (定理 3.2, p.65) より，$f(t)$ は $[x, x + h]$ で最大値 M と最小値 m をとり，$m \leqq f(x) \leqq M$ となるので，$mh \leqq S(x+h) - S(x) \leqq Mh$ の関係が成り立つ (**図 4.4**)。これより，$h \to 0$ のとき，$S(x+h) - S(x) \to 0$ がわかる。よって，$S(x)$ は連続である。なお，$h < 0$ のときも同様に成り立つ。

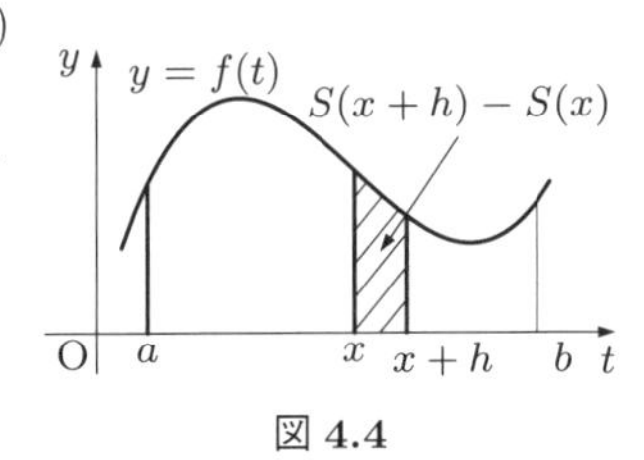

図 4.4

また，$m \leqq \dfrac{S(x+h) - S(x)}{h} \leqq M$ を得るが，$f(t)$ は $[x, x+h]$ で連続だから，中間値の定理 (定理 3.3, p.65) より $\dfrac{S(x+h) - S(x)}{h} = f(c)$，$x \leqq c \leqq x + h$ となる c が存在する。これより，$h \to 0$ のとき，$S'(x) = f(x)$ となる。 □

解説　$S(x) = \displaystyle\int_a^x f(t)dt$ は上端 x を変数と見た x の関数である。$S(x) = \displaystyle\int_a^x f(x)dx$ と書いても同じ意味である。上端 x のみが関数 $S(x)$ の独立変数である。

$F'(x) = f(x)$ となるとき $F(x)$ を $f(x)$ の**原始関数**という。式 (4.1) の $S(x)$ は $f(x)$ の原始関数であり，関数が連続である区間でつねに原始関数が存在することがわかる。

以上の準備の後，定積分が原始関数を用いて計算できることを示す非常に重要な公式を得る。

定理 4.3　(微分積分法の基本定理)　関数 $f(x)$ が閉区間 $[a, b]$ で連続で，$F'(x) = f(x)$ のとき

$$\int_a^b f(x)dx = F(b) - F(a)$$

証明　$F(x)$ を $f(x)$ の一つの原始関数とするとき，式 (4.1) の $S(x)$ に対して，$\{S(x)-F(x)\}' = 0$ から $S(x) - F(x)$ は定数 C となる (定理 3.15, p.82)。すなわち

$$S(x) = \int_a^x f(x)dx = F(x) + C \tag{4.2}$$

を得る。$S(a) = \displaystyle\int_a^a f(x)dx = 0$(定理 2.13[4]) より，$C = -F(a)$ となる。よって

$$S(b) = \int_a^b f(x)dx = F(b) + C = F(b) - F(a)$$

□

解説　(1) 本定理により，曲線の接線の傾きの概念である微分と面積を求める概念である積分が関連付けられた。定義 2.2 (p.54) では，この議論を飛ばして定積分の定義としていた。

(2) 式 (4.2) で定点 a を指定しない場合に，積分を上端・下端なしに $\displaystyle\int f(x)dx = F(x) + C$ と記して，それを**不定積分**という。不定積分は原始関数に定数の差を除いて等しい。

(3) 積分記号について，原始関数の意味で $\dfrac{dF(x)}{dx} = f(x)$ であるが，分母と分子を数のように扱い $dF(x) = f(x)dx$，$\displaystyle\int$ と d を逆の演算と考えれば，$\displaystyle\int dF(x) = F(x) = \int f(x)dx$ となる。

(4) 面　積　定積分の定義より次のことがわかる。この定理は定理 2.18 (p.59) で既出であるが，前節までの議論によって支持され，確かなものとなった。なお，本定理を適用するときには，グラフの概形をかいてその位置関係を把握することが重要である。

定理 4.4 (2 曲線間の面積)　$f(x)$，$g(x)$ が閉区間 $[a, b]$ で連続で，$f(x) \geqq g(x)$ のとき，二つの曲線 $y = f(x)$，$y = g(x)$ および二つの直線 $x = a$，$x = b$ で囲まれた部分 (**図 4.5**) の面積を S とすると

$$S = \int_a^b \{f(x) - g(x)\}dx$$

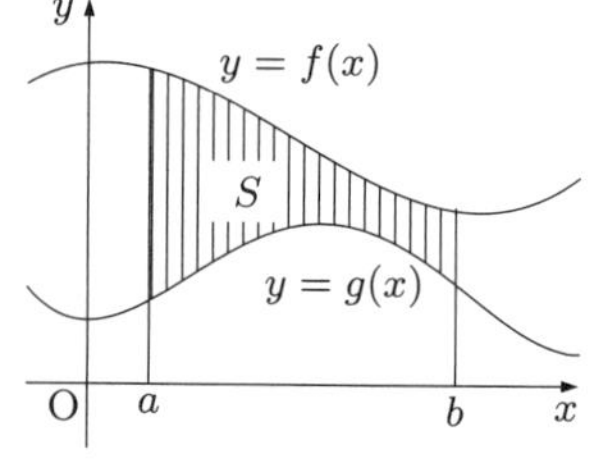

図 4.5　2 曲線間の面積

例題 4.1　a を正の定数とする。曲線 $y = \sqrt{a^2 - x^2}$，x 軸，y 軸で囲まれた部分 (**図 4.6**) の面積 S を求めよ。

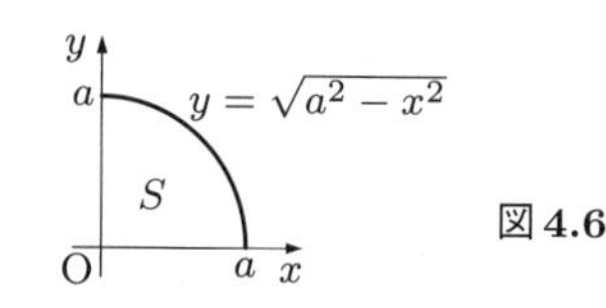

図 4.6

【解答】 $S=\int_0^a \sqrt{a^2-x^2}dx$ を計算すればよい。$x=a\sin\theta$ と置くと，

$\dfrac{dx}{d\theta}=a\cos\theta$ より，$dx=a\cos\theta d\theta$ となる。

また，x と θ の対応は右のようになる。

x	$0\to a$
θ	$0\to\frac{\pi}{2}$

$$S=\int_0^a \sqrt{a^2-x^2}dx=\int_0^{\frac{\pi}{2}}\sqrt{a^2-a^2\sin^2\theta}\,a\cos\theta d\theta$$

$$=a^2\int_0^{\frac{\pi}{2}}\cos^2\theta d\theta=a^2\int_0^{\frac{\pi}{2}}\frac{1+\cos 2\theta}{2}d\theta=a^2\left[\frac{\theta}{2}+\frac{\sin 2\theta}{4}\right]_0^{\frac{\pi}{2}}=\frac{\pi a^2}{4}$$

($\because$ 半角の公式) ◇

解説 半径 a の円の面積は，上の面積の 4 倍であるので，πa^2 となる。

問　　　題

問 1. 次の面積を区分求積法を用いて求めよ。《4.1 節 (1)》

(1) 曲線 $y=x$ と x 軸および直線 $x=1$ で囲まれた部分の面積 S_1

(2) 曲線 $y=x^3$ と x 軸および直線 $x=1$ で囲まれた部分の面積 S_2

問 2. 次の曲線や直線で囲まれた部分の面積を求めよ。《例題 4.1》

(1) 曲線 $y=\dfrac{6}{x}$ と直線 $2x+y=8$ で囲まれた部分

(2) 曲線 $y=\dfrac{1}{x^2+1}$ と x 軸，y 軸，直線 $x=1$ で囲まれた部分

(3) 曲線 $y=x^4-2x^2+1$，$y=-2x^2+2$ で囲まれた部分

(4) 曲線 $y=-x^4+2x^2$，$y=x^2$ で囲まれた部分

問 3. 半径 1，中心角 θ $(0<\theta<\dfrac{\pi}{2})$ の扇形の面積 S を積分で求めよ (**図 4.7** で S_1+S_2 を求める)。《例題 4.1》

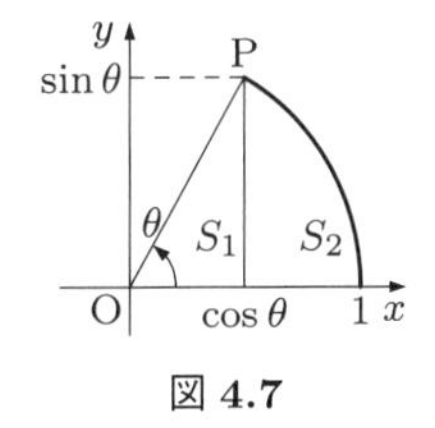

図 4.7

4.2 面 積 と 体 積

本節では，積分の応用として，いろいろな面積の求め方，体積の求め方について学ぶ。

(1) いろいろな面積の求め方 面積を求めるとき，y について積分するほうがよい場合がある。$p(y), q(y)$ が閉区間 $[c,d]$ で連続で，$p(y)\geqq q(y)$ のとき，2 曲線 $x=p(y)$，$x=q(y)$，直線 $y=c$，$y=d$ で囲まれた部分 (**図 4.8**) の面積を S とすると，次が成り立つ。

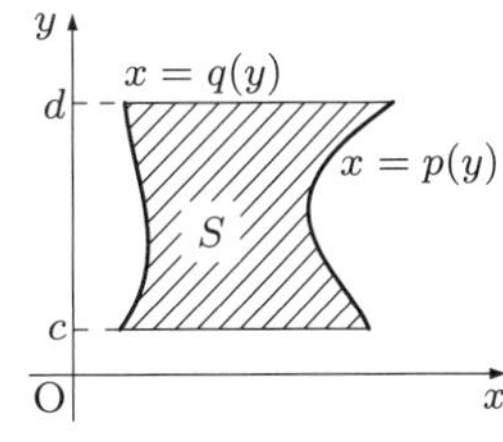

図 4.8 面 積

$$S = \int_c^d \{p(y) - q(y)\}dy$$

例題 4.2　曲線 $y = \log x$ と x 軸，y 軸および直線 $y = 1$ で囲まれた部分の面積を求めよ。

【解答】　求めるものは図 **4.9** の斜線部の面積である。その面積を S と置く。$y = \log x$ を x について解くと $x = e^y$ となるので，$S = \int_0^1 e^y dy = [e^y]_0^1 = e - 1$ である。　◇

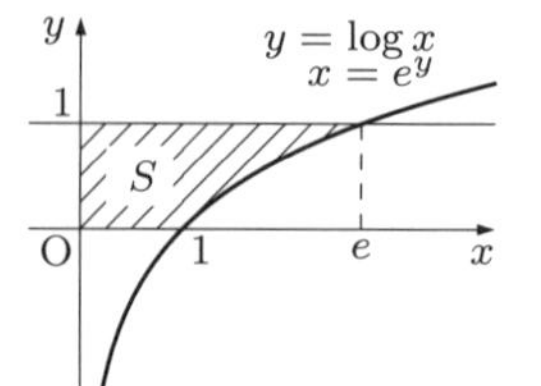

図 **4.9**

例題 4.3　サイクロイド $x = a(\theta - \sin\theta)$, $y = a(1 - \cos\theta)$ $(a > 0)$ の $0 \leqq \theta \leqq 2\pi$ の部分と x 軸で囲まれた部分 (図 **4.10**) の面積を求めよ。

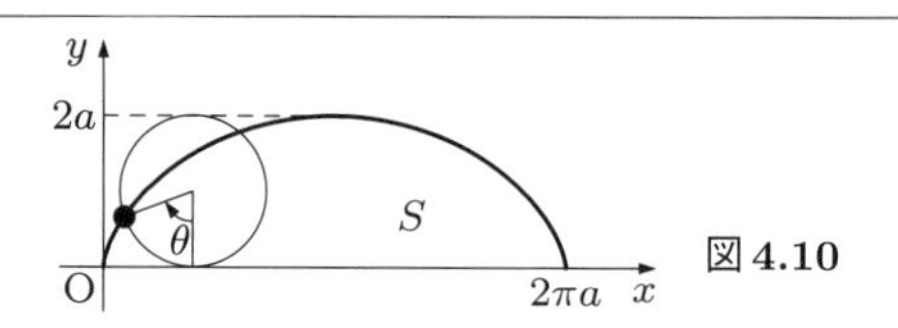

図 **4.10**

【解答】　$S = \int_0^{2\pi a} ydx$ を計算する。$\dfrac{dx}{d\theta} = a(1 - \cos\theta)$ であり，x と θ の対応は右のようになる。これから

x	$0 \to 2\pi a$
θ	$0 \to 2\pi$

$$S = \int_0^{2\pi} y\frac{dx}{d\theta}d\theta = \int_0^{2\pi} a^2(1 - \cos\theta)^2 d\theta$$

ここで，半角の公式 (表 1.2, p.12) を用いて

$$(1 - \cos\theta)^2 = 1 - 2\cos\theta + \cos^2\theta = 1 - 2\cos\theta + \frac{1 + \cos 2\theta}{2} = \frac{3}{2} - 2\cos\theta + \frac{\cos 2\theta}{2}$$

よって

$$S = a^2 \int_0^{2\pi} \left(\frac{3}{2} - 2\cos\theta + \frac{\cos 2\theta}{2}\right) d\theta = a^2 \left[\frac{3}{2}\theta - 2\sin\theta + \frac{\sin 2\theta}{4}\right]_0^{2\pi} = 3\pi a^2 \qquad \diamondsuit$$

(2) 立体の体積　　定積分の定義と同じように立体の体積が定積分で表される。

定理 4.5　(立体の体積)　空間において 2 平面 $x = a$, $x = b$ に挟まれている立体 (図 **4.11**) の体積 V は，x 軸に垂直な平面による断面の断面積 $S(x)$ が閉区間 $[a, b]$ で連続な関数で与えられるとき

$$V = \int_a^b S(x)dx$$

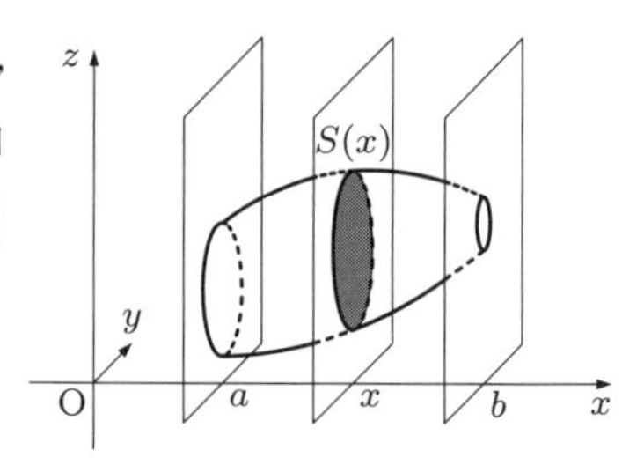

図 **4.11**　立体の体積

証明 後述の定理 4.10 を参照。 □

例題 4.4 中心 O，半径 r の円を底面とする円柱がある。点 O を通り，底面と 45° の角度で交わる平面によってこの円柱が切り取られる部分 (**図 4.12**) の体積 V を求めよ。

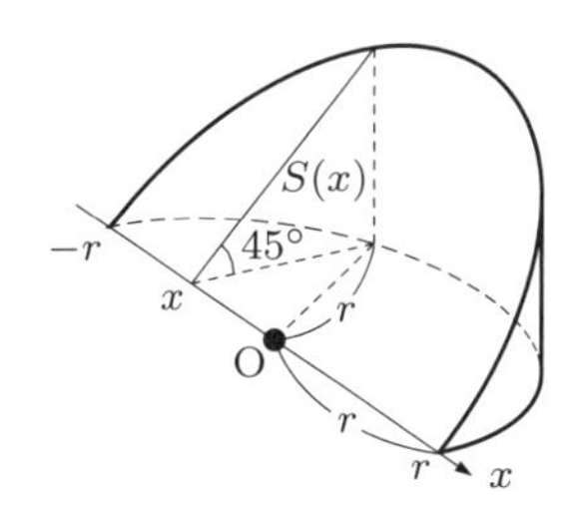

図 4.12

【解答】 $S(x) = \dfrac{1}{2}(r^2 - x^2)$ となっているので

$$V = \int_{-r}^{r} S(x)dx = \int_{-r}^{r} \frac{1}{2}(r^2 - x^2)dx = \frac{1}{2}\left[r^2 x - \frac{1}{3}x^3\right]_{-r}^{r} = \frac{2}{3}r^3$$ ◇

(3) 回転体の体積 図形が x 軸のまわりに 1 回転してできる立体の体積を考えよう。

例題 4.5 曲線 $y = \sin x$ $(0 \leqq x \leqq \pi)$ と x 軸で囲まれた部分が x 軸のまわりに 1 回転してできる立体の体積 V を求めよ。

【解答】 2 直線 $x = a$, $x = b$ $(a < b)$，曲線 $y = f(x)$，x 軸で囲まれた部分を x 軸のまわりに 1 回転してできる立体の体積 V は，x 軸に垂直な平面による断面の断面積 $S(x)$ が $S(x) = \pi\{f(x)\}^2$ で与えられるので，定理 4.5 より $V = \pi \displaystyle\int_a^b \{f(x)\}^2 dx$ となる。これから

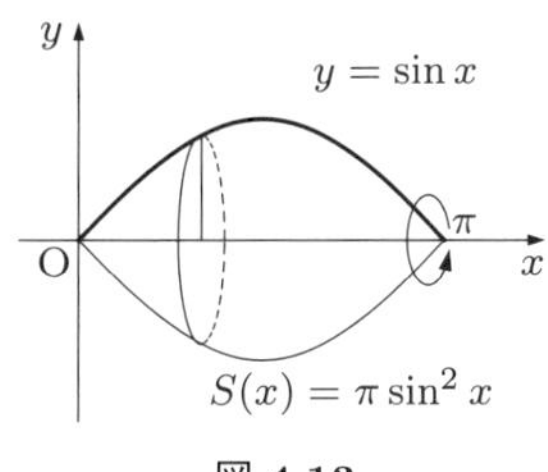

図 4.13

$$V = \pi \int_0^{\pi} \sin^2 x dx = \pi \int_0^{\pi} \frac{1 - \cos 2x}{2} dx$$
$$= \pi \left[\frac{x}{2} - \frac{\sin 2x}{4}\right]_0^{\pi} = \frac{\pi^2}{2}$$

を得る。ここで，半角の公式を用いた。参考図を**図 4.13** に示す。 ◇

図形が y 軸のまわりに回転してできる立体の体積も同じように考えればよい。

例題 4.6 曲線 $y = x^2$ $(x \geqq 0)$ と y 軸および直線 $y = 4$ で囲まれた部分が y 軸のまわりに 1 回転してできる立体の体積 V を求めよ。

【解答】 $y = x^2$ を x について解くと，$x = \sqrt{y}$ となる。y 軸に垂直な平面による断面の断面積は $S(y) = \pi x^2 = \pi(\sqrt{y})^2 = \pi y$ で与えられる。したがって

$$V = \pi \int_0^4 x^2 dy = \pi \int_0^4 y dy = \pi \left[\frac{y^2}{2}\right]_0^4 = 8\pi$$

参考図を**図 4.14** に示す。 ◇

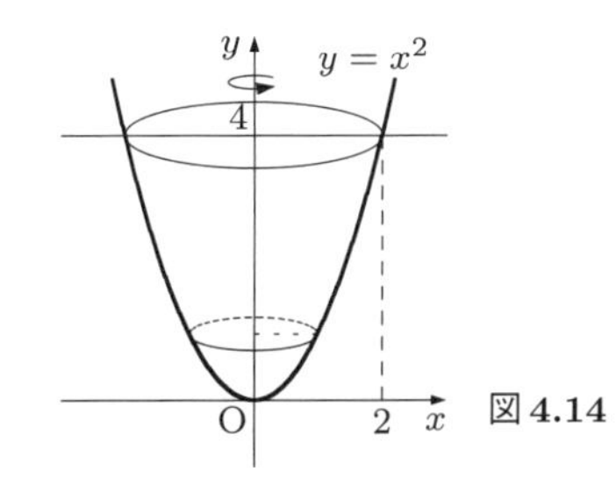

図 4.14

問　　　　題

問 1. 次の曲線や直線で囲まれた部分の面積を求めよ。《例題 4.2》

(1) 曲線 $y=\sqrt{x}$ と y 軸および直線 $y=1$, $y=2$ で囲まれた部分

(2) 曲線 $y=\sqrt{x-2}$ と y 軸および直線 $y=1$, $y=2$ で囲まれた部分

(3) 曲線 $x=y^{\frac{2}{3}}$ と y 軸および直線 $y=1$ で囲まれた部分

(4) 曲線 $y=\sqrt{x}$ と 直線 $y=x$ で囲まれた部分

問 2. a を正の定数とする。θ を媒介変数とする曲線（アステロイド，**図 4.15**）

$$x=a\cos^3\theta, \qquad y=a\sin^3\theta \qquad (0 \leqq \theta \leqq 2\pi)$$

で囲まれた図形の面積を求めよ。《例題 4.3, 2.6 節問 5》

問 3. 底面積が S，高さが h である錐(すい)(**図 4.16**) の体積 V を，積分を用いて求めよ。《例題 4.4》

問 4. 次の曲線や直線で囲まれた図形を x 軸のまわりに 1 回転してできる立体の体積 V を求めよ。《例題 4.5》

(1) 直線 $x=1$, $x=2$ と曲線 $y=e^x$ および x 軸　　(2) 曲線 $y=\sqrt{x}$ と直線 $y=x$

問 5. 次の曲線や直線で囲まれた図形を y 軸のまわりに 1 回転してできる立体の体積 V を求めよ。《例題 4.6》

(1) 曲線 $y=\sqrt{x}$ と直線 $y=1$, $y=2$ および y 軸

(2) 曲線 $y=\sin x\left(0 \leqq x \leqq \dfrac{\pi}{2}\right)$ と直線 $y=1$ および y 軸

問 6. 30° 傾いた半径 a の半球形の容器に貯めることができる水の量を求めよ (**図 4.17**)。

問 7. 半径 r の球の体積 V を積分を用いて求めよ。

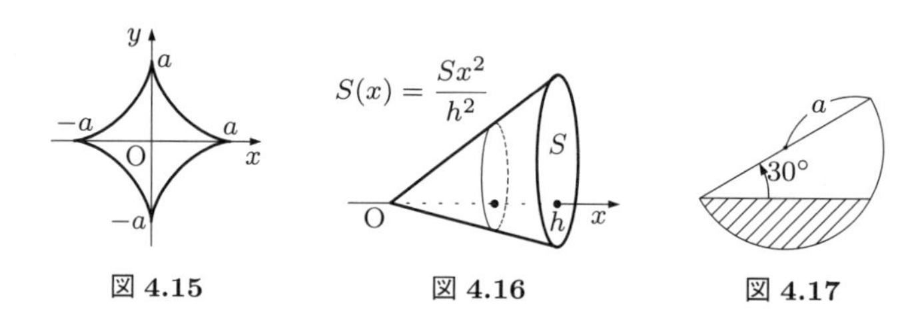

図 4.15　　**図 4.16**　　**図 4.17**

4.3　曲線の長さと広義積分

積分の応用として，曲線の長さの求め方と広義積分について学ぶ。

（1）速度と道のり★　　時刻 t における点 P の座標を $x=F(t)$，速度を $v=f(t)$ とすると，$F'(t)=f(t)$ であるから (3.6 節 (5))，時刻 $t=a$ から $t=b$ までに点 P の位置の変化量は

$$F(b)-F(a)=\int_a^b f(t)dt$$

で表される。位置と速度の関係は**図 4.18** のようになる。

位置 $\underset{\text{積分}}{\overset{\text{微分}}{\rightleftarrows}}$ 速度

図 4.18　位置と速度の関係

例題 4.7 ある乗用車のブレーキをかけてから t 秒後の速度を v m/秒とすると $v = 20-4t$ の関係があった。ブレーキをかけてから停車するまでの時間と距離を求めよ。

【解答】 停車するのは，速度が 0 m/秒になるときなので $v = 20 - 4t = 0$ を解いて，$t = 5$。停車するまでの時間は 5 秒である。また，停車するまでの距離を L m と置くと

$$L = \int_0^5 (20-4t)dt = \left[20t - 2t^2\right]_0^5 = 100 - 50 = 50 \text{〔m〕}$$

◇

（2） 曲線の長さ 曲線の長さは，近似折線の極限として次のように定義される。曲線を n 個に分割し，その分点を順次結んでできる折線の長さが，すべての小区間の幅の最大値 δ を 0 に近づけたとき，分割によらず一定の極限に L に収束するならば L をその**曲線の長さ**という。

定理 4.6 （曲線の長さ I） 関数 $f(x)$ の導関数 $f'(x)$ が閉区間 $[a,b]$ で連続であるとき，曲線 $y = f(x)$ $(a \leqq x \leqq b)$ の長さ L は次式で与えられる。

$$L = \int_a^b \sqrt{1 + \left(\frac{dy}{dx}\right)^2} dx = \int_a^b \sqrt{1 + \{f'(x)\}^2} dx$$

証明 図 **4.19** のように，曲線 $y = f(x)$ $(a \leqq x \leqq b)$ 上に点 P_i $(i = 0, \cdots, n)$ をとると

$$\mathrm{P}_{i-1}\mathrm{P}_i = \sqrt{(a_i - a_{i-1})^2 + \{f(a_i) - f(a_{i-1})\}^2} \quad (i = 1, \cdots, n)$$

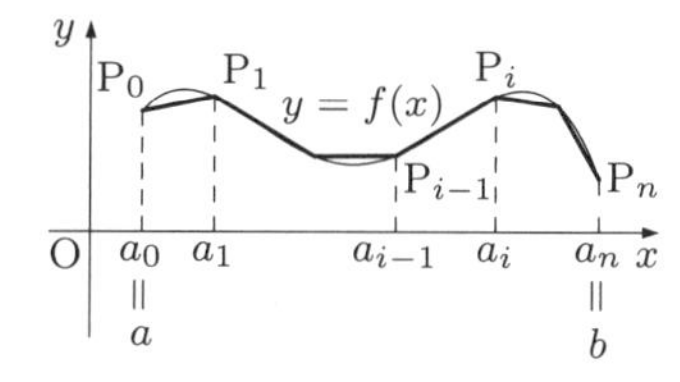

図 4.19 曲線の長さ

である。平均値の定理より，$f(a_i) - f(a_{i-1}) = f'(x_i)(a_i - a_{i-1})$ $(a_{i-1} < x_i < a_i)$ となる x_i が存在する。これから $\Delta x_i = a_i - a_{i-1}$ と置いて

$$\mathrm{P}_{i-1}\mathrm{P}_i = \sqrt{(\Delta x_i)^2 + \{f'(x_i)\Delta x_i\}^2} = \sqrt{1 + \{f'(x_i)\}^2}\Delta x_i$$

と表される。よって

$$\sum_{i=1}^n \mathrm{P}_{i-1}\mathrm{P}_i = \sum_{i=1}^n \sqrt{1 + \{f'(x_i)\}^2}\Delta x_i$$

となり，$f'(x)$ が連続だから $\sqrt{1 + \{f'(x)\}^2}$ も連続で積分可能であり (定理 4.1)，定義 4.1 より

$$L = \lim_{\delta \to 0} \left\{ \sum_{i=1}^n \sqrt{1 + \{f'(x_i)\}^2}\Delta x_i \right\} = \int_a^b \sqrt{1 + \{f'(x)\}^2} dx$$

□

例題 4.8 曲線 $y = \dfrac{e^x + e^{-x}}{2}$ の $-a \leqq x \leqq a$ の部分の長さ L を求めよ。

【解答】 $\dfrac{dy}{dx} = \dfrac{e^x - e^{-x}}{2}$ であるから

$$1 + \left(\frac{dy}{dx}\right)^2 = 1 + \left(\frac{e^x - e^{-x}}{2}\right)^2 = 1 + \frac{e^{2x} - 2 + e^{-2x}}{4}$$
$$= \frac{e^{2x} + 2 + e^{-2x}}{4} = \left(\frac{e^x + e^{-x}}{2}\right)^2$$

よって

$$L = \int_{-a}^{a} \sqrt{1 + \left(\frac{dy}{dx}\right)^2}\, dx = \int_{-a}^{a} \frac{e^x + e^{-x}}{2}\, dx$$
$$= \frac{1}{2}\Big[e^x - e^{-x}\Big]_{-a}^{a} = e^a - e^{-a}$$

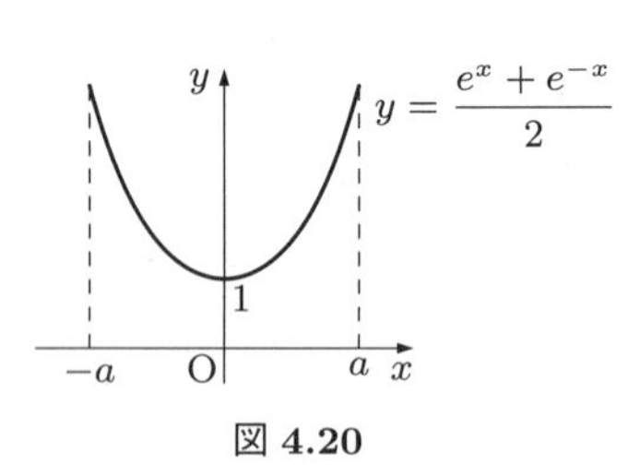

図 4.20

参考図を図 **4.20** に示す。　◇

解説　$\sinh x = \dfrac{e^x - e^{-x}}{2}$, $\cosh x = \dfrac{e^x + e^{-x}}{2}$, $\tanh x = \dfrac{e^x - e^{-x}}{e^x + e^{-x}}$ と定義し，これらを**双曲線関数**という。sinh，cosh，tanh は，それぞれ，ハイパボリックサイン，ハイパボリックコサイン，ハイパボリックタンジェントと読む。

平面上を点 $\mathrm{P}(x(t), y(t))$ が動くときの速さは，$|\boldsymbol{v}|$ である (3.6 節 (5))。$\alpha \leqq t \leqq \beta$ の間に点 P が通過するの道のりは速さの定積分，すなわち

$$L = \int_{\alpha}^{\beta} |\boldsymbol{v}| dt = \int_{\alpha}^{\beta} \sqrt{\left(\frac{dx}{dt}\right)^2 + \left(\frac{dy}{dt}\right)^2}\, dt$$

で表される。これは次のようにまとめられる。

定理 4.7　(曲線の長さ II)　曲線が媒介変数表示：$x = f(t)$, $y = g(t)$ $(\alpha \leqq t \leqq \beta)$ で与えられるとき，$f'(t)$, $g'(t)$ が連続であれば，その曲線の長さ L は次式で与えられる。

$$L = \int_{\alpha}^{\beta} \sqrt{\left(\frac{dx}{dt}\right)^2 + \left(\frac{dy}{dt}\right)^2}\, dt = \int_{\alpha}^{\beta} \sqrt{\{f'(t)\}^2 + \{g'(t)\}^2}\, dt$$

ただし，$f'(t) = 0$ の点は無いか有限個とする。

証明　曲線を $f'(t) = 0$ となる点で区切ると，区分された曲線について端を除いて $f'(t) > 0$ または $f'(t) < 0$ になる。

$f'(t) > 0$ のとき $x = f(t)$ は増加関数となる (定理 3.15)。$f(\alpha) = a$, $f(\beta) = b$ と置くと $\alpha < \beta$ のとき $a < b$ である。置換積分法と合成関数の微分法により

$$L = \int_{a}^{b} \sqrt{1 + \left(\frac{dy}{dx}\right)^2}\, dx = \int_{\alpha}^{\beta} \sqrt{1 + \left(\frac{dy}{dx}\right)^2}\, \frac{dx}{dt} dt$$
$$= \int_{\alpha}^{\beta} \sqrt{\left(\frac{dx}{dt}\right)^2 + \left(\frac{dy}{dx}\right)^2 \left(\frac{dx}{dt}\right)^2}\, dt = \int_{\alpha}^{\beta} \sqrt{\left(\frac{dx}{dt}\right)^2 + \left(\frac{dy}{dt}\right)^2}\, dt$$

$f'(t) < 0$ のときは x は減少関数となるから，$f(\alpha) = b$，$f(\beta) = a$ と置くと $\alpha < \beta$ のとき $a < b$ である。

$$L = \int_a^b \sqrt{1 + \left(\frac{dy}{dx}\right)^2}\,dx = \int_\beta^\alpha \sqrt{1 + \left(\frac{dy}{dx}\right)^2}\,\frac{dx}{dt}\,dt$$
$$= -\int_\beta^\alpha \sqrt{\left(\frac{dx}{dt}\right)^2 + \left(\frac{dy}{dx}\right)^2\left(\frac{dx}{dt}\right)^2}\,dt = \int_\alpha^\beta \sqrt{\left(\frac{dx}{dt}\right)^2 + \left(\frac{dy}{dt}\right)^2}\,dt \qquad \square$$

例題 4.9　サイクロイド $x = a(\theta - \sin\theta)$, $y = a(1 - \cos\theta)$ $(a > 0)$ の $0 \leqq \theta \leqq 2\pi$ の部分 (**図 4.21**) の長さ L を求めよ。

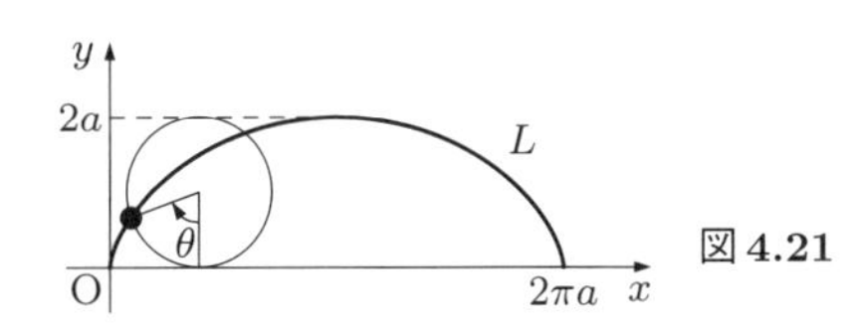

図 4.21

【解答】　$\dfrac{dx}{d\theta} = a(1 - \cos\theta)$, $\dfrac{dy}{d\theta} = a\sin\theta$ より

$$L = \int_0^{2\pi} \sqrt{\left(\frac{dx}{d\theta}\right)^2 + \left(\frac{dy}{d\theta}\right)^2}\,d\theta = a\int_0^{2\pi} \sqrt{(1 - \cos\theta)^2 + \sin^2\theta}\,d\theta$$
$$= a\int_0^{2\pi} \sqrt{1 - 2\cos\theta + \cos^2\theta + \sin^2\theta}\,d\theta = a\int_0^{2\pi} \sqrt{2 - 2\cos\theta}\,d\theta$$

ここで，半角の公式 (表 1.2, p.12) と $0 \leqq \theta \leqq 2\pi$ のとき $\sin\dfrac{\theta}{2} \geqq 0$ だから，$\sqrt{2 - 2\cos\theta} = 2\sin\dfrac{\theta}{2}$ がわかる。よって

$$L = 2a\int_0^{2\pi} \sin\frac{\theta}{2}\,d\theta = 2a\left[-2\cos\frac{\theta}{2}\right]_0^{2\pi} = 8a \qquad \diamondsuit$$

(3)　広 義 積 分　　これまで，閉区間で連続な関数の積分のみを扱った。ここでは，関数に不連続な点がある場合や区間が無限区間の場合を扱う。

定義 4.2　(広義積分)　$f(x)$ が $(a, b]$ で連続 (点 a で不連続) の場合

$$\int_a^b f(x)dx = \lim_{\varepsilon \to +0} \int_{a+\varepsilon}^b f(x)dx$$

と定義し，右辺の極限が存在するとき $f(x)$ は (広義) 積分可能という。

解説　$f(x)$ が $[a, b)$ で連続 (点 b で不連続) の場合も同様に極限を用いて定義する。

例 4.1　関数 $\dfrac{1}{\sqrt{x}}$ は $x = 0$ で定義されない (**図 4.22**)。このとき

$$\int_0^1 \frac{1}{\sqrt{x}}dx = \int_0^1 x^{-\frac{1}{2}}\,dx = \lim_{\varepsilon \to +0} \int_\varepsilon^1 x^{-\frac{1}{2}}\,dx$$
$$= \lim_{\varepsilon \to +0} \left[2x^{\frac{1}{2}}\right]_\varepsilon^1 = \lim_{\varepsilon \to +0} \left(2 - 2\sqrt{\varepsilon}\right) = 2$$

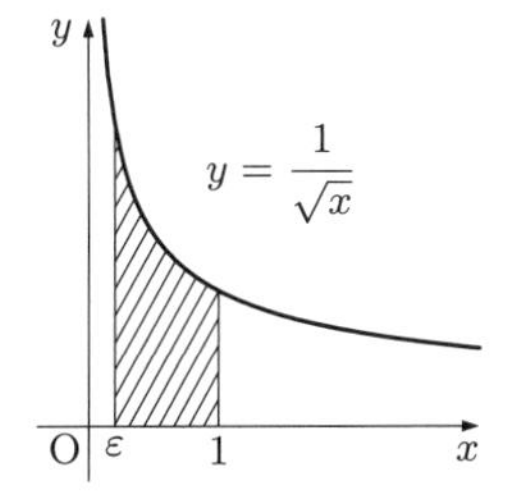

図 4.22　広義積分の例

解説　慣れてきたら，次のように略記してもよい。

$$\int_0^1 x^{-\frac{1}{2}} dx = \left[2x^{\frac{1}{2}}\right]_0^1 = 2 - 0 = 2$$

定義 4.3 (無限積分)　$f(x)$ が連続のとき，無限区間 $[a, \infty)$ における定積分を

$$\int_a^\infty f(x)dx = \lim_{b\to\infty} \int_a^b f(x)dx$$

と定義する。

解説　無限区間 $(-\infty, a]$ における積分も同様に極限を用いて定義する。

例 4.2　(参考：図 **4.23**)

$$\int_1^\infty \frac{1}{x^2}dx = \lim_{b\to\infty}\int_1^b \frac{1}{x^2}dx = \lim_{b\to\infty}\left[-\frac{1}{x}\right]_1^b$$
$$= \lim_{b\to\infty}\left(-\frac{1}{b}+1\right) = 1$$

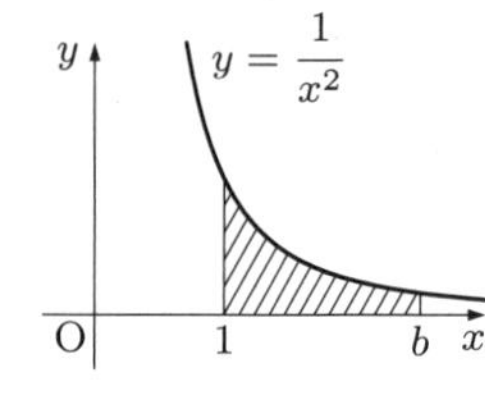

図 4.23　無限積分の例

解説　これも慣れてきたら，次のように略記してもよい。

$$\int_1^\infty \frac{1}{x^2}dx = \left[-\frac{1}{x}\right]_1^\infty = -\frac{1}{\infty}+1 = 1$$

例題 4.10　曲線 $y = \sqrt{1-x^2}$ の $0 \leqq x \leqq 1$ の部分 (図 **4.24**) の長さ L を求めよ。

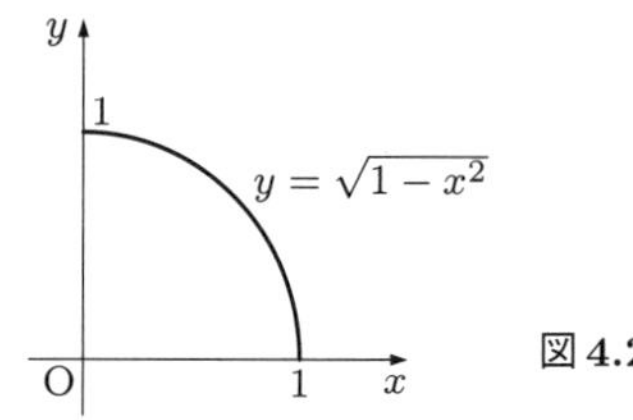

図 4.24

【解答】 $\dfrac{dy}{dx} = \dfrac{-2x}{2\sqrt{1-x^2}} = \dfrac{-x}{\sqrt{1-x^2}}$ より，$\sqrt{1+\left(\dfrac{dy}{dx}\right)^2} = \sqrt{1+\dfrac{x^2}{1-x^2}} = \dfrac{1}{\sqrt{1-x^2}}$

定理 4.6 より

$$L = \int_0^1 \frac{1}{\sqrt{1-x^2}}dx = \lim_{\varepsilon\to+0}\int_0^{1-\varepsilon} \frac{1}{\sqrt{1-x^2}}dx \tag{4.3}$$
$$= \lim_{\varepsilon\to+0}\left[\sin^{-1}x\right]_0^{1-\varepsilon} = \lim_{\varepsilon\to+0}\sin^{-1}(1-\varepsilon) - \sin^{-1}0 = \frac{\pi}{2}$$

◇

解説　(1) 式 (4.3) では $x = 1$ で被積分関数が定義されていないため，広義積分の概念になる。
(2) 上の結果の 4 倍である $4L = \displaystyle\int_0^1 \frac{4}{\sqrt{1-x^2}}dx$ は単位円の円周の長さを示す。

問　　　題

問 1. 次の曲線の長さ L をを求めよ。《例題 4.8》

(1)　$y = x^{\frac{3}{2}}$　$\left(0 \leqq x \leqq \dfrac{4}{3}\right)$　　(2)　$y = \log(1 - x^2)$　$\left(0 \leqq x \leqq \dfrac{1}{2}\right)$

問 2. 次の曲線の長さ L を求めよ。ただし，a は正の定数とする。《例題 4.9》

(1)　$x = a\cos\theta,\quad y = a\sin\theta\quad (0 \leqq \theta \leqq 2\pi)$

(2)　$x = a\cos^3\theta,\quad y = a\sin^3\theta\quad (0 \leqq \theta \leqq 2\pi)$（アステロイド，図 4.15, p.120）

問 3. 次の定積分 (広義積分) を積分可能なら計算せよ。《例 4.1》

(1)　$\displaystyle\int_0^1 \frac{1}{\sqrt[3]{x^2}}dx$　　(2)　$\displaystyle\int_0^1 \frac{1}{x^2}dx$

問 4. 次の定積分 (無限積分) を積分可能なら計算せよ。《例 4.2》

(1)　$\displaystyle\int_1^\infty \frac{1}{x(x+1)}dx$　　(2)　$\displaystyle\int_0^\infty xe^{-\frac{x^2}{2}}dx$（レイリー分布）　　(3)　$\displaystyle\int_{-\infty}^\infty \frac{1}{(1+x^2)^{\frac{3}{2}}}dx$

問 5. 双曲線関数 $\sinh x$, $\cosh x$ $(x \geqq 0)$, $\tanh x$ の逆関数を求めよ。

問 6. 双曲線関数の導関数 $(\sinh x)'$, $(\cosh x)'$, $(\tanh x)'$ を求めよ。

4.4　重　　積　　分

本節では 2 変数関数の積分を学ぶ。1 変数関数の定積分は区分求積法により面積を求めるという概念であった (4.1 節)。2 変数関数の積分は，同様にして体積を求める方法を与える。

(1)　長方形領域における 2 重積分　　2 変数関数 $f(x, y)$ の定積分を，曲面 $z = f(x, y)$ と xy 平面との間にできる柱状立体の体積の概念として定義しよう。関数 $f(x, y)$ が xy 平面の長方形状の閉領域 $D = \{(x, y) | a \leqq x \leqq b, c \leqq y \leqq d\}$ で連続であるとする。区間 $[a, b], [c, d]$ を $a = a_0 < a_1 < \cdots < a_I = b$, $c = c_0 < c_1 < \cdots < c_J = d$ となるように分割し，$\varDelta x_i = a_i - a_{i-1}$ $(i = 1, 2, \cdots, I)$, $\varDelta y_j = c_j - c_{j-1}$ $(j = 1, 2, \cdots, J)$ と置く。区分された長方形状の閉領域 $D_{ij} = \{(x, y) | a_{i-1} \leqq x \leqq a_i,\ c_{j-1} \leqq y \leqq c_j\}$ に点 $\mathrm{P}_{ij}(x_i, y_j)$ を任意にとる (**図 4.25**)。このとき，和

$$\sum_{i=1}^{I}\sum_{j=1}^{J} f(x_i, y_j)\varDelta x_i \varDelta y_j \tag{4.4}$$

は，$I \times J$ 個の直方体の体積の和に等しい。小長方形すべてにおける最長辺 δ が 0 に近づくように $I \to \infty$, $J \to \infty$ としたとき，分割や点 $\mathrm{P}_{ij}(x_i, y_j)$ のとり方によらずこの和の極限値が定まるならば，$f(x, y)$ は D で**積分可能**といい，**2 重積分**が次式で定義される。

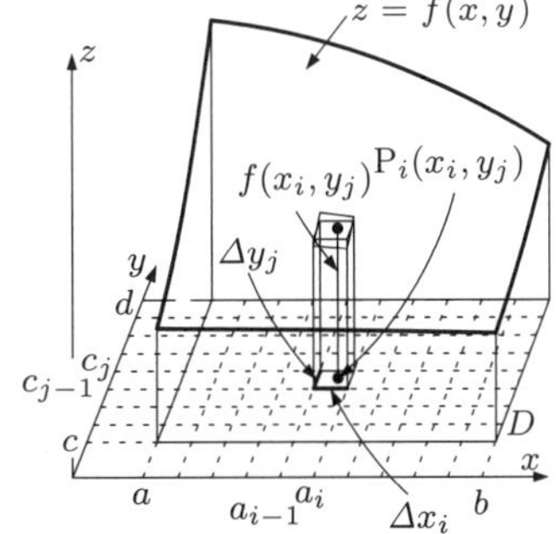

図 4.25　長方形領域における 2 重積分

定義 4.4 (2 重積分)

$$\iint_D f(x,y)dxdy = \lim_{\delta \to 0}\left\{\sum_{i=1}^{I}\sum_{j=1}^{J} f(x_i,y_j)\Delta x_i \Delta y_j\right\}$$

右辺の極限値が求まるかどうかが問題となるが，1 変数の場合 (定理 4.1) と同様に次のことがわかる。

定理 4.8 (2 重積分可能性)　閉長方形領域で連続な関数は積分可能である。

さらに，定義より，次の定理が成り立つ。

定理 4.9 (2 重積分の性質)　$f(x,y)$, $g(x,y)$ が D で積分可能であるとき

[1] $\displaystyle\iint_D \{kf(x,y)+lg(x,y)\}dxdy = k\iint_D f(x,y)dxdy + l\iint_D g(x,y)dxdy$
(k,l は定数)

[2] D でつねに $f(x,y) \geqq 0$ のとき，$\displaystyle\iint_D f(x,y)dxdy \geqq 0$

[3] D が D_1, D_2 に分割されるとき

$$\iint_D f(x,y)dxdy = \iint_{D_1} f(x,y)dxdy + \iint_{D_2} f(x,y)dxdy$$

(2) 2 重積分の計算法　2 重積分は，1 次元の積分の反復で計算できる場合が多い。

定理 4.10 (2 重積分と累次積分 I)

閉長方形領域 $D = \{(x,y)|a \leqq x \leqq b, c \leqq y \leqq d\}$ で $f(x,y)$ が連続ならば

$$\iint_D f(x,y)dxdy = \int_a^b \left(\int_c^d f(x,y)dy\right)dx \tag{4.5}$$

$$\iint_D f(x,y)dxdy = \int_c^d \left(\int_a^b f(x,y)dx\right)dy \tag{4.6}$$

証明　$a_{i-1} \leqq x_i \leqq a_i$ となる固定された x_i に対して，$f(x_i,y)$ は y のみの関数となる。小長方形領域 D_{ij} で連続な関数 $f(x,y)$ は最大値，最小値をとり，それらをそれぞれ M_{ij},m_{ij} とすると，次が成り立つ (図 **4.26**)。

$$m_{ij}\Delta y_j \leqq \int_{c_{j-1}}^{c_j} f(x_i,y)dy \leqq M_{ij}\Delta y_j \qquad (\Delta y_j = c_j - c_{j-1})$$

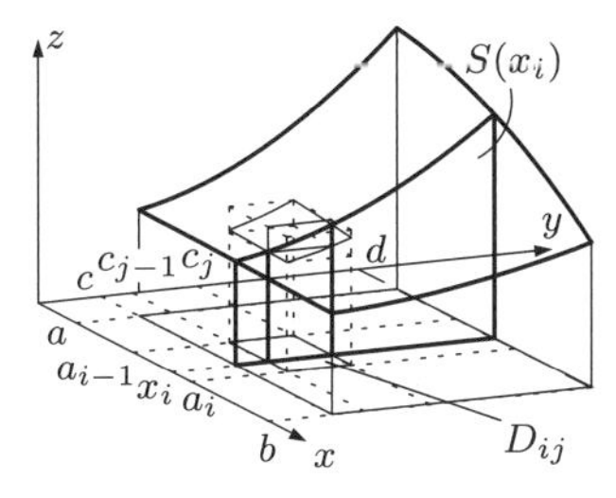

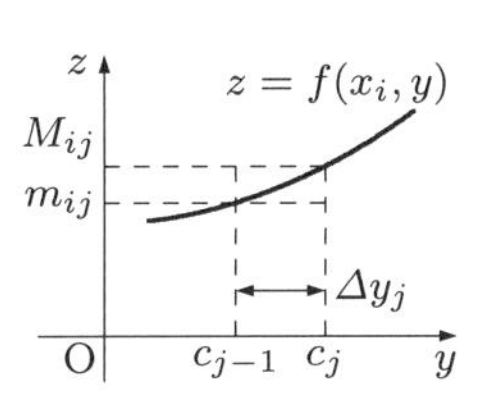

図 4.26

j について和をとると

$$\sum_{j=1}^{J} m_{ij}\Delta y_j \leqq S(x_i) \leqq \sum_{j=1}^{J} M_{ij}\Delta y_j$$

となる。ただし，$S(x) = \displaystyle\int_c^d f(x,y)dy$ と置いた。さらに，$\Delta x_i = a_i - a_{i-1}$ とする。上式に Δx_i を乗じて i について和をとると

$$\sum_{i=1}^{I}\sum_{j=1}^{J} m_{ij}\Delta x_i \Delta y_j \leqq \sum_{i=1}^{I} S(x_i)\Delta x_i \leqq \sum_{i=1}^{I}\sum_{j=1}^{J} M_{ij}\Delta x_i \Delta y_j$$

となる。ここで分割を増やして $\Delta x_i \Delta y_j \to 0$ とすると，左辺および右辺は $\displaystyle\iint_D f(x,y)dxdy$ となり，中辺は $\displaystyle\int_a^b S(x)dx$ となる。よって式 (4.5) を得る。

また，x, y を逆順に同じようにすると，式 (4.6) を得る。 □

解説　(1) $\displaystyle\int_a^b \left(\int_c^d f(x,y)dy\right)dx$ は $\displaystyle\int_a^b dx \int_c^d f(x,y)dy$ のように記すことがある。

(2) $S(x) = \displaystyle\int_c^d f(x,y)dy$ は曲面 $z = f(x,y)$ が xy 平面との間につくる立体の x 軸に垂直な平面による断面の断面積を示す。式 (4.5) の右辺は定理 4.5 の式に一致する。

式 (4.5) の右辺のように $f(x,y)$ を y について積分したものを x について積分したものや，式 (4.6) の右辺のように $f(x,y)$ を x について積分したものを y について積分したものを $f(x,y)$ の**累次積分**（るいじ）または**反復積分**という。

例題 4.11　$D = \{(x,y) | 0 \leqq x \leqq a,\ 0 \leqq y \leqq b\}$ で定義された，$z = xy^2$ のグラフと $x = a$ を通り x 軸に垂直な平面，$y = b$ を通り y 軸に垂直な平面，xy 平面によって囲まれた立体（図 **4.27**）の体積 V を求めよ。

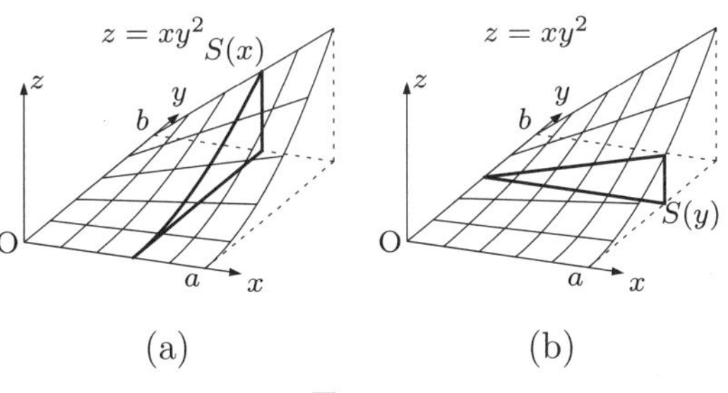

図 4.27

【解答】　式 (4.5) に従って，$V = \displaystyle\iint_D xy^2 dxdy = \int_0^a \left(\int_0^b xy^2 dy\right)dx$ を計算すればよい。

$$S(x) = \int_0^b xy^2 dy = \left[\frac{1}{3}xy^3\right]_{y=0}^{y=b} = \frac{1}{3}xb^3$$
$$V = \int_0^a S(x)dx = \int_0^a \frac{1}{3}xb^3 dx = \frac{1}{3}b^3\left[\frac{1}{2}x^2\right]_0^a = \frac{1}{6}a^2b^3$$

(別解) 式 (4.6) に従って，$V = \int_0^b \left(\int_0^a xy^2 dx\right) dy$ を計算してもよい。

$$S(y) = \int_0^a xy^2 dx = \left[\frac{1}{2}x^2y^2\right]_{x=0}^{x=a} = \frac{1}{2}a^2y^2$$
$$V = \int_0^b S(y)dy = \int_0^b \frac{1}{2}a^2y^2 dy = \frac{1}{2}a^2\left[\frac{1}{3}y^3\right]_0^b = \frac{1}{6}a^2b^3$$

この問題では次のように x, y の積分を同時に行うことも可能である。

$$V = \int_0^a \left(\int_0^b xy^2 dy\right) dx = \left(\int_0^a xdx\right)\left(\int_0^b y^2 dy\right) = \left[\frac{1}{2}x^2\right]_0^a \left[\frac{1}{3}y^3\right]_0^b = \frac{1}{6}a^2b^3 \quad \diamondsuit$$

解説　$\Big[F(x,y)\Big]_{y=a}^{y=b} = F(x,b) - F(x,a)$ の意味である。変数について混乱する可能性がある場合に変数を明示するため「$y =$」のように付記した。

例題 4.12　次の 2 重積分の値を求めよ。

$$\iint_D (x+y)dxdy, \qquad D = \{(x,y) |\ 0 \leqq x \leqq 1,\ 0 \leqq y \leqq 2\}$$

【解答】

$$与式 = \int_0^2 \left(\int_0^1 (x+y)dx\right) dy = \int_0^2 \left[\frac{x^2}{2} + xy\right]_{x=0}^{x=1} dy = \int_0^2 \left(y + \frac{1}{2}\right) dy$$
$$= \left[\frac{y^2}{2} + \frac{y}{2}\right]_0^2 = 3$$

(別解) 積分の順序を逆にしてもよい。

$$与式 = \int_0^1 \left(\int_0^2 (x+y)dy\right) dx = \int_0^1 \left[xy + \frac{y^2}{2}\right]_{y=0}^{y=2} dx = \int_0^1 (2x+2)\, dx$$
$$= \left[x^2 + 2x\right]_0^1 = 3 \qquad \diamondsuit$$

(3)　縦線集合・横線集合における 2 重積分　　xy 平面での閉領域 D は長方形に限らない。そこで，D が長方形領域 E に含まれるとき，E における関数として

$$f_E(x,y) = \begin{cases} f(x,y), & (x,y) \in D \\ 0, & (x,y) \notin D \end{cases}$$

を考え，

$$\iint_D f(x,y)dxdy = \iint_E f_E(x,y)dxdy$$

とすると一般形状の閉領域における積分を長方形形状の閉領域における積分へ帰着させることができる。ここで，境界を含む小長方形領域 (図 **4.28** の斜線部) では $f_E(x,y)$ が不連続になり定理 4.8 がそのまま適用できないが，分割数を増やして小長方形を十分細かくすると，境

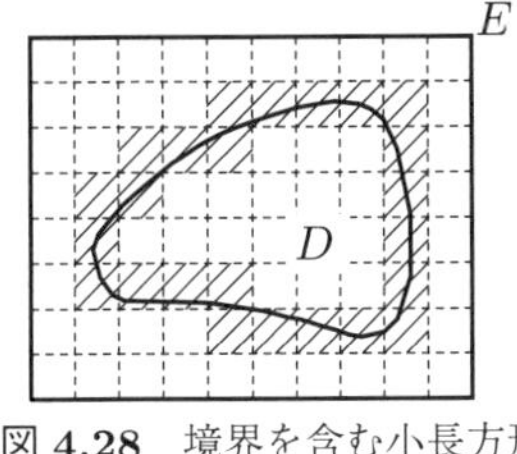

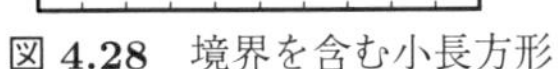
図 **4.28**　境界を含む小長方形

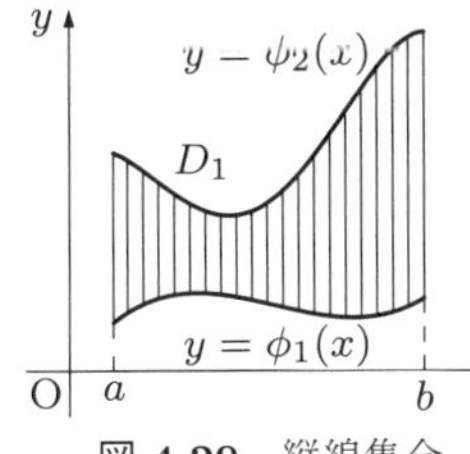

図 **4.29**　縦線集合

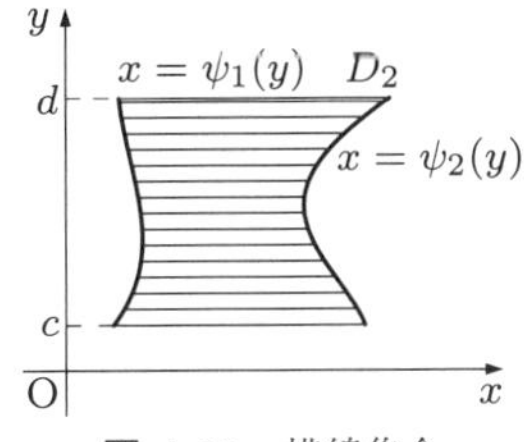

図 **4.30**　横線集合

界を含む小長方形領域の面積の和が十分小さくなって (**面積確定**という) 式 (4.4) の和への寄与を限りなく小さくすることができるならば，$f_E(x, y)$ の 2 重積分の値が確定する。

応用上重要なものは次のように表される閉領域である。

(1)　**縦線集合**：$D_1 = \{(x, y)|\ a \leqq x \leqq b,\ \phi_1(x) \leqq y \leqq \phi_2(x)\}$　(図 **4.29**)

(2)　**横線集合**：$D_2 = \{(x, y)|\ c \leqq y \leqq d,\ \psi_1(y) \leqq x \leqq \psi_2(y)\}$　(図 **4.30**)

ここで，$\phi_1(x), \phi_2(x)$ は区間 $[a, b]$ で，$\psi_1(y), \psi_2(y)$ は区間 $[c, d]$ で連続な関数とする。縦線集合または横線集合で表される閉領域で連続な関数は積分可能である。

解説　(1) 定理 4.9 は D が長方形領域でなくても成り立つ。
(2) 2 重積分の定義において小長方形へ分割したが，小長方形の代わりに任意の面積 $\varDelta S_n$ の小領域に分割して $(n = 1, \cdots, N)$ 各小領域に点 (x_n, y_n) をとり，その小領域の最大径 δ を 0 に近づけても同じである。すなわち，次式のように考えてもよい。

$$\iint_D f(x, y)dxdy = \lim_{\delta \to 0} \left\{ \sum_{n=1}^{N} f(x_n, y_n) \varDelta S_n \right\}$$

このことから，$\displaystyle\iint_D f(x, y)dxdy$ は $\displaystyle\iint_D f(x, y)dS$ のように表すことがある。

こうして，定理 4.10 は以下のように書き換えられる。

定理 4.11　(2 重積分と累次積分 II)

[1]　関数 $f(x, y)$ を縦線集合 $D = \{(x, y)|\ a \leqq x \leqq b,\ \phi_1(x) \leqq y \leqq \phi_2(x)\}$ で連続な関数とする。このとき

$$\iint_D f(x, y)dxdy = \int_a^b \left(\int_{\phi_1(x)}^{\phi_2(x)} f(x, y)dy \right) dx \tag{4.7}$$

[2]　関数 $f(x, y)$ を横線集合 $D = \{(x, y)|\ c \leqq y \leqq d,\ \psi_1(y) \leqq x \leqq \psi_2(y)\}$ で連続な関数とする。このとき

$$\iint_D f(x, y)dxdy = \int_c^d \left(\int_{\psi_1(y)}^{\psi_2(y)} f(x, y)dx \right) dy \tag{4.8}$$

解説　(1) もし領域 D を縦線集合でも横線集合でも表すことができるとき，式 (4.7) と式 (4.8) の右辺は一致する。これより，累次積分の**積分の順序を変更**することができる。

(2) $\displaystyle\iint_D 1dxdy$ は D の面積になる。実際，式 (4.7) に適用すると

$$\iint_D 1dxdy = \int_a^b \{\phi_2(x) - \phi_1(x)\}dx$$

これは，定理 4.4 に一致する。

例題 4.13　次の 2 重積分の値を求めよ。

(1) $\displaystyle\iint_D (x+y)dxdy, \quad D = \{(x,y)|\ 0 \leqq x \leqq 1,\ x \leqq y \leqq 1\}$

(2) $\displaystyle\iint_D (x+y)dxdy, \quad D = \{(x,y)|\ 0 \leqq y \leqq 1,\ 0 \leqq x \leqq y\}$

【解答】　(1) では D は縦線集合，(2) では D は横線集合になっている。

(1) 与式 $\displaystyle = \int_0^1 \left\{ \int_x^1 (x+y)dy \right\} dx = \int_0^1 \left[xy + \frac{y^2}{2} \right]_{y=x}^{y=1} dx$

$$= \int_0^1 \left(x + \frac{1}{2} - \frac{3}{2}x^2 \right) dx = \left[\frac{x^2}{2} + \frac{x}{2} - \frac{x^3}{2} \right]_0^1 = \frac{1}{2}$$

(2) 与式 $\displaystyle = \int_0^1 \left\{ \int_0^y (x+y)dx \right\} dy = \int_0^1 \left[\frac{x^2}{2} + xy \right]_{x=0}^{x=y} dy = \int_0^1 \frac{3y^2}{2} dy = \left[\frac{y^3}{2} \right]_0^1 = \frac{1}{2}$　◇

解説　上で (1), (2) の D は同じ集合だから (**図 4.31**)，二つの 2 重積分の値は等しくなる。

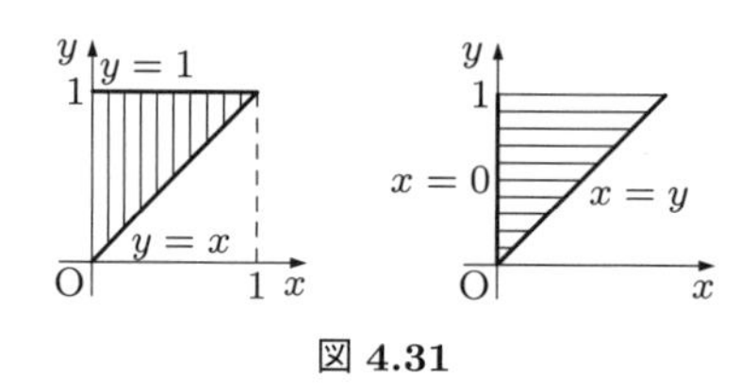

図 4.31

例題 4.14　D を x 軸，y 軸および直線 $y = -2x + 2$ で囲まれた三角形とする。2 重積分 $\displaystyle\iint_D x\,dxdy$ を (1) 縦線集合，(2) 横線集合，による方法で計算せよ。

【解答】　D を図示すると**図 4.32** のようになる。

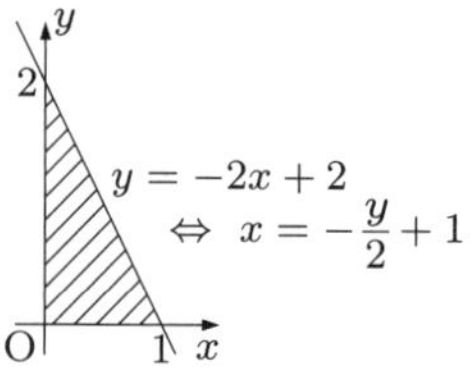

(1) D を縦線集合 $D = \{(x,y)|0 \leqq x \leqq 1, 0 \leqq y \leqq -2x+2\}$ と考える。

$$\iint_D xdxdy = \int_0^1 \left(\int_0^{-2x+2} xdy \right) dx$$

$$= \int_0^1 \left(x\Big[y\Big]_0^{-2x+2} \right) dx$$

$$= \int_0^1 x\,(-2x+2)\,dx = \int_0^1 (-2x^2 + 2x)\,dx = \left[-\frac{2}{3}x^3 + x^2 \right]_0^1 = \frac{1}{3}$$

$y = -2x + 2$
$\Leftrightarrow\ x = -\dfrac{y}{2} + 1$

図 4.32

(2) D を横線集合 $D = \{(x,y)\,|\,0 \leqq y \leqq 2, 0 \leqq x \leqq -\dfrac{y}{2} + 1\}$ と考える。

$$\iint_D x dx dy = \int_0^2 \left(\int_0^{-\frac{y}{2}+1} x dx \right) dy = \int_0^2 \left[\frac{x^2}{2} \right]_0^{-\frac{y}{2}+1} dy = \int_0^2 \frac{1}{2} \left(-\frac{y}{2} + 1 \right)^2 dy$$
$$= \int_0^2 \left(\frac{y^2}{8} - \frac{y}{2} + \frac{1}{2} \right) dy = \left[\frac{y^3}{24} - \frac{y^2}{4} + \frac{y}{2} \right]_0^2 = \frac{1}{3} - 1 + 1 = \frac{1}{3} \qquad \diamondsuit$$

例題 4.15　累次積分 $\displaystyle\int_0^1 \left(\int_x^1 e^{y^2} dy \right) dx$ を積分の順序を変更して求めよ。

【解答】　与式は縦線集合 $\{(x,y)|\ 0 \leqq x \leqq 1,\ x \leqq y \leqq 1\}$ での累次積分である。図 4.31 よりこれを横線集合 $\{(x,y)|\ 0 \leqq y \leqq 1,\ 0 \leqq x \leqq y\}$ での累次積分になるように積分の順序を変更する。

$$与式 = \int_0^1 \left(\int_0^y e^{y^2} dx \right) dy = \int_0^1 \left(e^{y^2} \Big[x \Big]_0^y \right) dy = \int_0^1 y e^{y^2} dy = \left[\frac{1}{2} e^{y^2} \right]_0^1 = \frac{1}{2}(e-1) \quad \diamondsuit$$

解説　e^{y^2} の不定積分は容易に求まらない。本例は積分の順序を変更することによって積分の計算が可能になっている。

問　　　題

問 1.　次の累次積分の値を求めよ。《例題 4.11》

(1)　$\displaystyle\int_0^1 \left(\int_0^1 e^{x+y} dx \right) dy$　　(2)　$\displaystyle\int_0^1 \left(\int_0^1 x e^y dx \right) dy$

問 2.　次の 2 重積分の値を求めよ。《例題 4.12》

(1)　$\displaystyle\iint_D x^2 y^3\, dxdy, \quad D = \{(x,y)|\ 0 \leqq x \leqq 1,\ 0 \leqq y \leqq 1\}$

(2)　$\displaystyle\iint_D (x^2 + y^3)\, dxdy, \quad D = \{(x,y)|\ 0 \leqq x \leqq 1,\ 0 \leqq y \leqq 1\}$

(3)　$\displaystyle\iint_D e^x \cos y\, dxdy, \quad D = \{(x,y)|\ 0 \leqq x \leqq 1,\ 0 \leqq y \leqq \frac{\pi}{2}\}$

問 3.　次の 2 重積分の値を求めよ。《例題 4.13》

(1)　$\displaystyle\iint_D x dxdy, \quad D = \{(x,y)|\ 0 \leqq x \leqq 1,\ x \leqq y \leqq 2x\}$

(2)　$\displaystyle\iint_D y dxdy, \quad D = \left\{(x,y)|\ 0 \leqq x \leqq 1,\ 0 \leqq y \leqq x^2 - x\right\}$

問 4.　次の累次積分の値を積分の順序を変更して求めよ。《例題 4.15》

(1)　$\displaystyle\int_0^1 \left(\int_{x^2}^1 \frac{x}{\sqrt{1+y^2}} dy \right) dx$　　(2)　$\displaystyle\int_0^\pi \left(\int_x^\pi \frac{\sin y}{y} dy \right) dx$

4.5　重積分における変数変換

1 変数の積分において置換積分法は有力な計算法であった。本節では 2 重積分での置換積分にあたる変数変換を学ぶ。特に重要なものは一次変換と極座標変換である。

（1）　2 重積分における変数変換　　2 重積分の置換積分にあたる次の定理がある。

定理 4.12 (2 重積分における変数変換)　$\phi(u,v)$, $\psi(u,v)$ をともに C^1 級の関数とする。変数変換

$$x=\phi(u,v), \quad y=\psi(u,v)$$

によって，D' が D に変換される，すなわち

$$D=\{(x,y)|(x,y)=(\phi(u,v),\psi(u,v));\ (u,v)\in D'\}$$

ならば，D で連続な関数 $f(x,y)$ に対して

$$\iint_D f(x,y)dxdy=\iint_{D'} f(\phi(u,v),\psi(u,v))|J(u,v)|dudv$$

が成り立つ。ここで，$J(u,v)=\phi_u(u,v)\psi_v(u,v)-\phi_v(u,v)\psi_u(u,v)\neq 0$ とする。

解説　(1) $J(u,v)$ は，行列式を用いて $J(u,v)=\begin{vmatrix}\phi_u(u,v) & \phi_v(u,v)\\ \psi_u(u,v) & \psi_v(u,v)\end{vmatrix}=\begin{vmatrix}\dfrac{\partial x}{\partial u} & \dfrac{\partial x}{\partial v}\\ \dfrac{\partial y}{\partial u} & \dfrac{\partial y}{\partial v}\end{vmatrix}$ と表され，**ヤコビアン**または**ヤコビ行列式**という。

(2) 形式的に $dxdy=|J(u,v)|dudv$ の関係があるとみる。

(3) もし，定理 4.12 を 1 変数の積分に適用すると

$$\int_a^b f(x)dx=\int_\alpha^\beta f(g(t))|g'(t)|dt$$

となり，$g'(t)$ に絶対値がつく。これは，一変数の積分では積分の方向も含めて考えているのに対し，重積分では積分の方向を考えていないからである。

解説　定理 4.12 について説明を加える。まず，**一次変換**と平行移動による変換

$$\begin{cases} x=x_0+au+bv \\ y=y_0+cu+dv \qquad (x_0,y_0,a,b,c,d \text{ は定数},\ ad-bc\neq 0)\end{cases}$$

により，変数 (u,v) が (x,y) へ変換される場合を考えよう。D' が正方形 $D'=\{(u,v)|0\leqq u\leqq 1, 0\leqq v\leqq 1\}$ であるとき，この変換により D は 4 点

$$(x_0,y_0),\ (x_0+a,y_0+c),\ (x_0+b,y_0+d),\ (x_0+a+b,y_0+c+d)$$

を頂点とする平行四辺形となり，その面積は $|ad-bc|$ である (**図 4.33**，付録 A.6 節)。同じようにして，uv 平面の面積 $\Delta S'=\Delta u\Delta v$ の長方形 E′F′G′H′ は xy 平面の平行四辺形 EFGH にうつる (**図 4.34**)。平行四辺形 EFGH の面積 ΔS は，$\Delta S=|ad-bc|\Delta S'$ となる。

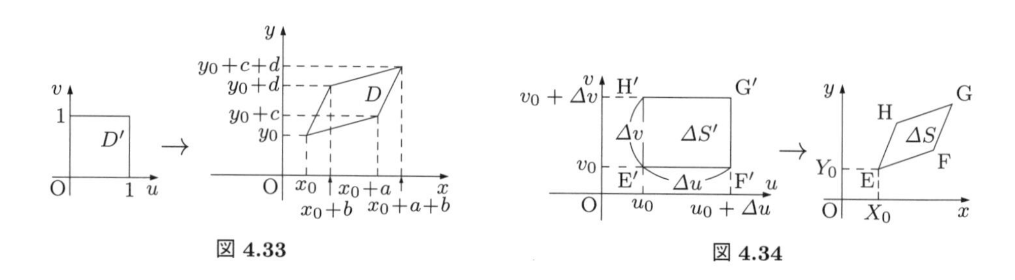

図 4.33　　　　図 4.34

次に，一般の変換として，$x=\phi(u,v)$，$y=\psi(u,v)$ を考えよう。平均値の定理 (定理 3.28(1), p.105) より (u_i,v_i) を含む領域で

$$
\begin{aligned}
x &= \phi(u,v) = \phi(u_i,v_i) + h\phi_u(u_i+\theta_1 h, v_i+\theta_1 k) + k\phi_v(u_i+\theta_1 h, v_i+\theta_1 k) \\
y &= \psi(u,v) = \psi(u_i,v_i) + h\psi_u(u_i+\theta_2 h, v_i+\theta_2 k) + k\psi_v(u_i+\theta_2 h, v_i+\theta_2 k) \\
u &= u_i+h,\ v=v_i+k \qquad (0<\theta_1<1,\ 0<\theta_2<1)
\end{aligned}
$$

と表されるが，(u,v) が (u_i,v_i) に十分近ければ

$$
\begin{cases}
x = \phi(u_i+h, v_i+k) \fallingdotseq \phi(u_i,v_i) + h\phi_u(u_i,v_i) + k\phi_v(u_i,v_i) \\
y = \psi(u_i+h, v_i+k) \fallingdotseq \psi(u_i,v_i) + h\psi_u(u_i,v_i) + k\psi_v(u_i,v_i)
\end{cases}
$$

と近似できる。この変換は一次変換と平行移動の合成とみなせる。

さて，上の変換によって，uv 上の閉領域 D' が xy 上の閉領域 D にうつるとして，2 重積分 $\displaystyle\iint_D f(x,y)dxdy$ における変数変換を考えよう。

uv 平面上で領域 D' を小長方形領域に分割する。このとき対応して xy 平面上の D は曲線群で囲まれた小領域に分割されるが，分割が十分細かければ近似的に平行四辺形の小領域に分割される (**図 4.35**)。そして，uv 平面上で i 番目の小長方形領域の面積 $\Delta S_i'$ と対応する xy 平面上の小領域の面積 ΔS_i は $\Delta S_i = |\phi_u(u_i,v_i)\psi_v(u_i,v_i) - \phi_v(u_i,v_i)\psi_u(u_i,v_i)|\Delta S_i'$ の関係があるとみなしてよい。これから，$\Delta S_i = |J(u_i,v_i)|\Delta S_i'$ となって

$$
\sum_{i=1}^{n} f(x_i,y_i)\Delta S_i = \sum_{i=1}^{n} f(\phi(u_i,v_i),\psi(u_i,v_i))\,|J(u_i,v_i)|\,\Delta S_i'
$$

がいえる。分割を限りなく細かくすることによって

$$
\iint_D f(x,y)dxdy = \iint_{D'} f(\phi(u,v),\psi(u,v))\,|J(u,v)|\,dudv
$$

を得る。

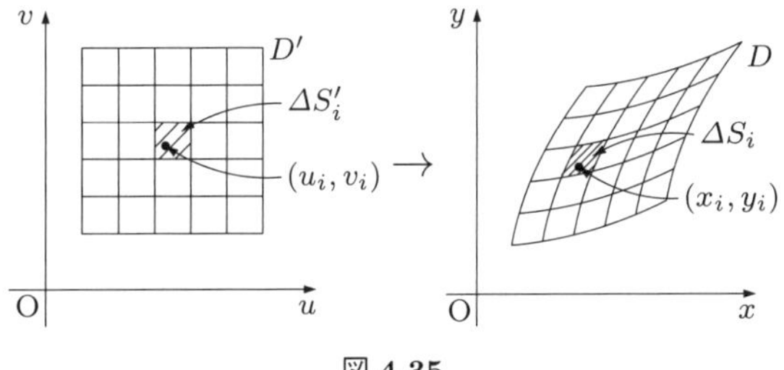

図 **4.35**

例題 4.16　$D=\{(x,y)\,|\,|x-y|\leqq 1, |x+y|\leqq 1\}$ のとき

$$
\iint_D \left\{(x-y)^2+(x+y)^2\right\}dxdy
$$

を求めよ。

【解答】　$x-y=u$, $x+y=v$ すなわち $x=\dfrac{1}{2}u+\dfrac{1}{2}v$,　$y=-\dfrac{1}{2}u+\dfrac{1}{2}v$ の変換によって D

は $D'=\left\{(u,v)\ \middle|\ |u|\leqq 1,\ |v|\leqq 1\right\}=\{(u,v)|\ -1\leqq u\leqq 1,\ -1\leqq v\leqq 1\}$ にうつされる。

この変換において，$J(u,v)=\begin{vmatrix}\dfrac{\partial x}{\partial u} & \dfrac{\partial x}{\partial v}\\ \dfrac{\partial y}{\partial u} & \dfrac{\partial y}{\partial v}\end{vmatrix}=\begin{vmatrix}\dfrac{1}{2} & \dfrac{1}{2}\\ -\dfrac{1}{2} & \dfrac{1}{2}\end{vmatrix}=\dfrac{1}{2}\cdot\dfrac{1}{2}-\left(-\dfrac{1}{2}\right)\cdot\dfrac{1}{2}=\dfrac{1}{2}$ となる。

$$与式=\iint_{D'}\left(u^2+v^2\right)|J|dudv=\iint_{D'}\left(u^2+v^2\right)\frac{1}{2}dudv=\frac{1}{2}\int_{-1}^{1}\left(\int_{-1}^{1}(u^2+v^2)dv\right)du$$
$$=\frac{1}{2}\int_{-1}^{1}\left[u^2v+\frac{v^3}{3}\right]_{v=-1}^{v=1}du=\int_{-1}^{1}\left(u^2+\frac{1}{3}\right)du=\left[\frac{u^3}{3}+\frac{u}{3}\right]_{-1}^{1}=\frac{2}{3}+\frac{2}{3}=\frac{4}{3}$$

◇

（**2**）**極座標変換**　変数 x,y が，$x=r\cos\theta$, $y=r\sin\theta$ によって，r,θ ($r\geqq 0$, $0\leqq\theta\leqq 2\pi$) に変換されることを**極座標変換**という (**図 4.36**)。

例 4.3　(1) $D=\{(x,y)|x^2+y^2\leqq 1\}$ は，極座標変換によって，$D'=\{(r,\theta)|0\leqq r\leqq 1,\ 0\leqq\theta\leqq 2\pi\}$ にうつされる (**図 4.37**)。

(2) $D=\{(x,y)|x^2+y^2\leqq x\}$ は，極座標変換によって，$D'=\left\{(r,\theta)|\ 0\leqq r\leqq\cos\theta,\ -\dfrac{\pi}{2}\leqq\theta\leqq\dfrac{\pi}{2}\right\}$ にうつされる (**図 4.38**)。

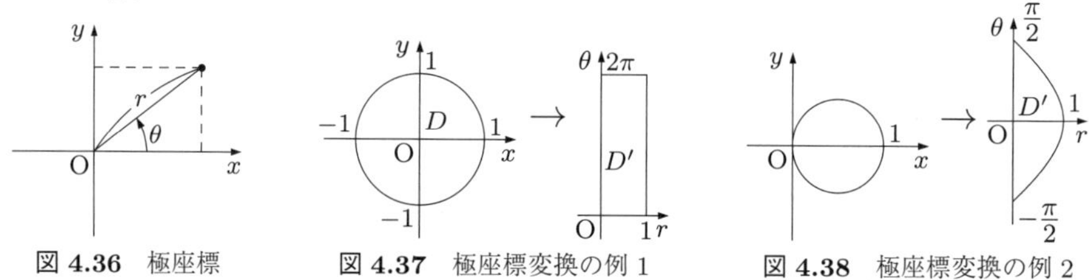

図 4.36　極座標　　**図 4.37**　極座標変換の例 1　　**図 4.38**　極座標変換の例 2

極座標変換のとき，ヤコビアンは

$$J(r,\theta)=\begin{vmatrix}\dfrac{\partial}{\partial r}(r\cos\theta) & \dfrac{\partial}{\partial\theta}(r\cos\theta)\\ \dfrac{\partial}{\partial r}(r\sin\theta) & \dfrac{\partial}{\partial\theta}(r\sin\theta)\end{vmatrix}=\begin{vmatrix}\cos\theta & -r\sin\theta\\ \sin\theta & r\cos\theta\end{vmatrix}=r\cos^2\theta+r\sin^2\theta=r$$

となる。

解説　$r=0$ の点でヤコビアンが 0 になるが，ヤコビアンが 0 となる点の集合の面積が 0 であれば定理 4.12 を適用してよい。

例題 4.17　$D=\{(x,y)|x^2+y^2\leqq 1\}$ のとき

$$\iint_D(x^2+y^2)dxdy$$

を求めよ。

【解答】　極座標変換により，$D'=\{(r,\theta)|\ 0\leqq r\leqq 1, 0\leqq\theta\leqq 2\pi\}$ (図 4.37) として

$$\iint_D(x^2+y^2)dxdy=\iint_{D'}\{(r\cos\theta)^2+(r\sin\theta)^2\}\underbrace{r}_{|J|}drd\theta$$

$$= \int_0^1 r^3 dr \int_0^{2\pi} d\theta = \left[\frac{r^4}{4}\right]_0^1 \left[\theta\right]_0^{2\pi} = \frac{1}{4}\cdot 2\pi - \frac{\pi}{2} \qquad \diamondsuit$$

例題 4.18　$D = \{(x,y)|x \geqq 0, y \geqq 0\}$ のとき

$$\iint_D e^{-(x^2+y^2)}dxdy$$

を求めよ。

【解答】　D を図 **4.39** に示す。極座標変換により

$$D' = \left\{(r,\theta)|\ 0 \leqq r < \infty, 0 \leqq \theta \leqq \frac{\pi}{2}\right\}$$

として

$$与式 = \iint_{D'} e^{-r^2} r dr d\theta = \int_0^\infty e^{-r^2} r dr \int_0^{\frac{\pi}{2}} d\theta$$

$$= \left[-\frac{1}{2}e^{-r^2}\right]_0^\infty \left[\theta\right]_0^{\frac{\pi}{2}} = \left(0 + \frac{1}{2}\right)\frac{\pi}{2} = \frac{\pi}{4} \qquad \diamondsuit$$

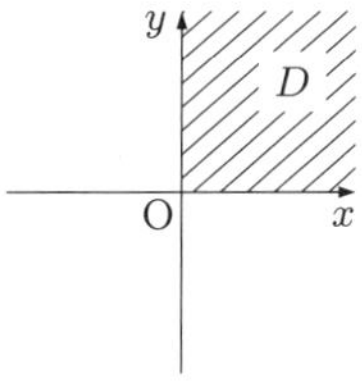

図 4.39

解説　以上から，与式 $= \left(\int_0^\infty e^{-x^2}dx\right)\left(\int_0^\infty e^{-y^2}dy\right) = \left(\int_0^\infty e^{-x^2}dx\right)^2 = \frac{\pi}{4}$ だから $\int_0^\infty e^{-x^2}dx = \frac{\sqrt{\pi}}{2}$ の関係を得る。これは正規分布の解析 (統計学) などで用いられる。

問　　　題

問 1.　次の 2 重積分の値を求めよ。《例題 4.16》

(1)　$\iint_D x^2 dxdy, \quad D = \{(x,y)|\ 0 \leqq x - y \leqq 1,\ 0 \leqq x + y \leqq 1\}$

(2)　$\iint_D (x-y)\sin\{\pi(x+y)\}dxdy, \quad D = \{(x,y)|\ 0 \leqq x - y \leqq 1,\ 0 \leqq x + y \leqq 1\}$

(3)　$\iint_D (x-y)e^{x+y}dxdy, \quad D = \{(x,y)|\ 0 \leqq x - y \leqq 1,\ 0 \leqq x + y \leqq 1\}$

問 2.　次の 2 重積分の値を求めよ。《例題 4.17》

(1)　$\iint_D (x^2+y^2)^2\, dxdy, \quad D = \{(x,y)|\ x^2 + y^2 \leqq 1\}$

(2)　$\iint_D \sqrt{x^2+y^2}\, dxdy, \quad D = \{(x,y)|\ x^2 + y^2 \leqq 1\}$

問 3.　図形 D を図示し，D での関数 $f(x,y)$ の 2 重積分を求めよ。

$D = \{(x,y)|\ x \geqq 0,\ x^2 + y^2 \leqq a^2\}$　(a は正の定数)

$f(x,y) = x$

問 4.　次の図形 D の極座標変換による図形 D' を求め，次の重積分を計算せよ。

$$\iint_D x dxdy, \quad D = \{(x,y)|\ x^2 + y^2 \leqq y\}$$

問 5.　球 $x^2 + y^2 + z^2 \leqq a^2$ と円柱 $\left(x - \frac{a}{2}\right)^2 + y^2 \leqq \left(\frac{a}{2}\right)^2$ の共通部分の体積を求めよ (図 **4.40**)。

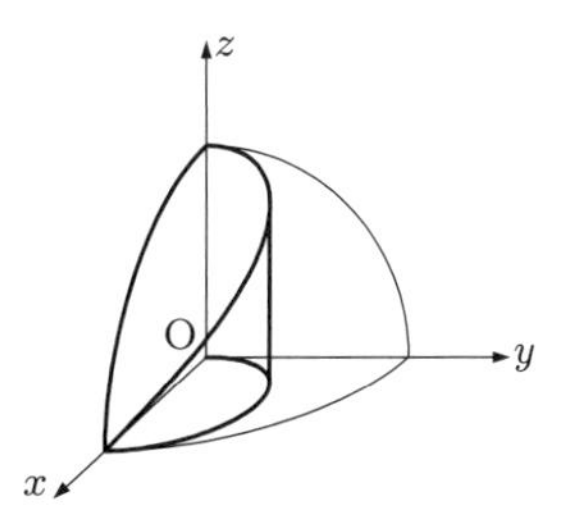

図 4.40

付　　　録

A.1　関数に関する補足

（1）　対数の性質に関する補足　　定理 1.6, 定理 1.7 を導いておく。

$\log_a M = m$, $\log_a N = n$ と置くと $M = a^m$, $N = a^n$ である。

定理 1.3 より，$MN = a^m a^n = a^{m+n}$ だから $\log_a MN = m + n = \log_a M + \log_a N$ となる。

同様に，$M/N = a^m/a^n = a^{m-n}$ だから $\log_a M/N = m - n = \log_a M - \log_a N$ となる。

$M^r = (a^m)^r = a^{mr}$ だから $\log_a M^r = mr = r\log_a M \cdots\cdots$ ⊛ となる。

また，$\log_a b = x$ と置くと $a^x = b$ である。底 c の対数をとって，$\log_c a^x = \log_c b$ となる。左辺に式 ⊛ を適用すると $x\log_c a = \log_c b$ となり，$a \neq 1$ のとき $\log_c a \neq 0$ だから，$x = \dfrac{\log_c b}{\log_c a}$ すなわち $\log_a b = \dfrac{\log_c b}{\log_c a}$ を得る。

（2）　三角関数の性質に関する補足　　定理 1.11 に記した公式を導いておこう。

[1] は図 **A.1** よりわかる。[2] の第 1，第 2 の関係については図 **A.2** よりわかる。第 3 の関係を図から読み取るのは難しい。第 3 の関係は次のように定理 1.8 第 2 式を用いると容易にわかる。

$$\tan\left(\theta + \frac{\pi}{2}\right) = \frac{\sin\left(\theta + \frac{\pi}{2}\right)}{\cos\left(\theta + \frac{\pi}{2}\right)} = \frac{\cos\theta}{-\sin\theta} = -\frac{1}{\tan\theta}$$

[3] は図 **A.3** からわかる。

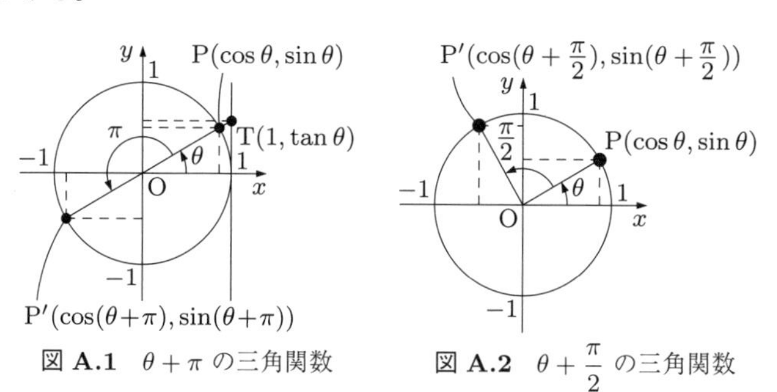

図 **A.1**　$\theta + \pi$ の三角関数　　図 **A.2**　$\theta + \dfrac{\pi}{2}$ の三角関数

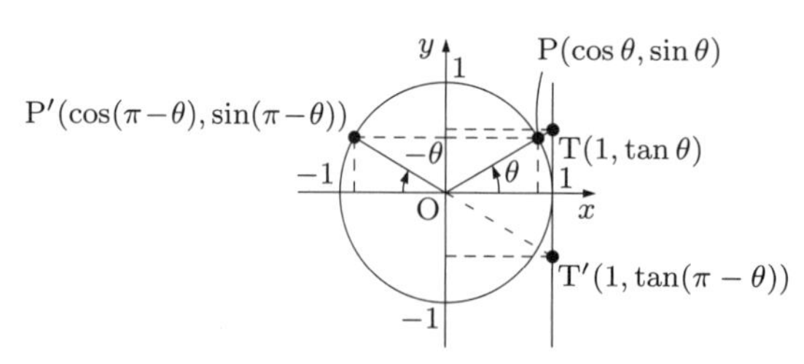

図 **A.3**　$\pi - \theta$ の三角関数

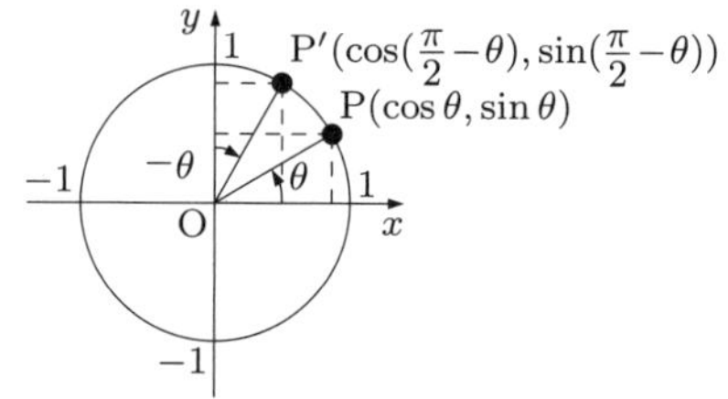

図 **A.4**　$\dfrac{\pi}{2} - \theta$ の三角関数

[4] の第 1，第 2 の関係については図 **A.4** より，第 3 の関係は定理 1.8 第 2 式を用いるとわかる。

その他の $\theta + \dfrac{n\pi}{2}$ (n は整数) の角についても，同様に図を用いるか，その他の公式の組み合わせで導くことができる。

(3) 三角関数の加法定理に関する補足 三角関数の加法定理：定理 1.12 を導く。

図 **A.5** で，$\mathrm{AB} = \mathrm{A'B'}$ すなわち $\mathrm{AB}^2 = \mathrm{A'B'}^2$ である。よって

$$(\cos\alpha - \cos(-\beta))^2 + (\sin\alpha - \sin(-\beta))^2 = \{\cos(\alpha+\beta) - 1\}^2 + \sin^2(\alpha+\beta)$$

$$(\cos\alpha - \cos\beta)^2 + (\sin\alpha + \sin\beta)^2 = \{\cos(\alpha+\beta) - 1\}^2 + \sin^2(\alpha+\beta) \qquad (\because \text{定理 } 1.10)$$

$$2 - 2\cos\alpha\cos\beta + 2\sin\alpha\sin\beta = 2 - 2\cos(\alpha+\beta) \qquad (\because \text{定理 } 1.8 \text{ 第 } 1 \text{ 式})$$

これより

$$\cos(\alpha+\beta) = \cos\alpha\cos\beta - \sin\alpha\sin\beta$$

を得る。

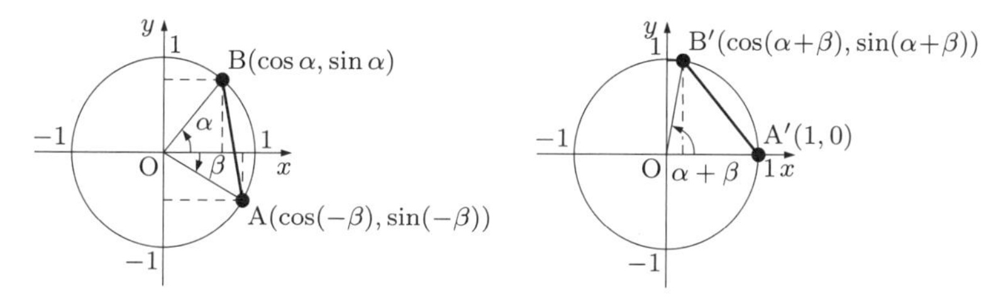

図 **A.5** 三角関数の加法定理

$\beta = -\beta'$ と置くと，定理 1.10 より，次を得る。

$$\cos(\alpha - \beta') = \cos\alpha\cos(-\beta') - \sin\alpha\sin(-\beta') = \cos\alpha\cos\beta' + \sin\alpha\sin\beta'$$

次に，定理 1.11 を用いて，(以下複号同順)

$$\sin(\alpha \pm \beta) = \cos\left\{\frac{\pi}{2} - (\alpha \pm \beta)\right\} = \cos\left\{\left(\frac{\pi}{2} - \alpha\right) \mp \beta\right\}$$
$$= \cos\left(\frac{\pi}{2} - \alpha\right)\cos\beta \pm \sin\left(\frac{\pi}{2} - \alpha\right)\sin\beta = \sin\alpha\cos\beta \pm \cos\alpha\sin\beta$$

最後に

$$\tan(\alpha \pm \beta) = \frac{\sin(\alpha \pm \beta)}{\cos(\alpha \pm \beta)} = \frac{\sin\alpha\cos\beta \pm \cos\alpha\sin\beta}{\cos\alpha\cos\beta \mp \sin\alpha\sin\beta}$$

分母分子をそれぞれ $\cos\alpha\cos\beta$ で割って

$$\tan(\alpha \pm \beta) = \frac{\dfrac{\sin\alpha}{\cos\alpha} \pm \dfrac{\sin\beta}{\cos\beta}}{1 \mp \dfrac{\sin\alpha\sin\beta}{\cos\alpha\cos\beta}} = \frac{\tan\alpha \pm \tan\beta}{1 \mp \tan\alpha\tan\beta}$$

A.2 因数定理と組立除法

高次関数の極値などを調べる際に，高次方程式を解く必要がでてくる。そのとき，次の**因数定理**を利用する。

定理 A.1 (因数定理) 多項式 $P(x)$ が $x - k$ で割り切れる $\Longleftrightarrow P(k) = 0$

証明　多項式 $P(x) = a_n x^n + a_{n-1}x^{n-1} + a_{n-2}x^{n-2} + \cdots + a_1 x + a_0$ を $x - k$ で割ったとき，$P(x) = (x-k)(b_n x^{n-1} + b_{n-1}x^{n-2} + b_{n-2}x^{n-3} + \cdots + b_1) + b_0$ と表すことができる。$P(x)$ が $x - k$ で割り切れるときは $P(k) = b_0 = 0$ となる。 □

さて，上式で右辺を展開すると

$$
\begin{aligned}
&a_n x^n + a_{n-1}x^{n-1} + a_{n-2}x^{n-2} + \cdots + a_1 x + a_0 \\
&= (b_n x^n + b_{n-1}x^{n-1} + b_{n-2}x^{n-1} + \cdots + b_1 x) \\
&\qquad -(kb_n x^{n-1} + kb_{n-1}x^{n-2} + kb_{n-2}x^{n-3} + \cdots + kb_1) + b_0 \\
&= b_n x^n + (b_{n-1} - kb_n)\, x^{n-1} + (b_{n-2} - kb_{n-1})\, x^{n-1} + \cdots + (b_1 - kb_2)\, x + (b_0 - kb_1)
\end{aligned}
$$

係数を比較すると

$$
b_n = a_n, \quad b_{n-1} = a_{n-1} + kb_n, \quad b_{n-2} = a_{n-2} + kb_{n-1}, \quad \cdots, \quad b_0 = a_0 + kb_1
$$

の関係が得られる。多項式を 1 次式で割った際の商および余りを，この関係を用いて係数 $b_n, b_{n-1}, \cdots, b_0$ を順次決定して，求める方法を**組立除法**という。

手順をまとめると**図 A.6** のようになる。

例 A.1　$P(x) = 2x^3 - 9x^2 + 12x - 4$ を因数分解しよう。$P(2) = 0$ だから，因数定理より，$P(x)$ は $x - 2$ で割り切れる。組立除法 (**図 A.7**) または実際の割り算 (**図 A.8**) により $P(x) = (x-2)(2x^2 - 5x + 2)$ となる。

$$
\begin{array}{c|cccccc}
k & a_n & a_{n-1} & a_{n-2} & \cdots & a_1 & a_0 \\
 & & kb_n & kb_{n-1} & \cdots & kb_2 & kb_1 \\
\hline
 & b_n & b_{n-1} & b_{n-2} & \cdots & b_1 & \multicolumn{1}{|c}{b_0}
\end{array}
$$

図 A.6　組立除法

$$
\begin{array}{c|cccc}
2 & 2 & -9 & 12 & -4 \\
 & & 4 & -10 & 4 \\
\hline
 & 2 & -5 & 2 & \multicolumn{1}{|c}{0}
\end{array}
$$

図 A.7　組立除法の例

$$
\begin{array}{rl}
 & 2x^2 - 5x + 2 \\
x-2 \,) & 2x^3 - 9x^2 + 12x - 4 \\
 & 2x^3 - 4x^2 \\
\hline
 & -5x^2 + 12x \\
 & -5x^2 + 10x \\
\hline
 & 2x - 4 \\
 & 2x - 4 \\
\hline
 & 0
\end{array}
$$

図 A.8　多項式の割り算

A.3　有理関数の不定積分に関する補足

定理 2.12 について，式 (2.2)〜(2.5) は容易にわかる。式 (2.6), (2.7) を導出しておく。

$n \geqq 2$ のとき

$$
\begin{aligned}
\frac{d}{dx}\frac{x}{(x^2+a^2)^{n-1}} &= \frac{1}{(x^2+a^2)^{n-1}} - \frac{2(n-1)x^2}{(x^2+a^2)^n} = \frac{1}{(x^2+a^2)^{n-1}} - \frac{2(n-1)(x^2+a^2-a^2)}{(x^2+a^2)^n} \\
&= -\frac{2n-3}{(x^2+a^2)^{n-1}} + \frac{2(n-1)a^2}{(x^2+a^2)^n}
\end{aligned}
$$

の関係が成り立つ。両辺を x について積分して

$$
\begin{aligned}
\frac{x}{(x^2+a^2)^{n-1}} &= -(2n-3)\int \frac{1}{(x^2+a^2)^{n-1}}dx + 2(n-1)a^2 \int \frac{1}{(x^2+a^2)^n}dx \\
&= -(2n-3)I_{n-1} + 2(n-1)a^2 I_n
\end{aligned}
$$

これを，I_n について解くと，式 (2.6) を得る。

$n=1$ のときは，$x=at$ と置いて，置換積分法による。$dx=adt$ より

$$\int\frac{1}{x^2+a^2}dx=\int\frac{1}{a^2t^2+a^2}adt=\frac{1}{a}\int\frac{1}{t^2+1}dt \quad =\frac{1}{a}\tan^{-1}t+C=\frac{1}{a}\tan^{-1}\left(\frac{x}{a}\right)+C$$

(∵ 定理 2.6)

A.4　無理関数の不定積分に関する補足

本節では，無理関数の不定積分について補足し，例を挙げておく。以下で $R(x,y,\cdots)$ は $x,y,\cdots$ の有理式を表す (p.51)。

表 2.1[7]：$R\left(x,\sqrt[n]{\dfrac{ax+b}{cx+d}}\right)$ $(ad-bc\neq 0)$ について，$\sqrt[n]{\dfrac{ax+b}{cx+d}}=t$ と置く。x について解くと，$x=\dfrac{-b+dt^n}{a-ct^n}$，$\dfrac{dx}{dt}=\dfrac{(ad-bc)nt^{n-1}}{(a-ct^n)^2}$ となる。これから，$R\left(x,\sqrt[n]{\dfrac{ax+b}{cx+d}}\right)$ の不定積分は t の有理関数の不定積分に変換される。

例 A.2　$\displaystyle\int\sqrt{\frac{2+x}{2-x}}dx$ の計算。$\sqrt{\dfrac{2+x}{2-x}}=t$ と置くと

$$x=\frac{2(t^2-1)}{t^2+1},\qquad \frac{dx}{dt}=2\frac{2t(t^2+1)-2t(t^2-1)}{(t^2+1)^2}=\frac{8t}{(t^2+1)^2}\ \text{より}\ dx=\frac{8t}{(t^2+1)^2}dt$$

これから

$$\int\sqrt{\frac{2+x}{2-x}}dx=\int t\cdot\frac{8t}{(t^2+1)^2}dt=8\int\frac{t^2}{(t^2+1)^2}dt \qquad \cdots\cdots ⊛$$

後は有理関数の積分法による。被積分関数を部分分数分解しよう。

$\dfrac{t^2}{(t^2+1)^2}=\dfrac{at+b}{t^2+1}+\dfrac{ct+d}{(t^2+1)^2}$ と置く。通分して，$\dfrac{t^2}{(t^2+1)^2}=\dfrac{(at+b)(t^2+1)+ct+d}{(t^2+1)^2}$。

分子を比較して，$t^2=(at+b)(t^2+1)+ct+d=at^3+bt^2+(a+c)t+(b+d)$。

係数を比較して，$a=0,\ b=1,\ a+c=0,\ b+d=0$。これを解いて，$c=0,\ d=-1$。よって，

$\dfrac{t^2}{(t^2+1)^2}=\dfrac{1}{t^2+1}-\dfrac{1}{(t^2+1)^2}$ が成り立つ。これから

$$⊛=8\left(\int\frac{1}{t^2+1}dx-\int\frac{1}{(t^2+1)^2}dx\right)=8\left\{\tan^{-1}t-\frac{1}{2}\left(\frac{t}{t^2+1}+\tan^{-1}t\right)\right\}+C$$

$$=4\tan^{-1}t-\frac{4t}{t^2+1}+C=4\tan^{-1}\left(\sqrt{\frac{2+x}{2-x}}\right)-\sqrt{4-x^2}$$

ここで，$\dfrac{4t}{t^2+1}=\dfrac{4\sqrt{\dfrac{2+x}{2-x}}}{\dfrac{2+x}{2-x}+1}=\dfrac{4(2-x)\sqrt{\dfrac{2+x}{2-x}}}{4}=\sqrt{(2-x)(2+x)}=\sqrt{4-x^2}$ のように変形した。

表 2.1[8]($a>0$ の場合)：$R(x,\sqrt{ax^2+bx+c})$ について，$\sqrt{ax^2+bx+c}+\sqrt{a}x=t$ と置くと

$$\sqrt{ax^2+bx+c}=t-\sqrt{a}x,\qquad ax^2+bx+c=t^2-2\sqrt{a}xt+ax^2\ \text{より}\ x=\frac{t^2-c}{2\sqrt{a}t+b}$$

$$\sqrt{ax^2+bx+c}=t-\sqrt{a}x=\frac{\sqrt{a}t^2+bt+\sqrt{a}c}{2\sqrt{a}t+b}$$

$$dx = \frac{2t\left(2\sqrt{a}t+b\right)-\left(t^2-c\right)\left(2\sqrt{a}\right)}{\left(2\sqrt{a}t+b\right)^2} = \frac{2\left(\sqrt{a}t^2+bt+\sqrt{a}c\right)}{\left(2\sqrt{a}t+b\right)^2}dt$$

となる。これから $R(x, \sqrt{ax^2+bx+c})$ $(a>0)$ の不定積分は t の有理関数の不定積分に変換される。

例 A.3　不定積分 $\displaystyle\int \frac{1}{\sqrt{x^2+a}}dx$ の計算。$\sqrt{x^2+a}+x=t$ と置くと $\sqrt{x^2+a}=t-x$。両辺 2 乗して整理すると，$x=\dfrac{t^2-a}{2t}$。また $dx=\dfrac{2t\cdot 2t-2(t^2-a)}{4t^2}=\dfrac{t^2+a}{2t^2}dt$，$\sqrt{x^2+a}=t-x=\dfrac{t^2+a}{2t}$。これから

$$\int \frac{1}{\sqrt{x^2+a}}dx = \int \frac{2t}{t^2+a}\cdot\frac{t^2+a}{2t^2}dt = \int \frac{1}{t}dt = \log|t|+C = \log\left|\sqrt{x^2+a}+x\right|+C$$

例 A.4　$\displaystyle\int \sqrt{x^2+a}dx$ の計算。

$$\begin{aligned}\int \sqrt{x^2+a}dx &= \int \frac{t^2+a}{2t}\cdot\frac{t^2+a}{2t^2}dt = \int \frac{t^4+2at^2+a^2}{4t^3}dt = \int\left(\frac{1}{4}t+\frac{a}{2t}+\frac{a^2}{4t^3}\right)dt \\ &= \frac{1}{8}t^2+\frac{a}{2}\log|t|-\frac{a^2}{8t^2}+C = \frac{1}{8}\left(t^2-\frac{a^2}{t^2}\right)+\frac{a}{2}\log|t|+C\end{aligned}$$

ここで

$$\begin{aligned}\frac{1}{8}\left(t^2-\frac{a^2}{t^2}\right) &= \frac{1}{8}\left(t+\frac{a}{t}\right)\left(t-\frac{a}{t}\right) \\ &= \frac{1}{8}\left(\sqrt{x^2+a}+x+\frac{a}{\sqrt{x^2+a}+x}\right)\left(\sqrt{x^2+a}+x-\frac{a}{\sqrt{x^2+a}+x}\right) \\ &= \frac{1}{8}\left(2\sqrt{x^2+a}\right)(2x) = \frac{x}{2}\sqrt{x^2+a}\end{aligned}$$

よって

$$\int \sqrt{x^2+a}dx = \frac{x}{2}\sqrt{x^2+a}+\frac{a}{2}\log\left|\sqrt{x^2+a}+x\right|+C$$

表 2.1[8]($a<0$ の場合)：$R(x, \sqrt{ax^2+bx+c})$ について，2 次方程式 $ax^2+bx+c=0$ が実数解 $\alpha, \beta(\alpha<\beta)$ をもつ $(b^2-4ac>0)$ とき，$\alpha<x<\beta$ で $\sqrt{ax^2+bx+c}$ は実数となる。このとき，

$$\sqrt{ax^2+bx+c} = \sqrt{a(x-\alpha)(x-\beta)} = (x-\alpha)\sqrt{-a}\sqrt{\frac{\beta-x}{x-\alpha}}$$

となるので，あとは表 2.1[7] に従って $t=\sqrt{\dfrac{\beta-x}{x-\alpha}}$ と置けばよい。

例 A.5　例題 2.19 (p.53)：$I=\displaystyle\int \frac{1}{(1-x^2)\sqrt{1-x^2}}dx$ をこの方針で計算する。

$\sqrt{1-x^2}=\sqrt{(1-x)(x+1)}$ より，$t=\sqrt{\dfrac{1-x}{x+1}}$ と置くと，$x=\dfrac{1-t^2}{t^2+1}$，$dx=\dfrac{-4t}{(t^2+1)^2}dt$ となる。また，$1-x^2=1-\left(\dfrac{1-t^2}{t^2+1}\right)^2=\dfrac{(t^2+1)^2-(1-t^2)^2}{(t^2+1)^2}=\dfrac{4t^2}{(t^2+1)^2}$ である。よって

$$\begin{aligned}I &= \int \frac{1}{(1-x^2)\sqrt{1-x^2}}dx = \int\left(\frac{t^2+1}{2t}\right)^3\cdot\frac{-4t}{(t^2+1)^2}dt = -\frac{1}{2}\int\frac{t^2+1}{t^2}dt \\ &= -\frac{1}{2}\int\left(1+\frac{1}{t^2}\right)dt = -\frac{1}{2}\left(t-\frac{1}{t}\right)dt+C = -\frac{1}{2}\left(\sqrt{\frac{1-x}{x+1}}-\sqrt{\frac{x+1}{1-x}}\right)dt+C\end{aligned}$$

$$= -\frac{1}{2}\frac{(1-x)-(x+1)}{\sqrt{1-x^2}} + C = \frac{x}{\sqrt{1-x^2}} + C$$

A.5 微分の順序変更の証明

定理 3.24(微分の順序変更) を証明する。$\Delta = f(x+h, y+k) - f(x+h, y) - f(x, y+k) + f(x, y)$ として，$U(x) = f(x, y+k) - f(x, y)$ と置くと，$\Delta = U(x+h) - U(x)$ と表される。これに平均値の定理 (定理 3.12) を適用すると

$$\Delta = U(x+h) - U(x) = hU'(c_1) \qquad (0 < |c_1 - x| < |h|)$$

となる c_1 が存在する †。さらに，$U'(c_1)$ を y に関する関数を変数とみて平均値の定理を適用して

$$U'(c_1) = f_x(c_1, y+k) - f_x(c_1, y) = kf_{xy}(c_1, c_2) \qquad (0 < |c_2 - y| < |k|)$$

となる c_2 が存在する。よって

$$\Delta = hkf_{xy}(c_1, c_2) \tag{A.1}$$

次に，$V(y) = f(x+h, y) - f(x, y)$ と置くと，同様に

$$\begin{aligned}\Delta &= V(y+k) - V(y) = kV'(c_3) \qquad (0 < |c_3 - y| < |k|) \\ &= k\{f_y(x+h, c_3) - f_y(x, c_3)\} = hkf_{yx}(c_4, c_3) \qquad (0 < |c_4 - x| < |h|)\end{aligned} \tag{A.2}$$

となる c_3, c_4 が存在する。式 (A.1)，(A.2) より，$f_{xy}(c_1, c_2) = f_{yx}(c_4, c_3)$ で，$h \to 0, k \to 0$ をとると，$c_1 \to x, c_2 \to y, c_4 \to x, c_3 \to y$ で f_{xy}, f_{yx} は連続だから，$f_{xy}(x, y) = f_{yx}(x, y)$ となる。

A.6 平行四辺形の面積

図 **A.9** で，平行四辺形 OACB の面積 S を求めよう。

$$\mathrm{OA}^2 = a_1^2 + a_2^2, \quad \mathrm{OB}^2 = b_1^2 + b_2^2, \quad \mathrm{AB}^2 = (a_1 - b_1)^2 + (a_2 - b_2)^2$$

だから，これを $\triangle$OAB についての余弦定理：$\mathrm{AB}^2 = \mathrm{OA}^2 + \mathrm{OB}^2 - 2\mathrm{OA} \cdot \mathrm{OB}\cos\theta$ に代入すると

$$2\mathrm{OA} \cdot \mathrm{OB}\cos\theta = \mathrm{OA}^2 + \mathrm{OB}^2 - \mathrm{AB}^2 = 2(a_1b_1 + a_2b_2)$$

よって

$$\cos\theta = \frac{a_1b_1 + a_2b_2}{\mathrm{OA} \cdot \mathrm{OB}}$$

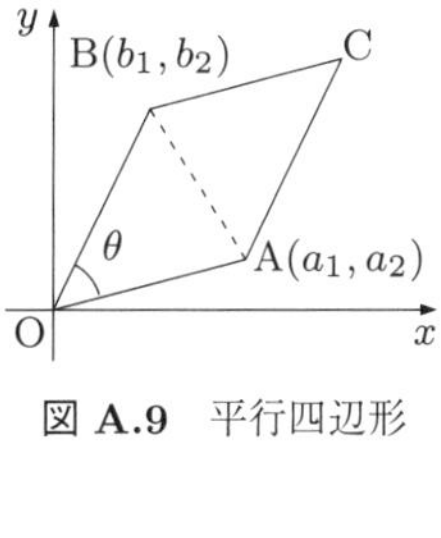

図 A.9 平行四辺形

次に，平行四辺形 OBCA の面積 S を求める。

$$\begin{aligned}S &= \mathrm{OA} \cdot \mathrm{OB}\sin\theta = \mathrm{OA} \cdot \mathrm{OB}\sqrt{1 - \cos^2\theta} \\ &= \mathrm{OA} \cdot \mathrm{OB}\sqrt{1 - \frac{(a_1b_1 + a_2b_2)^2}{\mathrm{OA}^2 \cdot \mathrm{OB}^2}} = \sqrt{\mathrm{OA}^2 \cdot \mathrm{OB}^2 - (a_1b_1 + a_2b_2)^2} \\ &= \sqrt{(a_1^2 + a_2^2)(b_1^2 + b_2^2) - (a_1b_1 + a_2b_2)^2} = \sqrt{(a_1b_2 - a_2b_1)^2} = |a_1b_2 - a_2b_1|\end{aligned}$$

† h の正負によって，$x < c_1 < x+h$ または $x+h < c_1 < x$ となる。これを書き換えて，$0 < c_1 - x < h$ または $h < c_1 - x < 0$。まとめると $0 < |c_1 - x| < |h|$ となる。

A.7 ギリシア文字

大文字	小文字	読み方	大文字	小文字	読み方
A	α	アルファ	N	ν	ニュー
B	β	ベータ，ビータ	Ξ	ξ	クシー，グザイ
Γ	γ	ガンマ	O	o	オミクロン
Δ	δ	デルタ	Π	π	パイ，ピー
E	ϵ, ε	エプシロン，イプシロン	P	ρ	ロー
Z	ζ	ゼータ，ジータ	Σ	σ, ς	シグマ
H	η	エータ，イータ	T	τ	タウ，トー
Θ	θ, ϑ	シータ，テータ	Υ	υ	ユプシロン，ウプシロン
I	ι	イオタ	Φ	ϕ, φ	ファイ，フィー
K	κ	カッパ	X	χ	カイ，キー
Λ	λ	ラムダ	Ψ	ψ	プサイ，プシー
M	μ	ミュー	Ω	ω	オメガ

問　題　解　答

1.2 節

問 1.　(1)　1　　(2)　$3a^2+3ah+h^2$

問 2.　(1)　$2x+3$　　(2)　$-4x+4$　　(3)　$6x^2+6x+5$　　(4)　$4t+3$　　(5)　$6u^2+6u+4$
(6)　$2+\dfrac{1}{2x^2}$

問 3.　(1)　$12x-7$　　(2)　$6x^2+2x+1$　　(3)　$3x^2+6x+3$

問 4.　(1) (i) -2　(ii) 0　(iii) -4　　(2) (i) $y=-2x$　(ii) $y=-1$　(iii) $y=-4x-1$

問 5.　(1)　$4x^3$　　(2)　$-\dfrac{2}{x^3}$

1.3 節

問 1.　(1)　$5x^4-9x^2+2x$　　(2)　$30x^4+6x^2-6x$

問 2.　(1)　$7x^6-12x^5+3x^2$　　(2)　$12x^{11}+30x^5+8x^3+9$

問 3.　(1)　$f(g(x))=9x^2+24x+17,\ g(f(x))=3x^2+7$
(2)　$f(g(x))=\dfrac{1}{1+\sqrt{x}},\ g(f(x))=\sqrt{\dfrac{1}{1+x}}$

問 4.　(1)　$3(x+1)^2$　　(2)　$2(x^2+5x-1)(2x+5)$　　(3)　$7(x^5-4x^3+6)^6(5x^4-12x^2)$

問 5.　(1)　$-\dfrac{5}{x^6}$　　(2)　$-\dfrac{2}{x^3}$　　(3)　$-\dfrac{12}{x^5}$　　(4)　$\dfrac{2}{x^2}-\dfrac{9}{x^4}$　　(5)　$2x-\dfrac{1}{x^2}-\dfrac{3}{x^4}$
(6)　$-\dfrac{6}{(3x-2)^3}$　　(7)　$\dfrac{-4x}{(x^2+1)^3}$

問 6.　(1)　$-\dfrac{2x}{(x^2+3)^2}$　　(2)　$\dfrac{3x^2-2x-3}{(x^2+3x)^2}$　　(3)　$\dfrac{-2x^7+x^4+3x^2}{(x^5+x^2+1)^2}$

問 8.　(2)　$3x^2+12x+11$

1.4 節

問 1.　(1)　$y=\dfrac{x}{2}-\dfrac{3}{2}$　　(2)　$y=x^2+2\ (x\geqq 0)$　　(3)　$y=\dfrac{-x-7}{x-1}$　　(4)　$y=2+\sqrt{x+4}$

問 2.　(1)　$\dfrac{3}{2}\sqrt{x}$　　(2)　$5x\sqrt{x}$　　(3)　$-\dfrac{1}{2x\sqrt{x}}$　　(4)　$\dfrac{5}{3}\sqrt[3]{x^2}$　　(5)　$\dfrac{1}{\sqrt{2x+3}}$　　(6)　$-\dfrac{1}{(2x+3)^{\frac{3}{2}}}$
(7)　$\dfrac{x}{\sqrt{x^2+1}}$　　(8)　$\dfrac{\frac{2}{3}x+1}{\sqrt[3]{(x^2+3x+1)^2}}$　　(9)　$\dfrac{1}{4\sqrt[4]{(x-3)^3}}$　　(10)　$\dfrac{x+1}{\sqrt{(2x+3)^3}}$

1.5 節

問 1.　(1)　$y=\log_2 x$　　(2)　$y=\dfrac{1}{2}\log x$　　(3)　$y=3^x$　　(4)　$y=10^{\frac{x}{10}}$

問 2.　(1)　$\dfrac{1}{x}$　　(2)　$\dfrac{4}{(4x+1)\log 3}$　　(3)　$\dfrac{4}{x}$　　(4)　$\dfrac{3(\log x)^2}{x}$　　(5)　$\dfrac{2x}{x^2+1}$
(6)　$\dfrac{2x+1}{2\,(x^2+x+1)}$　　(7)　$\dfrac{1}{x\log x}$　　(8)　$\log x+1$　　(9)　$\log x$　　(10)　$2x\log x+x$

(11) $\dfrac{1-\log x}{x^2}$　(12) $\dfrac{1}{x(\log x+1)^2}$

問 3. (1) $(8x-5)(x+2)^2$　(2) $\dfrac{\sqrt[3]{x+2}}{(2x-3)^2}\left(\dfrac{1}{3(x+2)}-\dfrac{4}{2x-3}\right)$　(3) $x^x(\log x+1)$

(4) $x^{\sin x}\left(\cos x\log x+\dfrac{\sin x}{x}\right)$

問 4. (1) $5e^{5x}$　(2) $-e^{-x}$　(3) $3x^2e^{x^3}$　(4) $\dfrac{e^{\sqrt{x}}}{2\sqrt{x}}$　(5) $4\cdot 3^{4x+1}\log 3$

(6) $\dfrac{2^{\sqrt{x}-1}\log 2}{\sqrt{x}}$　(7) $(1-x)e^{-x}$　(8) $\dfrac{e^x}{(e^x+1)^2}$

問 5. (1) $e^x\left(\log x+\dfrac{1}{x}\right)$　(2) $\dfrac{2^{\log x}\log 2}{x}$

問 6. (1) $\sqrt{2}x^{\sqrt{2}-1}$　(2) $ex^{e-1}+e^x$

問 7. (1) $\dfrac{1}{\sqrt{x^2+1}}$　(2) $\dfrac{1}{\sqrt{x^2-1}}$　(3) $\sqrt{x^2+1}$　(4) $\sqrt{x^2-1}$

1.6 節

問 1. (1) $-\sin x-\dfrac{1}{\cos^2 x}$　(2) $3\cos 3x$　(3) $-2\sin(2x+3)$　(4) $2\cos 2x+\dfrac{3}{\cos^2 3x}+3$

(5) $\dfrac{2}{\cos^2 2x}-3\sin\left(3x+\dfrac{\pi}{5}\right)$　(6) $-\dfrac{\cos x}{\sin^2 x}$　(7) $\dfrac{\sin x}{\cos^2 x}$　(8) $-\dfrac{1}{\sin^2 x}$

(9) $-\dfrac{1}{x^2\cos^2\dfrac{1}{x}}$　(10) $-\dfrac{\sin x}{2\sqrt{1+\cos x}}$　(11) $-3\cos^2 x\sin x$

(12) $-\dfrac{x\sin x+\cos x}{x^2}$　(13) $-\dfrac{1}{1+\sin x}$　(14) $-\dfrac{2}{1+2\cos x\sin x}$　(15) $\dfrac{1}{\tan x}$

(16) $\dfrac{1}{\sin x}$　(17) $-e^{-x}(\cos x+\sin x)$

問 2. $-\dfrac{t}{\sqrt{1-t^2}}$　**問 3.** $-\dfrac{\sqrt{3}}{6}$

問 4. (1) $\dfrac{2}{y}$　(2) $\dfrac{\sqrt{y}}{\sqrt{y}+1}$

問 5. (1) $-\tan\theta$　(2) 長さは a になる。

問 6. (1) $\dfrac{\pi}{3}$　(2) $-\dfrac{\pi}{6}$　(3) $\dfrac{\pi}{2}$　(4) $\dfrac{\pi}{4}$　(5) $\dfrac{5}{6}\pi$　(6) $\dfrac{\pi}{2}$　(7) $\dfrac{\pi}{4}$　(8) $\dfrac{\pi}{3}$

問 7. (1) $\dfrac{3}{\sqrt{1-(3x+2)^2}}$　(2) $\dfrac{1}{\sqrt{x^2(x^2-1)}}$　(3) $\dfrac{1}{\sqrt{1-x^2}}$

1.7 節

問 1. (1) $y=\dfrac{1}{2}x+\dfrac{3}{2}$　(2) $y=-x+2$　(3) $y=ex$　(4) $y=2x+1-\dfrac{\pi}{2}$

2.1 節

問 1. (1) x^4+C　(2) $-\dfrac{1}{2x^2}+C$　(3) $x+\dfrac{1}{x}+\dfrac{2}{3x^3}+C$　(4) $\dfrac{x^3}{3}+2x-\dfrac{1}{x}+C$

問 2. (1) $\dfrac{5}{6}x^{\frac{6}{5}}+C$　(2) $\dfrac{3}{4}t^{\frac{4}{3}}+C$　(3) $x^3-x^2-5x+3\log x-x^{-1}+C$

(4) $\dfrac{2}{3}x\sqrt{x}+3x+6\sqrt{x}+\log x+C$　(5) $2\sqrt{u}+\dfrac{2}{5}u^2\sqrt{u}+C$　(6) $-(1+\sqrt{2})x^{1-\sqrt{2}}+C$

問 3. (1) $\dfrac{3^x}{\log 3}+e^x+C$　(2) $\dfrac{9^t}{\log 9}-\dfrac{3^t}{\log 3}+C$　(3) $3^x+\dfrac{x^4}{4}+C$　(4) $5\sin x+3\cos x+C$

(5) $\sin x + 2\tan x + C$　(6) $3x - \tan x + C$

2.2 節

問 1. (1) $\frac{1}{5}(x-1)^5 + C$　(2) $\log|x-2| + C$　(3) $\frac{1}{3}\left(\sqrt{2x+3}\right)^3 + C$　(4) $-e^{-x} + C$
(5) $-\frac{1}{5}\cos 5x + C$　(6) $\frac{1}{3}\sin 3x + C$　(7) $-2\cos x + 2\cos 2x + C$

問 2. (1) $2x\sqrt{x-2} + C$　(2) $2x\left(\sqrt{x+1}\right)^3 + C$　(3) $\frac{2}{45}(\sqrt{3x}-1)^5 + \frac{2}{27}(\sqrt{3x}-1)^3 + C$

問 3. (1) $-\frac{3}{1+x^2} + C$　(2) $\frac{(\log x)^3}{3} + C$　(3) $-\frac{1}{2}\left(1-x^3\right)^{\frac{2}{3}} + C$　(4) $2\sqrt{e^x - 1} + C$

問 4. (1) $\log(x^2+3) + C$　(2) $\log(1+\sin x) + C$　(3) $\log|1+\log x| + C$
(4) $\log|\sin x| + C$

2.3 節

問 1. (1) $\frac{1}{2}x - \frac{1}{4}\sin 2x + C$　(2) $\frac{3}{8}x + \frac{1}{4}\sin 2x + \frac{1}{32}\sin 4x + C$　(3) $\frac{1}{3}\cos^3 x - \cos x + C$,
または $\frac{1}{12}\cos 3x - \frac{3\cos x}{4} + C$　(4) $\frac{1}{5}\cos^5 x - \frac{1}{3}\cos^3 x + C$　(5) $\frac{1}{2}\log\left|\frac{\cos x - 1}{\cos x + 1}\right| + C$
(6) $-\frac{1}{8}\cos 4x + C$　(7) $\frac{1}{8}\sin 4x + \frac{1}{4}\sin 2x + C$　(8) $-\frac{1}{12}\sin 6x + \frac{1}{4}\sin 2x + C$

問 2. (1) $x\sin x + \cos x + C$　(2) $-xe^{-x} - e^{-x} + C$　(3) $2x\sin x + \left(2-x^2\right)\cos x + C$

問 3. (1) $\frac{1}{3}x^3\log x - \frac{1}{9}x^3 + C$　(2) $\left(\frac{1}{3}x^3 - x\right)\log 2x - \left(\frac{1}{9}x^3 - x\right) + C$
(3) $x(\log x)^2 - 2(x\log x - x) + C$

問 5. $I = \frac{1}{2}e^x(\sin x - \cos x) + C,\ J = \frac{1}{2}e^x(\sin x + \cos x) + C$

2.4 節

問 1. (1) $3x + \log|x-2| + C$　(2) $\log\left|\frac{x-1}{x}\right| + C$　(3) $\log\frac{(x+1)^2}{|x-1|} + C$
(4) $\frac{1}{2}\log\frac{|(x-1)(x+1)|}{x^2} + C$

問 2. (1) $\log|x-1| - \frac{2}{x-1} + C$　(2) $\frac{3-2x}{2(x-3)^2} + C$　(3) $-\frac{x}{2(x^2-1)} + \frac{1}{4}\log\left|\frac{x+1}{x-1}\right| + C$

問 3. (1) $\log x - \frac{1}{2}\log\left(x^2+1\right) + C$　(2) $\tan^{-1}x + \frac{1}{2}\log\left(x^2+1\right) + C$
(3) $\frac{1}{3}\log|x+1| + \frac{1}{\sqrt{3}}\tan^{-1}\left(\frac{2x-1}{\sqrt{3}}\right) - \frac{1}{6}\log(x^2-x+1) + C$

問 4. (1) $\tan\frac{x}{2} + \log\left(1+\tan^2\frac{x}{2}\right) + C$　(2) $\frac{1}{2}\log\left|\frac{e^x-1}{e^x+1}\right| + C$　(3) $\log\left|\frac{\sqrt{1-x}-1}{\sqrt{1-x}+1}\right| + C$
(4) $\frac{x}{\sqrt{1-x^2}} - \sin^{-1}x$

2.5 節

問 1. (1) $\frac{13}{3}$　(2) 48　(3) $\frac{1}{2}$　(4) $\frac{7}{3} + 2\log 2$　(5) $\frac{2}{3}\left(2\sqrt{2}-1\right)$　(6) 1
(7) 1　(8) $\frac{1}{2\log 2}$　(9) $\frac{4-\sqrt{2}}{6}$　(10) $\frac{1}{4}\log\frac{1}{3}$

問 2. (1) 1　(2) $\frac{3}{2\log 2}$

問 3. (1) $\dfrac{5}{2}$ (2) 4 (3) $e+\dfrac{1}{e}-2$

問 4. (1) $\dfrac{1}{3}$ (2) $\dfrac{1}{2}\left(e^6-e^2\right)$ (3) $\dfrac{1}{3}$ (4) $\log(2+\sqrt{3})$ (5) $\log(1+\sqrt{2})$ (6) 6

問 5. (1) 0 (2) $2\left(e-\dfrac{1}{e}\right)$ (3) 1

2.6 節

問 1. (1) $\dfrac{1}{4}e^2+\dfrac{1}{4}$ (2) $\dfrac{1}{4}e^2+\dfrac{1}{4}$ (3) $\dfrac{1}{2}\left(e^2-1\right)\log(e+1)-\dfrac{1}{4}(e-1)^2$ (4) $-\dfrac{1}{20}$

問 2. $2\sqrt{2}$ **問 3.** $\dfrac{1}{12}$ **問 4.** $-\dfrac{1}{6}(\beta-\alpha)^3$

3.1 節

問 1. (1) 最大値 $3(x=3)$，最小値 $-1(x=1)$ (2) 最大値 なし，最小値 なし

(3) 最大値 $1\left(x=\dfrac{\pi}{2}\right)$，最小値 $0(x=0,\pi)$ (4) 最大値 なし，最小値 なし

問 3. (1) $x=0$ で連続，$x=1$ で連続 (2) $x=0$ で連続，$x=1$ で不連続

3.2 節

問 1. (1) $5n+2$，$\dfrac{1}{2}n(5n+9)$ (2) $-3n+13$，$\dfrac{1}{2}n(23-3n)$ (3) 3，$3n$

問 2. (1) $2{\cdot}3^{n-1}$，3^n-1 (2) $5{\cdot}(-2)^{n-1}$，$\dfrac{5\{1-(-2)^n\}}{3}$ (3) $\left(\dfrac{2}{3}\right)^{n-1}$，$3\left\{1-\left(\dfrac{2}{3}\right)^n\right\}$

問 3. (1) $\dfrac{1}{2}n(3n+7)$ (2) n^2 (3) $n^2(n+5)$ (4) $\dfrac{1}{12}n(n+1)(n+2)(3n+1)$

問 4. (1) $a_n=-3n+7$ (2) $a_n=3\cdot 5^{n-1}$ (3) $a_n=3\cdot 4^{n-1}-1$

問 5. (1) $\dfrac{3}{5}$ (2) 0 (3) 0 (4) 発散

問 6. (1) $\dfrac{3}{2}$ (2) $\dfrac{4}{7}$ (3) 1

3.3 節

問 1. (1) $y'=3x^2,\ y''=6x,\ y'''=6$

(2) $y'=4x^3+6x,\ y''=12x^2+6,\ y'''=24x$

(3) $y'=10(2x+3)^4,\ y''=80(2x+3)^3,\ y'''=480(2x+3)^2$

(4) $y'=-\dfrac{2}{x^3},\ y''=\dfrac{6}{x^4},\ y'''=-\dfrac{24}{x^5}$

(5) $y'=\dfrac{1}{2\sqrt{x}},\ y''=-\dfrac{1}{4\sqrt{x^3}},\ y'''=\dfrac{3}{8\sqrt{x^5}}$

(6) $y'=e^x(\sin x+\cos x),\ y''=2e^x\cos x,\ y'''=2e^x(\cos x-\sin x)$

(7) $y'=\dfrac{1}{\sqrt{1-x^2}},\ y''=\dfrac{x}{(1-x^2)^{3/2}},\ y'''=\dfrac{1+2x^2}{(1-x^2)^{5/2}}$

(8) $y'=\dfrac{1}{x\log 2},\ y''=-\dfrac{1}{x^2\log 2},\ y'''=\dfrac{2}{x^3\log 2}$

(9) $y'=(x+1)e^x,\ y''=(x+2)e^x,\ y'''=(x+3)e^x$

(10) $y'=-(x-1)e^x,\ y''=(x-2)e^x,\ y'''=-(x-3)e^x$

問 **2.** (1) $a^x(\log a)^n$ (2) $\cos\left(x+\dfrac{n\pi}{2}\right)$ (3) $n!$

問 **4.** (1) $x\sin\left(x+\dfrac{n}{2}\pi\right)+n\sin\left(x+\dfrac{n-1}{2}\pi\right)$ (2) $(-1)^{n+1}n!(x+1)^{-(n+1)}$

(3) $x^2\sin\left(x+\dfrac{n}{2}\pi\right)+2nx\sin\left(x+\dfrac{n-1}{2}\pi\right)+n(n-1)\sin\left(x+\dfrac{n-2}{2}\pi\right)$

3.4 節

問 **1.** (1) $c=\pm\dfrac{\sqrt{21}}{3}$ (2) $c=\log(e-1)$

問 **3.** (1) 4 (2) $\dfrac{1}{2}$ (3) 2

問 **4.** (1) 0 (2) 0 (3) 0 (4) 0

問 **5.** (1) 0 (2) 1 (3) 1 (4) 0

3.5 節

問 **1.** (1) $x=\dfrac{\sqrt{2}}{2}$ のとき最大値 $\sqrt{2}$，$x=-1$ のとき最小値 -1

(2) $x=\dfrac{\sqrt{2}}{2}$ のとき最大値 $\dfrac{1}{2}$，$x=-\dfrac{\sqrt{2}}{2}$ のとき最小値 $-\dfrac{1}{2}$

(3) $x=\dfrac{\pi}{3}$ のとき最大値 $\dfrac{3\sqrt{3}}{4}$，$x=0,\pi$ のとき最小値 0

(4) $x=\dfrac{\pi}{4}$ のとき最大値 $\dfrac{\sqrt{2}}{2}e^{-\frac{\pi}{4}}$，$x=\dfrac{5\pi}{4}$ のとき最小値 $-\dfrac{\sqrt{2}}{2}e^{-\frac{5\pi}{4}}$

(5) $x=\dfrac{\pi}{4},\dfrac{3\pi}{4}$ のとき最大値 $2\sqrt{2}$，$x=\dfrac{5\pi}{4},\dfrac{7\pi}{4}$ のとき最小値 $-2\sqrt{2}$

(6) $x=2\pi$ のとき最大値 $\sqrt{2}+2\pi$，$x=\dfrac{3\pi}{4}$ のとき最小値 $-1+\dfrac{3\pi}{4}$

問 **3.** (1) $k<-\dfrac{32}{3}$ のとき 0 個，$k=-\dfrac{32}{3}$ のとき 1 個，$-\dfrac{32}{3}<k<-\dfrac{5}{3}$, $k>0$ のとき 2 個，$k=-\dfrac{5}{3}, k=0$ のとき 3 個，$-\dfrac{5}{3}<k<0$ のとき 4 個

(2) $k<-4$, $k>4$ のとき 1 個，$k=\pm 4$ のとき 2 個，$-4<k<4$ のとき，3 個

(3) $k<-\dfrac{1}{2}$, $k>\dfrac{1}{2}$ のとき 0 個，$k=0,\pm\dfrac{1}{2}$ のとき 1 個，$-\dfrac{1}{2}<k<0$, $0<k<\dfrac{1}{2}$ のとき 2 個

(4) $k<\dfrac{1-\sqrt{2}}{2}$，$k>\dfrac{1+\sqrt{2}}{2}$ のとき 0 個，$k=0,\dfrac{1-\sqrt{2}}{2}$，$\dfrac{1+\sqrt{2}}{2}$ のとき 1 個，$\dfrac{1-\sqrt{2}}{2}<k<0$，$0<k<\dfrac{1+\sqrt{2}}{2}$ のとき 2 個

3.6 節

問 **2.** $\sqrt{3}\fallingdotseq 1.732\,050\,810$　問 **3.** $2.5\,\mathrm{m/s}$

問 **4.** $\boldsymbol{v}=(v_0\cos\alpha, v_0\sin\alpha-g)$, $\boldsymbol{\alpha}=(0,-g)$

3.7 節

問 **1.** (1) $f(x)=1+2x+2x^2+\dfrac{4}{3}x^3+\dfrac{2e^{2\theta x}}{3}x^4$

(2)　$f(x) = 1 + x + x^2 + x^3 + \dfrac{x^4}{(1-\theta x)^5}$

(3)　$f(x) = 1 + (\log a)x + \dfrac{(\log a)^2}{2!}x^2 + \dfrac{(\log a)^3}{3!}x^3 + \dfrac{a^{\theta x}(\log a)^4}{4!}x^4$

問 2.　(2)　1.048 75　　(3)　0.000 062 5 より小さい。

問 3.　(2)　0.693 004　　(3)　0.001 13 より小さい。

問 4.　(1)　$\sqrt{e} \fallingdotseq 1.648\,698$，誤差は 0.000 038 より小さい。

(2)　$\sin\dfrac{1}{10} \fallingdotseq 0.099\,833\,416\,667$，誤差は 2.0×10^{-11} より小さい。

3.8 節

問 1.　(1)　$f_x(x,y) = 2x - y - 4$，$f_y(x,y) = -x + 2y - 1$，$f_{xx}(x,y) = 2$，
$f_{xy}(x,y) = f_{yx}(x,y) = -1$，$f_{yy}(x,y) = 2$

(2)　$f_x(x,y) = 3x^2 - y$，$f_y(x,y) = -x + 3y^2$，$f_{xx}(x,y) = 6x$，
$f_{xy}(x,y) = f_{yx}(x,y) = -1$，$f_{yy}(x,y) = 6y$

(3)　$f_x(x,y) = 4(x^2 - 2xy)(x - y)$, $f_y(x,y) = -4x(x^2 - 2xy)$,
$f_{xx}(x,y) = 4(3x^2 - 6xy + 2y^2)$, $f_{xy}(x,y) = f_{yx}(x,y) = -4x(3x - 4y)$,
$f_{yy}(x,y) = 8x^2$

(4)　$f_x(x,y) = f_y(x,y) = \cos(x+y)$,
$f_{xx}(x,y) = f_{xy}(x,y) = f_{yx}(x,y) = f_{yy}(x,y) = -\sin(x+y)$

(5)　$f_x(x,y) = \dfrac{x}{\sqrt{x^2+y^2}}$，$f_y(x,y) = \dfrac{y}{\sqrt{x^2+y^2}}$，$f_{xx}(x,y) = \dfrac{y^2}{(x^2+y^2)^{3/2}}$，
$f_{xy}(x,y) = f_{yx}(x,y) = -\dfrac{xy}{(x^2+y^2)^{3/2}}$，$f_{yy}(x,y) = \dfrac{x^2}{(x^2+y^2)^{3/2}}$

(6)　$f_x(x,y) = \dfrac{2x}{x^2+y^2}$，$f_y(x,y) = \dfrac{2y}{x^2+y^2}$，$f_{xx}(x,y) = \dfrac{2(y^2-x^2)}{(x^2+y^2)^2}$，
$f_{xy}(x,y) = f_{yx}(x,y) = -\dfrac{4xy}{(x^2+y^2)^2}$，$f_{yy}(x,y) = \dfrac{2(x^2-y^2)}{(x^2+y^2)^2}$，

(7)　$f_x(x,y) = \dfrac{2y}{(x+y)^2}$，$f_y(x,y) = -\dfrac{2x}{(x+y)^2}$，$f_{xx}(x,y) = -\dfrac{4y}{(x+y)^3}$，
$f_{xy}(x,y) = f_{yx}(x,y) = \dfrac{2(x-y)}{(x+y)^3}$，$f_{yy}(x,y) = \dfrac{4x}{(x+y)^3}$

(8)　$f_x(x,y) = -\dfrac{y}{x^2+y^2}$，$f_y(x,y) = \dfrac{x}{x^2+y^2}$，$f_{xx}(x,y) = \dfrac{2xy}{(x^2+y^2)^2}$，
$f_{xy}(x,y) = f_{yx}(x,y) = \dfrac{y^2-x^2}{(x^2+y^2)^2}$，$f_{yy}(x,y) = \dfrac{-2xy}{(x^2+y^2)^2}$

問 2.　$F'(t) = f_x(\sin t, \cos t)\cos t - f_y(\sin t, \cos t)\sin t$,
$F''(t) = f_{xx}(\sin t, \cos t)\cos^2 t - 2f_{xy}(\sin t, \cos t)\sin t\cos t - f_x(\sin t, \cos t)\sin t$
$+ f_{yy}(\sin t, \cos t)\sin^2 t - f_y(\sin t, \cos t)\cos t$

問 3.　$\dfrac{1+z^2}{\cos^2 t} = \dfrac{1}{\cos^2 t\cos^2(\tan t)}$

問 4.　(1)　$z_u = z_x\cos\alpha + z_y\sin\alpha$, $z_v = z_x\sin\alpha - z_y\cos\alpha$

3.9 節

問 1. (1) $e^{x+y} = 1+x+y+\frac{1}{2}(x+y)^2 e^{\theta(x+y)}$ (2) $\sin(x+y) = x+y-\frac{1}{2}(x+y)^2 \sin\{\theta(x+y)\}$

問 2. (1) 点 $(3,2)$ で極小値 -7 をとる。 (2) 点 $(3,3)$ で極小値 -26 をとる。

問 3. (1) $y = -\frac{3}{7}x + 2$ (2) $y = 1.83x + 3.36$

問 4. 最大値 7，最小値 2

4.1 節

問 1. (1) $\frac{1}{2}$ (2) $\frac{1}{4}$

問 2. (1) $8 - 6\log 3$ (2) $\frac{\pi}{4}$ (3) $\frac{8}{5}$ (4) $\frac{4}{15}$ **問 3.** $\frac{\theta}{2}$

4.2 節

問 1. (1) $\frac{7}{3}$ (2) $\frac{13}{3}$ (3) $\frac{3}{5}$ (4) $\frac{1}{6}$

問 2. $\frac{3}{8}\pi a^2$ **問 3.** $\frac{Sh}{3}$ **問 4.** (1) $\frac{\pi}{2}\left(e^4 - e^2\right)$ (2) $\frac{\pi}{6}$

問 5. (1) $\frac{31}{5}\pi$ (2) $\frac{\pi^3}{4} - 2\pi$ **問 6.** $\frac{5}{24}\pi a^3$ **問 7.** $\frac{4}{3}\pi r^3$

4.3 節

問 1. (1) $\frac{56}{27}$ (2) $-\frac{1}{2} + \log 3$ **問 2.** (3) $2\pi a$ (4) $6a$

問 3. (1) 3 (2) 積分不可能

問 4. (1) $\log 2$ (2) 1 (3) 2

問 5. $\sinh^{-1} x = \log\left(x + \sqrt{x^2+1}\right)$, $\cosh^{-1} x = \log\left(x + \sqrt{x^2-1}\right)$, $\tanh^{-1} x = \frac{1}{2}\log\frac{1+x}{1-x}$

問 6. $(\sinh x)' = \cosh x$, $(\cosh x)' = \sinh x$, $(\tanh x)' = \frac{1}{\cosh^2 x}$

4.4 節

問 1. (1) $e^2 - 2e + 1$ (2) $\frac{1}{2}(e-1)$

問 2. (1) $\frac{1}{12}$ (2) $\frac{7}{12}$ (3) $e - 1$

問 3. (1) $\frac{1}{3}$ (2) $\frac{1}{60}$

問 4. (1) $\frac{\sqrt{2}-1}{2}$ (2) 2

4.5 節

問 1. (1) $\frac{7}{48}$ (2) $\frac{1}{2\pi}$ (3) $\frac{1}{4}(e-1)$

問 2. (1) $\frac{\pi}{3}$ (2) $\frac{2\pi}{3}$

問 3. $\frac{2}{3}a^3$ **問 4.** 0 **問 5.** $\left(\frac{2\pi}{3} - \frac{8}{9}\right)a^3$

索　　　引

—— 著者略歴 ——

石田　健一（いしだ　けんいち）

1992 年　九州大学工学部情報工学科卒業
1994 年　九州大学大学院工学研究科修士課程修了（情報工学専攻）
1997 年　九州大学大学院システム情報科学研究科博士後期課程修了（情報工学専攻），博士（工学）
1997 年　九州大学助手
1999 年　九州大学大学院助手
2002 年　九州産業大学助教授
2007 年　九州産業大学准教授
2013 年　九州産業大学教授
現在に至る

仲　隆（なか　たかし）

1981 年　筑波大学第二学群生物学類卒業（基礎生物学主専攻）
1983 年　筑波大学大学院理工学研究科修士課程修了（電子・情報工学分野）
1983 年　株式会社三菱総合研究所
1989 年　埼玉短期大学
1998 年　博士（工学）（筑波大学）
2002 年　九州産業大学助教授
2006 年　九州産業大学教授
現在に至る

微分積分講義テキスト

Textbook for Calculus Courses

2017 年 8 月 10 日　初版第 1 刷発行　★

検印省略

著　者　石田　健一
　　　　仲　　　隆
発行者　株式会社　コロナ社
　　　　代表者　牛来真也
印刷所　三美印刷株式会社
製本所　有限会社　愛千製本所

112–0011　東京都文京区千石 4–46–10
発行所　株式会社　**コロナ社**
CORONA PUBLISHING CO., LTD.
Tokyo Japan
振替 0014–8–14844・電話(03)3941–3131(代)
ホームページ　http://www.coronasha.co.jp

ISBN978–4–339–06114–7　C3041　Printed in Japan　（大井）